LED 显示屏组装与调试全攻略

（第 2 版）

曹振华　主　编

电子工业出版社

Publishing House of Electronics Industry

北京·BEIJING

内 容 简 介

本书主要内容包括 LED 显示器件基础、电子元器件的检测、LED 显示屏电源电路、LED 驱动电路及扫描控制、LED 灯箱的安装与检修、门头图文显示屏结构与原理、门头图文显示屏制作与调试、LED 视频显示屏原理、LED 视频显示屏的组装与调试、LED 视频显示屏的控制等。

本书适合 LED 显示屏组装维修人员、LED 显示屏销售推广人员、电子技术爱好者及单片机显示编程人员阅读，也可以作为职业院校电子类相关专业的教材或教学参考书。

未经许可，不得以任何方式复制或抄袭本书之部分或全部内容。
版权所有，侵权必究。

图书在版编目（CIP）数据

LED 显示屏组装与调试全攻略 / 曹振华主编．—2 版．—北京：电子工业出版社，2019.7
ISBN 978-7-121-36876-9

Ⅰ．①L… Ⅱ．①曹… Ⅲ．①LED 显示器—组装　②LED 显示器—调试方法　Ⅳ．①TN141

中国版本图书馆 CIP 数据核字（2019）第 121099 号

责任编辑：夏平飞
印　　刷：北京虎彩文化传播有限公司
装　　订：北京虎彩文化传播有限公司
出版发行：电子工业出版社
　　　　　北京市海淀区万寿路 173 信箱　邮编：100036
开　　本：787×1092　1/16　印张：18.75　字数：480 千字
版　　次：2013 年 4 月第 1 版
　　　　　2019 年 7 月第 2 版
印　　次：2023 年 8 月第 6 次印刷
定　　价：68.00 元

凡所购买电子工业出版社图书有缺损问题，请向购买书店调换。若书店售缺，请与本社发行部联系，联系及邮购电话：（010）88254888，88258888。
质量投诉请发邮件至 zlts@phei.com.cn，盗版侵权举报请发邮件至 dbqq@phei.com.cn。
本书咨询联系方式：（010）88254468，quxin@phei.com.cn。

前　言

　　LED 灯箱和 LED 显示屏都是利用发光二极管的不同组合而显示不同的文字和图像的。LED 具有发光效率高、使用寿命长、适应环境能力强、可以灵活组成各种状态、显示多种颜色等优点，被广泛应用于各种照明、广告牌、大型显示屏等场合。目前市场上应用最多的是各种灯箱、单色条屏、双色条屏及全彩视频屏。LED 显示屏发展速度较快，相关书籍较少，不便于设计制造人员和维护人员的工作。为此，我们编写了此书，希望从事 LED 的相关人员能从中得到一些有用的知识，以快速提高自己的水平。

　　为帮助读者更好地理解书中内容，本书设有部分内容的辅助视频讲解，读者可登录华信教育资源网（www.hxedu.com.cn）下载使用。

　　本书由曹振华主编。参与本书编写的人员还有曹祥、张伯虎、张胤涵、孔凡桂、张校珩、王桂英、张振文、赵书芬、焦凤敏、张伯龙等，在编写过程中同时参考了相关书籍，在此对相关人员表示感谢。

　　参与本书编写的人员均为一线工程师，所以本书的特点是通俗易懂、具体翔实、图文并茂，可帮助广大 LED 显示屏组装维修人员及广大电子爱好者尽快掌握 LED 显示屏的组装调试与维修技术。本书适合 LED 显示屏组装维修人员、LED 显示屏销售推广人员、电子技术爱好者及单片机显示编程人员阅读，也可作为职业院校电子类及软件编程类专业的教材或教学参考书。

　　书中的一些接线图和电路图均由生产厂商提供，为了便于讲述，并与实际操作衔接，对不符合国家标准的图形和符号未做改动。

　　由于水平有限，书中难免有不妥之处，敬请广大读者谅解。

编　者

目 录

第1章 LED显示器件基础 ... 1
1.1 LED的发展 ... 1
1.1.1 LED发展史 ... 1
1.1.2 LED与LED光源的特点 ... 2
1.1.3 发光二极管的分类方法 ... 3
1.1.4 发光二极管的封装形式 ... 3
1.1.5 发光二极管的光谱与晶片 ... 7
1.1.6 LED光源在各种环境的应用 ... 8
1.2 LED显示屏基础知识 ... 8
1.2.1 LED显示屏的分类 ... 8
1.2.2 LED显示屏的构成 ... 9
1.2.3 LED显示屏技术参数 ... 10
1.2.4 LED显示屏常用术语 ... 12
1.2.5 各式LED显示屏及相关产品的用途 ... 19

第2章 电子元器件的检测 ... 22
2.1 检测电子元器件的仪器仪表 ... 22
2.1.1 万用表 ... 22
2.1.2 数字电容表 ... 35
2.1.3 示波器 ... 37
2.2 电阻器的识别与检测 ... 42
2.2.1 电阻器的种类、命名与应用 ... 42
2.2.2 电阻器的参数与检测 ... 44
2.3 电容器的识别与检测 ... 50
2.3.1 电容器的种类、命名与应用 ... 50
2.3.2 电容器参数与检测 ... 52
2.4 晶体二极管的识别与检测 ... 57
2.4.1 晶体二极管的种类与特性 ... 57
2.4.2 晶体二极管的主要参数与检测 ... 58
2.4.3 普通发光二极管的参数与检测 ... 60
2.4.4 超高亮度发光二极管的参数与检测 ... 62
2.4.5 变色发光二极管的参数与检测 ... 63
2.5 晶体三极管的识别与检测 ... 64
2.5.1 晶体三极管的结构、分类及原理 ... 64
2.5.2 晶体三极管的参数与检测 ... 66
2.5.3 晶体三极管的三种基本应用电路 ... 70
2.6 LED数码管的结构与检测 ... 70
2.6.1 一位LED数码管的结构与检测 ... 70

2.6.2 多位LED数码管的结构与检测 … 72
2.7 LED点阵显示器的结构与检测 … 74
　2.7.1 单色LED点阵显示器的结构与检测 … 74
　2.7.2 彩色LED点阵显示器的工作原理与检测 … 76
2.8 变压器的结构与检测 … 87
　2.8.1 降压变压器的结构与检测 … 87
　2.8.2 电源开关变压器的结构与检测 … 94
2.9 集成电路的识别与应用 … 96
　2.9.1 集成电路的种类及引脚识别 … 96
　2.9.2 LED中集成电路的应用 … 99

第3章 LED显示屏电源电路 … 105
3.1 认识开关电源 … 105
　3.1.1 什么是开关电源 … 105
　3.1.2 恒流型开关电源的实物电路板 … 105
　3.1.3 电源适配器实物电路板 … 106
　3.1.4 分立元件自激振荡开关电源的实物电路板 … 106
　3.1.5 它激桥式开关电源实物电路板 … 106
　3.1.6 带有功率因数补偿电路的PFC开关电源实物电路板 … 108
3.2 连续调整型稳压电路 … 109
　3.2.1 连续调整型稳压电路的构成与原理 … 109
　3.2.2 实际连续调整型稳压电路的分析与检修 … 113
　3.2.3 集成稳压连续型电源电路的分析 … 114
3.3 开关型稳压电路的构成与检修 … 117
　3.3.1 串联型开关型稳压电路的构成与检修 … 117
　3.3.2 多通道LED射灯电源电路的分析与故障检修 … 118
　3.3.3 功率三极管开关电源电路的分析与故障检修 … 120
　3.3.4 场效应功放管并联开关电源电路的分析与故障检修 … 124
　3.3.5 由KA3842和比较器LM358构成的并联开关电源电路的分析与故障检修 … 128
　3.3.6 开关电源检修注意事项、常用方法及故障部位判断 … 130

第4章 LED驱动电路及扫描控制 … 135
4.1 LED驱动电路分类 … 135
　4.1.1 按输入电源电压分类 … 135
　4.1.2 按负载连接方式分类 … 136
　4.1.3 按驱动方式分类 … 137
4.2 LED驱动电路的实现 … 137
　4.2.1 直流驱动电路 … 137
　4.2.2 交流供电驱动电路结构（AC/DC驱动） … 142
4.3 LED驱动器的设计流程 … 147
4.4 LED灯箱与显示屏用电子扫描控制器 … 150

| | 4.4.1 LED 灯箱用电子扫描控制器 | 150 |
| | 4.4.2 显示屏用电子扫描控制器 | 154 |

第5章 LED 灯箱的安装与检修 ... 156
5.1 制作灯箱材料及制作安装工具 ... 156
- 5.1.1 制作灯箱材料 ... 156
- 5.1.2 制作安装工具 ... 157

5.2 灯箱的制作 ... 163
- 5.2.1 制作过程 ... 163
- 5.2.2 调试与维修 ... 165

第6章 门头图文显示屏结构与原理 ... 166
6.1 结构及特点 ... 166
- 6.1.1 结构 ... 166
- 6.1.2 特点 ... 168

6.2 工作原理 ... 170
- 6.2.1 硬件控制电路 ... 170
- 6.2.2 软件控制 ... 176

6.3 图文显示屏的种类及应用 ... 185
- 6.3.1 图文显示屏的种类 ... 185
- 6.3.2 图文显示屏的应用 ... 190

第7章 门头图文显示屏制作与调试 ... 191
7.1 点阵显示屏制作 ... 191
- 7.1.1 点阵显示屏的电路构成 ... 191
- 7.1.2 点阵显示屏的硬件制作 ... 192
- 7.1.3 点阵显示屏的软件设计 ... 197

7.2 户内 LED 图文屏的组装 ... 197
- 7.2.1 户内 LED 图文屏单元组件 ... 198
- 7.2.2 户内屏的制作 ... 201
- 7.2.3 软件应用 ... 209
- 7.2.4 常见故障排除 ... 211

7.3 半户外 LED 图文屏的组装 ... 212
- 7.3.1 半户外 LED 图文屏组件及转接线 ... 212
- 7.3.2 半户外 LED 图文屏软件应用 ... 217
- 7.3.3 半户外 LED 图文屏各种条屏常见故障排除 ... 218

7.4 户外大型 LED 图文屏的组装 ... 219
- 7.4.1 户外 LED 横幅条屏的特点及结构 ... 219
- 7.4.2 户外 LED 横幅条屏制作安装过程 ... 223
- 7.4.3 户外 LED 图文屏软件应用 ... 226
- 7.4.4 户外 LED 横幅条屏常见故障排除 ... 227

第8章 LED 视频显示屏原理 ... 228
8.1 电视视频信号 ... 228

8.1.1	电视视频信号的原理	228
8.1.2	电视视频信号的扫描	229
8.1.3	LED 视频显示屏构成	231
8.1.4	LED 视频显示屏基本工作原理	233

8.2 LED 视频显示屏显示卡与多媒体视频卡 239

8.2.1	LED 视频显示屏显示卡	239
8.2.2	多媒体视频卡	240

8.3 LED 视频显示屏的节目组织与播放 244

8.3.1	LED 视频显示屏的节目组成	244
8.3.2	软件的控制界面	244
8.3.3	节目制作流程	246

第 9 章 LED 视频显示屏的组装与调试 247

9.1 LED 视频显示屏的部件与组装 247

9.1.1	LED 视频显示屏的部件	247
9.1.2	LED 视频显示屏的组装	250

9.2 LED 视频显示屏的调试 254

第 10 章 LED 视频显示屏的控制 257

10.1 远程控制系统 257

10.1.1	特点与构成	257
10.1.2	连接步骤	262
10.1.3	系统设置及指示灯状态说明	263
10.1.4	线缆要求	264
10.1.5	应用实例	266
10.1.6	常见问题判断及解决方法	269

10.2 LED 联机视频系统 270

10.2.1	系统特点与构成	270
10.2.2	显示控制系统	272
10.2.3	应用实例	273

10.3 LED 脱机视频系统 278

10.3.1	系统特点与构成	278
10.3.2	软件的使用	279
10.3.3	系统连接	280
10.3.4	故障分析与检修	280

10.4 LED 视频屏管理工具的安装与使用 281

10.4.1	管理工具简介及安装	281
10.4.2	LED 管理工具应用	283
10.4.3	管理工具常见故障	289
10.4.4	管理软件的卸载	290

第1章　LED显示器件基础

1.1　LED 的发展

1.1.1　LED 发展史

在很多年前，人们发现了半导体材料可产生光线，通用电气公司的尼克·何伦亚克开发出第一种实际应用的可见光发光二极管，英文名称为 Light Emitting Diode，缩写为 LED。发光二极管基本结构是一块电致发光的半导体材料，置于一个有引线的架子上，然后四周用环氧树脂密封，即固体封装，就能起到保护内部芯线的作用，因此 LED 的抗震性能很好。发光二极管的核心部分是由 P 型半导体和 N 型半导体组成的晶片。在 P 型半导体和 N 型半导体之间有一个过渡层，称为 PN 结。在某些半导体材料的 PN 结中，注入的少数载流子与多数载流子复合时会把多余的能量以光的形式释放出来，从而把电能直接转换为光能。PN 结施加反向电压时，少数载流子难以注入，故不发光。这种利用注入式电致发光原理制作的二极管叫发光二极管，通称 LED。当它处于正向工作状态时（两端加上正向电压），电流从 LED 阳极流向阴极，半导体就发出从紫外到红外不同颜色的光线，光的强弱与电流有关。

最初，LED 用作仪器仪表的指示光源。后来，各种光色的 LED 在交通信号灯和大面积显示屏中得到了广泛应用，产生了很好的经济效益和社会效益。以 12in（英寸）的红色交通信号灯为例，在美国，本来采用长寿命、低光效的 140W 白炽灯作为光源，它产生 2000 lm 的白光，经红色滤光片后，光损失达 90%，只剩下 200 lm 的红光。而在新设计的信号灯中，Lumileds 公司采用了 18 个红色 LED 光源，包括电路损失在内，共耗电 14W，即可产生同样的光效。汽车信号灯也是 LED 光源应用的重要领域。

早期 LED 所用的材料是 GaAsP，其发光颜色为红色。经过多年的发展，现在大家十分熟悉的 LED，已能发出红、橙、黄、绿、蓝等多种色光。然而照明用的白色光 LED 仅在近年才发展起来。众所周知，可见光光谱的波长范围为 380～760nm，是人眼可感受到的七色光——红、橙、黄、绿、青、蓝、紫，但这七种颜色的光都各自是一种单色光。例如，LED 发的红光的峰值波长为 565nm。在可见光的光谱中是没有白色光的，因为白不是单色光，而是由多种单色光合成的复合光，正如太阳光是由七种单色光合成的白色光，而彩色 LED 中的白色光也是由三基色——红、绿、蓝合成的。由此可见，要使 LED 发出白光，它的光谱特性应包括整个可见的光谱范围。但要制造这种性能的 LED，在目前的工艺条件下是不可能的。根据人们对可见光的研究，人眼睛所能看见的白光，至少需两种光的混合，即二波长发光（蓝色光+黄色光）或三波长发光（蓝色光+绿色光+红色光）的模式。上述两种模式的白光，都需要蓝色光，所以产生蓝色光已成为制造白光的关键技术，即当前各大 LED 制造公司追逐的"蓝光技术"。

目前国际上掌握"蓝光技术"的厂商仅有少数几家，如日本的日亚化学、日本的丰田合成、美国的 CREE、德国的欧司朗等，所以白光 LED 的推广应用，尤其是高亮度白光 LED 在我国的推广还需要一个过程。

对于一般照明，在工艺结构上，白光 LED 通常采用两种方法形成：第一种是利用"蓝光技术"与荧光粉配合形成白光；第二种是多种单色光混合方法。这两种方法都已能成功产生白光。LED GaN 芯片发蓝光（$\lambda p=465nm$），它和 YAG（钇铝石榴石）荧光粉封装在一起，当荧光粉受蓝色光激发后发出黄色光，结果蓝色光和黄色光混合形成白光。第二种方法采用不同色光的芯片封装在一起，通过各色光混合而产生白光。

1.1.2　LED 与 LED 光源的特点

1. 白光 LED 的特点

LED 的内在特征决定了它是最理想的代替传统光源的光源。

（1）体积小：LED 基本上是一块很小的晶片被封装在环氧树脂里面，所以它非常小、非常轻。

（2）耗电量低：LED 耗电非常低，一般来说，LED 的工作电压是 2～3.6V，工作电流是 0.02～0.03A，这就是说，它消耗的电能不超过 0.1W。

（3）使用寿命长：在恰当的电流和电压下，LED 的使用寿命可达 10 万小时。

（4）高亮度、低热量：比 HID 或白炽灯更少的热辐射。

（5）环保：LED 由无毒的材料制成，不像荧光灯含水银会造成污染，同时 LED 还可以回收再利用。

（6）坚固耐用：LED 被封装在环氧树脂里面，它比灯泡和荧光灯管都坚固。灯体内也没有松动的部分，这些特点使得 LED 不易损坏。

（7）可控性强：可以实现各种颜色的变化。

2. LED 光源的特点

（1）电压：LED 使用低压电源，供电电压为 6～24V，根据产品不同而异，所以它是一个比使用高压电源更安全的电源，特别适合公共场所。

（2）效能：消耗能量较同光效的白炽灯减少 80%。

（3）适用性：很小，每个单元 LED 片为 3～5mm 的正方形，可以制备成各种形状的器件，并且适合于易变的环境。

（4）稳定性：使用 10 万小时后光强度衰减为初始时的 50%。

（5）响应时间：白炽灯的响应时间为毫秒级，LED 灯的响应时间为纳秒级。

（6）对环境污染：无有害金属汞。

（7）颜色：改变电流可以变色，发光二极管可方便地通过化学修饰方法，调整材料的能带结构和带隙，实现红、黄、绿、蓝、橙多色发光。例如，小电流时为红色的 LED，随着电流的增加，可以依次变为橙色、黄色，最后为绿色。

（8）价格：LED 的价格比较昂贵，几只 LED 的价格就与一只白炽灯的价格相当，而通常每组信号灯需由 300～500 只发光二极管构成。

1.1.3 发光二极管的分类方法

1．按发光二极管发光颜色分

按发光二极管发光颜色分，可分成红色、橙色、绿色（又细分为黄绿、标准绿和纯绿）、蓝色等。另外，有的发光二极管中包含两种或三种颜色的芯片。根据发光二极管出光处掺或不掺散射剂、有色还是无色，上述各种颜色的发光二极管还可分成有色透明、无色透明、有色散射和无色散射四种类型。散射型发光二极管还适合做指示灯。

2．按发光二极管出光面特征分

按发光二极管出光面特征分为圆形灯、方形灯、矩形灯、面发光管、侧向管、表面安装用微型管等。圆形灯按直径分为 $\phi 2mm$、$\phi 4.4mm$、$\phi 5mm$、$\phi 8mm$、$\phi 10mm$ 及 $\phi 20mm$ 等。国外通常把 $\phi 3mm$ 的发光二极管记作 T-1，把 $\phi 5mm$ 的记作 T-1（3/4），把 $\phi 4.4mm$ 的记作 T-1（1/4）。由半值角大小可以估计圆形发光强度角分布情况。

从发光强度角分布图来分有三类。

（1）高指向型。一般为尖头环氧树脂封装，或者带金属反射腔封装，并且不加散射剂。半值角为 5°～20°或更小，具有很高的指向性，可做局部照明光源用，或者与光检出器联用以组成自动检测系统。

（2）标准型。通常作指示灯用，其半值角为 20°～45°。

（3）散射型。这是视角较大的指示灯，半值角为 45°～90°或更大，散射剂的量较大。

3．按发光二极管的结构分

按发光二极管的结构分，有全环氧树脂封装、金属底座环氧树脂封装、陶瓷底座环氧树脂封装及玻璃封装等结构。

4．按发光强度和工作电流分

按发光强度分为普通亮度的 LED（发光强度为 10～100mcd）和高亮度的 LED（发光强度为 100mcd）。按工作电流分为一般 LED（工作电流在十几至几十毫安）和低电流 LED（工作电流在 2mA 以下，亮度与普通发光二极管相同）。

1.1.4 发光二极管的封装形式

LED 封装技术大都是在分立器件封装技术基础上发展与演变而来的，但却有很大的特殊性。一般情况下，分立器件的管芯被密封在封装体内，封装的作用主要是保护管芯和完成电气互连。而 LED 封装则具有完成输出电信号、保护管芯正常工作、输出可见光的功能，既有电参数又有光参数的设计与技术要求，无法简单地将分立器件的封装用于 LED。LED 的核心发光部分是由 P 型和 N 型半导体构成的 PN 结管芯，当注入 PN 结的少数载流子与多数载流子复合时，就会发出可见光、紫外光或近红外光。

PN 结区发出的光是非定向的，即向各个方向发射的光概率相同，因此，并不是管芯产生的所有光都可以释放出来，这主要取决于半导体材料的质量、管芯结构及几何形状、封装内部结构与包封材料。常规 ϕ5mm 型 LED 封装是将边长 0.25mm 的正方形管芯黏结或烧结在引线架上，管芯的正极通过球形接触点与金丝键合为内引线并与一条引脚相连，负极通过反射杯和引线架的另一引脚相连，然后其顶部用环氧树脂包封。反射杯的作用是收集管芯侧面、界面发出的光，向期望的方向角内发射。顶部包封的环氧树脂做成一定形状，有这样几种作用：保护管芯等不受外界侵蚀；采用不同的形状和材料性质（掺或不掺散色剂），起透镜或漫射透镜功能，控制光的发散角；管芯折射率与空气折射率相关性很大，致使管芯内部的全反射临界角很小，其有源层产生的光只有小部分被取出，大部分则在管芯内部经多次反射而被吸收，易发生全反射导致过多光损失，选用相应折射率的环氧树脂作过渡，提高管芯的光出射效率。构成管壳的环氧树脂需具有耐湿性、绝缘性、机械强度、对管芯发出光的折射率和透射率高。选择不同折射率的封装材料、封装几何形状对光子逸出效率的影响是不同的。发光强度的角分布也与管芯结构、光输出方式、封装透镜所用材质和形状有关。若采用尖形树脂透镜，可使光集中到 LED 的轴线方向，相应的视角较小；如果顶部的树脂透镜为圆形或平面形，其相应视角将增大。

一般情况下，LED 的发光波长随温度变化为 0.2~0.3nm/℃，光谱宽度随之增加，影响颜色鲜艳度。另外，当正向电流流经 PN 结时，发热性损耗使结区产生温升，在室温附近，温度每升高 1℃，LED 的发光强度会相应地减少 1% 左右。封装散热保持色纯度与发光强度非常重要，以往多采用减少其驱动电流的办法来降低结温，多数 LED 的驱动电流限制在 20mA 左右。但是，LED 的光输出会随电流的增大而增加。目前，很多功率型 LED 的驱动电流可以达到 70mA、100mA 甚至 1A 级，需要改进封装结构，采用全新的 LED 封装设计理念和低热阻封装结构及技术，来改善热特性。例如，采用大面积芯片倒装结构，选用导热性能好的银胶，增大金属支架的表面积，焊料凸点的硅载体直接装在热沉上等方法。此外，在应用设计中，PCB 等的热设计、导热性也十分重要。

进入 21 世纪后，LED 的高效化、超高亮度化、全色化不断发展创新，红、橙 LED 光效已达到 100 lm/W，绿 LED 为 50 lm/W，单只 LED 的光通量也达到数十 lm。LED 芯片和封装不再沿袭传统的设计理念与制造生产模式，在增加芯片的光输出方面，研发不仅仅限于改变材料内杂质数量、晶格缺陷和位错来提高内部效率。同时，如何改善管芯及封装内部结构，增强 LED 内部产生光子出射的概率，提高光效，解决散热，取光和热沉优化设计，改进光学性能，加速表面贴装化 SMD 进程等更是产业界研发的主流方向。

1. 产品封装结构类型

自 20 世纪 90 年代以来，LED 芯片及材料制作技术的研发取得多项突破，透明衬底梯形结构、纹理表面结构、芯片倒装结构，商品化的超高亮度（1cd 以上）红、橙、黄、绿、蓝的 LED 产品相继问世，2000 年开始在低、中光通量的特殊照明中获得应用。

LED 的上、中游产业受到前所未有的重视，进一步推动下游的封装技术及产业发展。采用不同封装结构形式与尺寸，不同发光颜色的管芯及其双色或三色组合方式，可生产出多种系列的产品。

LED 产品封装结构的类型很多，可根据发光颜色、芯片材料、发光亮度、尺寸大小等特征来分类。单个管芯一般构成点光源，多个管芯组装一般可构成面光源和线光源，作信息、状态指示及显示用，发光显示器是用多个管芯，通过管芯的适当连接（包括串联和并联）与合适的光学结构组合而成的，构成发光显示器的发光段和发光点。表面贴装 LED 可逐渐替代引脚式 LED，应用设计更灵活，已在 LED 显示市场中占有一定的份额，有加速发展趋势。固体照明光源有部分产品上市，成为今后 LED 的中长期发展方向。

2. 引脚式封装

LED 引脚式封装采用引线架作各种封装外形的引脚，是最先研发成功并投放市场的封装结构。其品种繁多，技术成熟度较高，封装内结构与反射层仍在不断改进。标准 LED 被大多数客户认为是目前显示行业中最方便、最经济的解决方案。传统的 LED 安置在能承受 0.1W 输入功率的包封内，其 90% 的热量由负极的引脚架散发至 PCB，再散发到空气中。如何降低工作时 PN 结的温升是封装与应用必须考虑的。包封材料多采用高温固化环氧树脂，其光性能优良，工艺适应性好，产品可靠性高，可做成有色透明或无色透明和有色散射或无色散射的透镜封装，不同的透镜形状构成多种外形及尺寸。例如，圆形按直径分为 ϕ2mm、ϕ3mm、ϕ4.4mm、ϕ5mm、ϕ7mm 等数种。环氧树脂的不同组分可产生不同的发光效果。花色点光源有多种不同的封装结构：陶瓷底座环氧树脂封装具有较好的工作温度性能，引脚可弯曲成所需形状，体积小；金属底座塑料反射罩式封装是一种节能指示灯，适作电源指示用；闪烁式将 CMOS 振荡电路芯片与 LED 管芯组合封装，可自行产生较强视觉冲击的闪烁光；双色型由两种不同发光颜色的管芯组成，封装在同一环氧树脂透镜中，除双色外还可获得第三种混合色，在大屏幕显示系统中的应用极为广泛，并可封装组成双色显示器件；电压型将恒流源芯片与 LED 管芯组合封装，可直接替代 5～24V 的各种电压指示灯。面光源是多个 LED 管芯黏结在微型 PCB 的规定位置上，采用塑料反射罩并灌封环氧树脂而形成的，PCB 的不同设计确定外引线排列和连接方式，有双列直插与单列直插等结构形式。点、面光源现已开发出数百种封装外形及尺寸，供市场及客户使用。

LED 发光显示器可由数码管或米字管、符号管、矩阵管组成各种多位产品，由实际需求设计成各种形状与结构。以数码管为例，有反射罩式、单片集成式、单条七段式三种封装结构，连接方式有共阳极和共阴极两种。一位就是通常说的数码管，两位以上的一般称作显示器。反射罩式具有字形大、用料省、组装灵活的混合封装特点，一般用白色塑料制作成带反射腔的七段外壳，将单个 LED 管芯黏结在与反射罩的七个反射腔互相对位的 PCB 上，每个反射腔底部的中心位置是管芯形成的发光区，用压焊方法键合引线，在反射罩内滴入环氧树脂，与黏结好管芯的 PCB 对位黏合，然后固化即成。反射罩式封装又分为空封和实封两种。前者采用散射剂与染料的环氧树脂，多用于单位、双位器件；后者上盖滤色片与匀光膜，并在管芯与底板上涂透明绝缘胶，提高出光效率，一般用于四位以上的数字显示。对于单片集成式，在发光材料晶片上制作大量七段数码显示器图形管芯，然后划片分割成单片图形管芯，黏结、压焊、封装带透镜（俗称鱼眼透镜）的外壳。单条七段式将已制作好的大面积 LED 芯片，划割成内含一只或多只管芯的发光条，如此同样的七条黏结在数码字形的支架上，经压焊、环氧树脂封装构成。单片式、单条式的特点是微小型化，可采用双列直插式封装，大多是专用产品。LED光柱显示器在106mm长度的线路板上，安置101只管芯（最多可达201只管芯），属于高密度封装，利用光学的折射原理，使点光源通过透明罩壳的13～15条光栅成像，完成每只管芯由点到线的显示，封装技术较为复杂。

半导体PN结的电致发光机理决定LED不可能产生具有连续光谱的白光，同时单只LED也不可能产生两种以上的高亮度单色光，只能在封装时借助荧光物质，蓝或紫外LED管芯上涂敷荧光粉，间接产生宽带光谱，合成白光；或者采用几种（两种、三种或多种）发不同色光的管芯封装在一个组件外壳内，通过色光的混合构成白光LED。这两种方法都已取得实用化，日本2000年生产白光LED达1亿只，发展成一类稳定的产品，并将多只白光LED设计组装成对光通量要求不高、以局部装饰作用为主、追求新潮的光源。

3．表面贴装封装

表面贴装封装的LED（SMD LED）符合整个电子行业发展大趋势，很多生产厂商推出了此类产品。

早期的SMD LED大多采用带透明塑料体的SOT-23改进型，外形尺寸为3.04mm×1.11mm，采用卷盘式容器编带包装。在SOT-23基础上，研发出了带透镜的高亮度SMD的SLM-125系列和SLM-245系列LED。前者为单色发光，后者为双色或三色发光。近些年，SMD LED成为一个发展热点，很好地解决了亮度、视角、平整度、可靠性、一致性等问题，采用更轻的PCB和反射层材料，在显示反射层需要填充的环氧树脂更少，并去除较重的碳钢材料引脚，通过缩小尺寸、降低重量，可轻易地将产品重量减轻一半，最终使应用更趋完美，尤其适合户内和半户外全彩显示屏应用。

厂商提供的SMD LED的数据都是以4.0mm×4.0mm的焊盘为基础的，采用回流焊可设计成焊盘与引脚相等。超高亮度LED产品可采用PLCC（塑封带引线片式载体）-2封装，外形尺寸为3.0mm×2.8mm，通过独特方法装配高亮度管芯，产品热阻为400K/W，可按CECC方式焊接，其发光强度在50mA驱动电流下达1250mcd。七段式的一位、两位、三位和四位数码SMD LED显示器件的字符高度为5.08～12.7mm，显示尺寸选择范围宽。PLCC封装避免了引脚七段数码显示器所需的手工插入与引脚对齐工序，符合自动拾取贴装设备的生产要求，应用设计空间灵活，显示鲜艳清晰。

多色PLCC封装带有一个外部反射器，可简便地与发光管或光导相结合，用反射型替代目前的透射型光学设计，为大范围区域提供统一的照明。

4．功率型封装

LED芯片及封装向大功率方向发展，在大电流下产生比ϕ5mm LED大10～20倍的光通量，必须采用有效的散热与不劣化的封装材料解决光衰问题。因此，管壳与封装也是其关键技术，能承受数瓦功率的LED封装已出现。

Luxeon系列功率LED是将AlGaInN功率型倒装管芯倒装焊接在具有焊料凸点的硅载体上，然后把完成倒装焊接的硅载体装入热沉与管壳中，键合引线进行封装的。这种封装对于取光效率、散热性能、加大工作电流密度的设计都是最佳的。其主要特点：热阻低，一般仅为 14℃/W，只有常规 LED 的 1/10；可靠性高，封装内部填充稳定的柔性胶凝体，在-40～120℃范围，不会因温度骤变产生的内应力而使金丝与引线框架断开，并防止环氧树脂透镜变黄，引线框架也不会因氧化而玷污；反射杯和透镜的最佳设计使辐射图样可控和光学效率最高。

Norlux 系列功率 LED 的封装结构为六角形铝板作底座（使其不导电）的多芯片组合，底座直径为 31.75mm，发光区位于其中心部位，可容纳 40 只 LED 管芯，铝板同时作为热沉。管芯的键合引线通过底座上制作的两个接触点与正、负极连接，根据所需输出光功率的大小来确定底座上排列管芯的数目，可组合封装成超高亮度的 AlGaInN 和 AlGaInP 管芯，其发射光分别为单色、彩色或合成的白色，最后用高折射率的材料按光学设计形状进行包封。这种封装采用常规管芯高密度组合封装，取光效率高，热阻低，较好地保护管芯与键合引线，在大电流下有较高的光输出功率，也是一种有发展前景的 LED 固体光源。在应用中，可将已封装产品组装在一个带有铝夹层的金属芯 PCB 上，形成功率密度 LED。PCB 作为器件电极连接的布线之用，铝芯夹层则可做热沉使用，获得较高的光通量和光电转换效率。此外，封装好的 SMD LED 体积很小，可灵活组合，构成模块型、导光板型、聚光型、反射型等多姿多彩的照明光源。功率型 LED 的热特性直接影响到 LED 的工作温度、发光效率、发光波长、使用寿命等，因此功率型 LED 芯片的封装设计、制造技术就显得尤为重要。

1.1.5 发光二极管的光谱与晶片

光谱是复色光经过色散系统（如棱镜、光栅）分光后，被色散开的单色光按波长（频率）大小而依次排列的图案，晶片不同，其产生颜色光也不同。

1. LED 晶片的作用

LED 晶片是 LED 的主要原材料，LED 主要依靠晶片来发光。

2. LED 晶片的组成

LED 晶片主要由砷（As）、铝（Al）、镓（Ga）、铟（In）、磷（P）、氮（N）、锶（Si）等元素中的若干种组成。

3. LED 晶片的分类

1）按发光亮度分

（1）一般亮度：R、H、G、Y、E 等；（2）高亮度：VG、VY、SR 等；（3）超高亮度：UG、UY、UR、UYS、URF、UE 等；（4）不可见光（红外线）：R、SIR、VIR、HIR；（5）红外线接收管：PT；（6）光电管：PD。

2）按组成元素分

（1）二元晶片（磷、镓）：H、G 等；（2）三元晶片（磷、镓、砷）：SR、HR、UR 等；（3）四元晶片（磷、铝、镓、铟）：SRF、HRF、URF、VY、HY、UY、UYS、UE、HE、UG。

1.1.6 LED 光源在各种环境的应用

LED 的应用主要可分为三大类：LCD 屏背光、LED 照明、LED 显示。

（1）小尺寸 1.5~3.5in LCD 屏的背光：如手机、PDA、MP3、MP4 等便携设备的 LCD 屏都需要 LED 来背光。

（2）大尺寸 LCD 屏的背光（如 LCD TV/Monitor、笔记本电脑）：目前大部分 LCD TV/Monitor、笔记本电脑的 LCD 屏是采用 CCFL 荧光灯管做背光的，因 CCFL 寿命、环保等不利原因，目前正朝向采用 LED 背光发展。按 LCD 屏的尺寸大小一般需要数十个到上百个白光 LED 做背光，而其 LED 驱动 IC 市场潜力将会很大。

（3）7in LCD 屏的背光：如数码相机。

（4）LED 手电筒：小功率 LED 手电筒、强光 LED 手电筒、LED 矿灯。

（5）LED 显示：在公交车、地铁里及各种门头广告屏都能看到各种各样的 LED 字幕显示屏，并且在户外也有不少大屏幕 LED 点阵显示屏幕，从远处看就是一个比较清晰的超大屏幕 LED。这里需要用到专用的 LED 显示控制芯片。

（6）LED 照明：照明经过白炽灯、日光灯，到现在比较普遍的节能灯，再下一个阶段应该就是 LED 照明灯的普及了，这里需要超高亮度的 LED，超长寿命、极低功耗将是 LED 灯巨大的优势。

1.2 LED 显示屏基础知识

1.2.1 LED 显示屏的分类

LED 显示屏（LED Panel）是一种通过控制半导体发光二极管的显示方式，它由很多个通常是红色的小灯组成，靠灯的亮、灭来显示字符。它是用来显示文字、图形、图像、动画、行情、视频、录像信号等各种信息的显示屏幕。

LED 显示屏可分为图文显示屏和视频显示屏，均由 LED 矩阵块组成。图文显示屏可与计算机同步显示汉字、英文文本和图形；视频显示屏采用微型计算机进行控制，图文、图像并茂，以实时、同步、清晰的信息传播方式播放各种信息，还可显示二维（三维）动画、录像、电视、VCD 节目及现场实况。LED 显示屏显示画面色彩鲜艳，立体感强，静如油画，动如电影，广泛应用于金融、税务、工商、邮电、体育、广告、厂矿企业、交通运输、教育系统、车站、码头、机场、商场、医院、宾馆、银行、证券市场、建筑市场、拍卖行、工业企业管理和其他公共场所。

LED 显示屏可以显示变化的数字、文字、图形图像，不仅可以用于室内环境，还可以用于室外环境，具有投影仪、电视墙、液晶显示屏无法比拟的优点。LED 之所以受到广泛重视而得到迅速发展，是与它本身所具有的优点分不开的。这些优点概括起来是亮度高、工作电压低、功耗小、小型化、寿命长、耐冲击和性能稳定。LED 的发展前景极为广阔，目前正朝着更高亮度、更高耐气候性、更高的发光密度、更高的发光均匀性、更高的可靠性、全色化方向发展。

LED 显示屏的分类如下。

1．按颜色基色分

（1）单基色显示屏：单一颜色（红色或绿色）。

（2）双基色显示屏：红和绿双基色，256级灰度，可以显示65536种颜色。

（3）全彩色显示屏：红、绿、蓝三基色，256级灰度的全彩色显示屏可以显示1600多万种颜色。

2．按显示器件分

（1）LED数码显示屏：显示器件为7段数码管，适于制作时钟屏、利率屏等显示数字的电子显示屏。

（2）LED点阵图文显示屏：显示器件是由许多均匀排列的发光二极管组成的点阵显示模块，适于播放文字、图像信息。

3．按使用场合分

（1）室内显示屏：发光点较小，一般为$\phi 3 \sim \phi 8mm$，显示面积一般为几至十几平方米。

（2）室外显示屏：面积一般为几十平方米至几百平方米，亮度高，可在阳光下工作，具有防风、防雨、防水功能。

4．按发光点直径分

（1）室内屏：$\phi 3mm$、$\phi 3.75mm$、$\phi 5mm$。

（2）室外屏：$\phi 10mm$、$\phi 12mm$、$\phi 16mm$、$\phi 19mm$、$\phi 21mm$、$\phi 26mm$。

室外屏发光的基本单元为发光筒，发光筒的原理是将一组红、绿、蓝发光二极管封装在一个塑料筒内共同发光增强亮度。

显示方式有静态、横向滚动、垂直滚动和翻页显示等。单块模块控制驱动12块（最多可控制24块）8×8点阵，共16×48点阵（32×48点阵），是单块MAX7219（PS7219、HD7279、ZLG7289及8279等类似LED显示驱动模块）的12倍（24倍），可采用"级联"的方式组成任意点阵大显示屏。显示效果好，功耗小，相比采用MAX7219的电路，其成本更低。

1.2.2 LED显示屏的构成

LED的控制系统通常由主控系统、扫描板和显控装置三大部分组成。主控系统从计算机的显示卡（一般为专用）中获取整屏像素的各色亮度数据，然后重新分配给扫描板，扫描板负责控制LED屏上的若干行（列），而每一行（列）上LED的显控信号则用串行方式传送。

LED电子显示屏简称LED（Large Electronic Display），显示屏就是由若干个可组合拼接的显示单元（单元显示板或单元显示箱体）构成屏体，再加上一套适当的控制器（主控板或控制系统）。所以，多种规格的显示板（单元箱体）配合不同控制技术的控制器就可以组成许多种LED显示屏，以满足不同环境、不同显示要求的需要。

LED 电子显示屏是由几万到几十万个半导体发光二极管像素点均匀排列组成的。利用不同的材料可以制造不同色彩的 LED 像素点。目前应用最广的是红色、绿色、黄色。而蓝色和纯绿色 LED 的开发已经达到了实用阶段。

仔细分解一个 LED 显示屏，它由以下一些要素构成（以较为复杂的同步视频显示屏为例）。

（1）金属结构框架。户内屏一般由铝合金（角铝或铝方管）构成内框架，搭载显示板等各种电路板及开关电源，外边框采用茶色铝合金方管，或者铝合金包不锈钢，或者钣金一体化制成。

户外屏框架根据屏体大小及承重能力一般由角钢或工字钢构成，外框可采用铝塑板进行装饰。

（2）显示单元。显示单元是显示屏的主体部分，由发光材料及驱动电路构成。户内屏就是各种规格的单元显示板，户外屏就是单元箱体。

（3）扫描控制板。扫描控制板的功能是数据缓冲，产生各种扫描信号及占空比灰度控制信号。

（4）开关电源。将 220V 交流电变为各种直流电提供给各个电路。

（5）双绞线传输电缆。主控仪产生的显示数据及各种控制信号由双绞线电缆传输至屏体。

（6）主控仪。将输入的 RGB 数字视频信号缓冲，灰度变换，重新组织，并产生各种控制信号。

（7）专用显示卡及多媒体卡。除具有电脑显示卡的基本功能外，还同时输出数字 RGB 信号及行、场、消隐等信号给主控仪。多媒体卡除以上功能外，还可将输入的模拟 Video 信号变为数字 RGB 信号（视频采集）。

（8）电脑及其外设。

（9）其他信息源。LED、DVD/VCD 机、摄录像机及切换矩阵等。

1.2.3　LED 显示屏技术参数

1. 像素失控率

像素失控率是指显示屏的最小成像单元（像素）工作不正常（失控）所占的比例。像素失控有两种模式：一是盲点，也就是瞎点，在需要亮时它不亮，称为瞎点；二是常亮点，在需要不亮的时候它反而一直亮着，称为常亮点。一般地，像素的组成有 2R1G1B（2 只红灯、1 只绿灯和 1 只蓝灯，下述同理）、1R1G1B、2R1G、3R6G 等，而失控一般不会是同一个像素里的红、绿、蓝灯同时全部失控，但只要其中一只灯失控，即认为此像素失控。为简单起见，我们按 LED 显示屏的各基色（红、绿、蓝）分别进行失控像素的统计和计算，取其中的最大值作为显示屏的像素失控率。

失控的像素数占全屏像素总数的比例，称为整屏像素失控率。另外，为避免失控像素集中于某一个区域，提出区域像素失控率的概念，也就是在 100×100 像素区域内，失控的像素数与区域像素总数（10000）之比。此指标对《LED 显示屏通用规范》SJ/T11141—2003 中

"失控的像素是呈离散分布"要求进行了量化，方便直观。

目前国内的 LED 显示屏在出厂前均会进行老化（烤机），对失控像素的 LED 灯都会维修更换，整屏像素失控率控制在 $1/10^4$ 之内、区域像素失控率控制在 $3/10^4$ 之内是没问题的，甚至有些厂家的企业标准要求出厂前不允许出现失控像素，但这势必会增加生产厂家的制造维修成本和延长出货时间。在不同的应用场合下，像素失控率的实际要求可以有较大的差别。一般来说，LED 显示屏用于视频播放，指标要求控制在 $1/10^4$ 之内是可以接受，也是可以达到的；若用于简单的字符信息发布，指标要求控制在 $12/10^4$ 之内是合理的。

2. 灰度等级

灰度也就是所谓的色阶或灰阶，是指亮度的明暗程度。对于数字化的显示技术而言，灰度是显示色彩数的决定因素。一般而言，灰度越高，显示的色彩越丰富，画面也越细腻，更易表现丰富的细节。灰度等级主要取决于系统的 A/D 转换位数。当然，系统的视频处理芯片、存储器及传输系统都要提供相应位数的支持才行。目前，国内 LED 显示屏主要采用 8 位处理系统，即 256（2^8）级灰度。简单理解就是从黑到白共有 256 种亮度变化。采用 RGB 三基色即可构成 256×256×256=16777216 种颜色，即通常所说的 16 兆色。国际品牌显示屏主要采用 10 位处理系统，即 1024 级灰度，RGB 三基色可构成 10.7 亿色。灰度虽然是色彩数的决定因素，但并不是说越大越好。首先因为人眼的分辨率是有限的，再者系统处理位数的提高会牵涉系统视频处理、存储、传输、扫描等各个环节的变化，成本剧增，性价比反而下降。一般来说，民用或商用级产品可以采用 8 位系统，广播级产品可以采用 10 位系统。

3. 亮度鉴别等级

亮度鉴别等级是指人眼能够分辨的图像从最黑到最白之间的亮度等级。显示屏的灰度等级有的很高，可以达到 256 级甚至 1024 级。但是，由于人眼对亮度的敏感性有限，并不能完全识别这些灰度等级。也就是说，可能很多相邻等级的灰度人眼看上去是一样的。而且每个人的眼睛分辨能力各不相同。对于显示屏，人眼识别的等级自然是越多越好，因为显示的图像毕竟是给人看的。人眼能分辨的亮度等级越多，意味着显示屏的色空间越大，显示丰富色彩的潜力也就越大。亮度鉴别等级可以用专用的软件来测试，一般显示屏能够到 20 级以上就算是比较好的等级了。

4. 非线性变换

非线性变换是指将灰度数据按照经验数据或某种算术非线性关系进行变换再提供给显示屏显示。由于 LED 是线性器件，它与传统显示器的非线性显示特性不同。为了让 LED 显示效果能够符合传统数据源，同时又不损失灰度等级，一般在 LED 显示系统后级会做灰度数据的非线性变换，变换后的数据位数会增加（保证不丢失灰度数据）。现在国内一些控制系统供应商所谓的 4096 级灰度或 16384 级灰度或更高都是指经过非线性变换后的灰度空间大小。4096 级采用了 8 位到 12 位的非线性变换技术，16384 级则采用 8 位到 16 位的非线性变换技术。由 8 位做非线性变换，转换后空间肯定比 8 位大，一般至少是 10 位。如同灰度一样,这个参数也不是越大越好,一般12位就足够了。

1.2.4 LED显示屏常用术语

1. LED亮度

发光二极管的亮度一般用发光强度(Luminous Intensity)表示,单位是坎德拉(cd);1000μcd(微坎德拉)=1mcd(毫坎德拉),1000mcd=1cd。室内用单只LED的光强一般为500μcd~50mcd,而户外用单只LED的光强一般应为100~1000mcd,甚至1000mcd以上。

2. LED像素模块

LED排列成矩阵或笔段,预制成标准大小的模块。室内显示屏常用的有8×8像素模块、8字7段数码模块。户外显示屏像素模块有4×4、8×8、8×16像素等规格。因为户外显示屏像素模块用的每一像素由两只以上LED管束组成,因此又称其为集管束模块。

3. 像素(Pixel)与像素直径

LED显示屏中每一个可被单独控制的LED发光单元(点)称为像素(像元)。像素直径ϕ是指每一像素的直径,单位是毫米(mm)。对于室内显示屏,一般一个像素为单个LED,外形为圆形。室内显示屏像素直径较常见的有ϕ3.0、ϕ3.75、ϕ5.0、ϕ8.0等,以ϕ3.75和ϕ5.0最多。在户外环境,为提高亮度,增加视距,一个像素含有两只以上集束LED。由于两只以上集束LED一般不是圆形的,因此户外显示屏像素直径一般用两两像素平均间距表示,如□10、□11.5、□16、□22、□25。

4. 点间距、像素密度与信息容量

LED显示屏的两两像素的中心距称为点间距(Dot Pitch);单位面积内像素的数量称为像素密度;单位面积内所含显示内容的数量称为信息容量。这三者的本质都是描述同一概念:点间距是从两两像素间的距离来反映像素密度,点间距和像素密度是显示屏的物理属性;信息容量则是像素密度的信息承载能力的数量单位。点间距越小,像素密度越高,信息容量越多,适合观看的距离越近;点间距越大,像素密度越低,信息容量越少,适合观看的距离越远。

5. 分辨率

LED显示屏像素的行列数称为LED显示屏的分辨率。分辨率是显示屏的像素总量,它决定了一台显示屏的信息容量。

6. LED显示屏(LED Panel)

将LED像素模块按照实际需要大小拼装排列成矩阵,配以专用显示驱动电路、直流稳压电源、软件、框架及外装饰等,即构成一台LED显示屏。

7. 灰度

灰度是指像素发光明暗变化的程度，一种基色的灰度一般有 8 级至 1024 级。例如，若每种基色的灰度为 256 级，对于双基色彩色屏，其显示颜色为 256×256=64K 色，也称该屏为 256 色显示屏。

8. 双基色

现今大多数彩色 LED 显示屏是双基色彩色屏，即每一个像素有两个 LED 管芯：一个为红光管芯；一个为绿光管芯。红光管芯亮时该像素为红色；绿光管芯亮时该像素为绿色；红、绿两管芯同时亮时，则该像素为黄色。其中红、绿称为基色。

9. 全彩色

红、绿双基色再加上蓝基色，三种基色就构成全彩色。由于构成全彩色的蓝色和绿色管芯较贵，因此目前全彩色屏相对较少。

10. 色彩

将红色和绿色 LED 放在一起作为一个像素制作的显示屏叫双色屏或彩色屏；将红、绿、蓝三种 LED 放在一起作为一个像素的显示屏叫三色屏或全彩屏。

11. VGA 接口

VGA 接口就是电脑显卡上输出模拟信号的接口，也叫 D-Sub 接口。VGA 接口是一种"D"形接口，共有 15 个引脚，分成 3 排，每排 5 个，用以传输模拟信号。通过 VGA 接口，可以将电脑输出的模拟信号加到液晶彩电中。

VGA 接口的 15 个引脚中，有 5 个引脚是用来传送红（R）、绿（G）、蓝（B）、行（H）、场（V）这 5 种分量信号的。从 1996 年起，为了在 Windows 环境下更好地实现即插即用（PNP）技术，在该接口中加入了 DDC 数据分量。该功能用于读取液晶彩电 EPROM 存储器中记载的液晶彩电品牌、型号、生产日期、序列号、指标参数等信息内容。该接口有成熟的制造工艺和广泛的使用范围，是模拟信号传输中最常见的一种端口。但不论多么成熟，它毕竟是传送模拟信号的接口。

15 针 VGA 接口中，显示卡端的接口为 15 针母插座，液晶彩电连接线端为 15 针公插头。如图 1-1 所示，对于显示卡端的母插座，如果右上引脚为第 1 引脚，则左下引脚为第 15 引脚，各引脚定义如表 1-1 所示。

（a）15 针母插座实物图
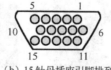
（b）15 针母插座引脚排列
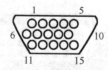
（c）15 针公插头引脚排列

图 1-1　VGA 接口

表 1-1　15 针 VGA 接口显示端各引脚定义

脚　位	引脚名	定　义
1	RED	红信号（75Ω，0.7V 峰-峰值）
2	GREEN	绿信号（75Ω，0.7V 峰-峰值）/单色灰度信号（单显）
3	BLUE	蓝信号（75Ω，0.7V 峰-峰值）
4	RES	保留
5	GND	自检端，接电脑地
6	RGND	红接地
7	GGND	绿接地/单色灰度信号接地（单显）
8	BGND	蓝接地
9	NC/DDC5V	未用 DDC5V
10	SGND	同步接地
11	ID	彩色液晶屏检测使用
12	ID/SDA	单色液晶屏检测/串行数据 SDA
13	HSYNC/CSYNC	行同步信号/复合同步信号
14	VSYNC	场同步信号
15	ID/SCL	液晶彩电检测/串行时钟

12．DVI 接口

DVI 又分为 DVI-A、DVI-D 和 DVI-I 等。DVI-A 接口用于传输模拟信号，其功能和 D-SUB 完全一样；DVI-D 接口用于传送数字信号，是真正意义上的数字信号输入接口，DVI-D 接口外形和引脚定义如图 1-2 所示。当 DVI-I 接 VGA 设备时，就起到了 DVI-A 的作用；当 DVI-I 接 DVI-D 设备时，便起到 DVI-D 的作用。DVI-I 接口外形和引脚定义如图 1-3 所示，DVI-I 接口引脚功能如表 1-2 所示（DVI-D 接口没有 C1~C4 引脚，其他引脚定义与 DVI-I 接口相同）。

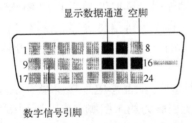

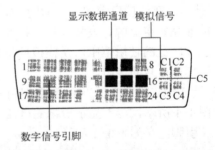

图 1-2　DVI-D 接口外形和引脚定义　　　图 1-3　DVD-I 接口外形和引脚定义

表 1-2 DVI-I 接口引脚功能

引脚	功能	引脚	功能
1	TMDS 数据 2−	16	热插拔输入检测，用于向主机发送热插拔信号
2	TMDS 数据 2+	17	TMDS 数据 0−
3	TMDS 数据 2/4 屏蔽	18	TMDS 数据 0+
4	TMDS 数据 4−	19	TMDS 数据 0/5 屏蔽
5	TMDS 数据 4+	20	TMDS 数据 5−
6	DDC 时钟	21	TMDS 数据 5+
7	DDC 数据	22	TMDS 数据时钟屏蔽
8	模拟垂直同步信号	23	TMDS 时钟+
9	TMDS 数据 1−	24	TMDS 时钟−
10	TMDS 数据 1+	C1	模拟 R 信号
11	TMDS 数据 1/3 屏蔽	C2	模拟 G 信号
12	TMDS 数据 3−	C3	模拟 B 信号
13	TMDS 数据 3+	C4	模拟水平同步信号
14	DDC+5V	C5	模拟地
15	接地		

DVI-I 可以兼容 DVI-D 装置（包括连接线），但是 DVI-D 接口却不能够使用 DVI-I 连接线。大部分显卡采用 DVI-I 接口，DVI-D 的线缆也可以使用；大部分的液晶彩电采用 DVI-D 接口，没有 C1～C4 插孔，DVI-I 的线缆不能使用。

13. 标准视频输入（RCA）接口

标准视频输入接口也称 AV 接口，如图 1-4 所示，通常都是成对的白色的音频接口和黄色的视频接口。它通常采用 RCA（俗称莲花头）进行连接，使用时只需要将带莲花头的标准 AV 线缆与相应接口连接起来即可。AV 接口实现了音频和视频的分离传输，这就避免了因为音/视频混合干扰而导致的图像质量下降等问题。但由于 AV 接口传输的仍然是一种亮度/色度（Y/C）混合的视频信号，仍然需要显示设备对其进行亮/色分离和色度解码才能成像，这种先混合再分离的过程必然会造成色彩信号的损失，色度信号和亮度信号也会有很大的机会相互干扰从而影响最终输出的图像质量。AV 接口还具有一定生命力，但由于它本身 Y/C 混合这一不可克服的缺点，因此无法在一些追求视觉极限的场合中使用。

图 1-4　AV 接口

14. S 视频输入

S-Video 英文全称为 Separate Video，为了达到更好的视频效果，人们开始探求一种更快捷、清晰度更高的视频传输方式，这就是当前如日中天的 S-Video（也称二分量视频接口）。S-Video 的意义就是将 Video 信号分开传送，也就是在 AV 接口的基础上将色度信号 C 和亮度信号 Y 进行分离，再分别以不同的通道进行传输。它出现并发展于 20 世纪 90 年代后期，通常采用标准的 4 芯（不含音效）或扩展的 7 芯（含音效）。带 S-Video 接口的显卡和视频设备（如模拟视频采集/编辑卡 LED 和准专业级监视器电视卡/电视盒及视频投影设备等）当前已经比较普遍。与 AV 接口相比，由于它不再进行 Y/C 混合传输，因此也就无须再进行亮/色分离和解码工作，而且使用各自独立的传输通道在很大程度上避免了视频设备内信号串扰而产生的图像失真问题，极大地提高了图像的清晰度。但 S-Video 仍要将两路色差信号（Cr、Cb）混合为一路色度信号 C，进行传输后再在显示设备内解码为 Cb 和 Cr 进行处理，这样多少仍会带来一定信号损失而产生失真（这种失真很小，但在严格的广播级视频设备下进行测试时仍能发现），而且由于 Cr、Cb 的混合导致色度信号的带宽也有一定的限制，所以 S-Video 虽然已经比较优秀，但离完美还相去甚远。S-Video 虽不是最好的，但考虑到目前的市场状况和综合成本等其他因素，它还是应用最普遍的视频接口，如图 1-5 所示。

图 1-5 S-Video

15．视频色差信号输入接口

目前可以在一些专业级视频工作站、编辑卡专业级视频设备或高档影碟机等家电上看到有 YUV、Y/Cb/Cr、Y/B-Y/B-Y 等标记的接口标志，虽然其标记方法和接头外形各异，但都是指视频色差信号接口（也称分量视频接口）。它通常采用 YPbPr 和 YCbCr 两种标志，前者表示逐行扫描色差输出，后者表示隔行扫描色差输出。作为 S-Video 的进阶产品，色差输出将 S-Video 传输的色度信号 C 分解为色差 Cr 和 Cb，这样就避免了两路色差混合解码并再次分离的过程，也保持了色度通道的最大带宽，只需要经过反矩阵解码电路就可以还原为 RGB 三基色信号而成像，这就最大限度地缩短了视频源到显示器成像之间的视频信号通道，避免了因烦琐的传输过程所带来的图像失真，所以视频色差信号输出的接口方式是目前各种视频输出接口中最好的一种，如图 1-6 所示。

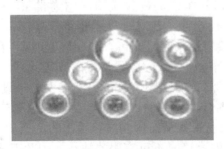

图 1-6 YPbPr 色差接口

16．BNC 接口

BNC 接口通常用于工作站和同轴电缆连接的连接器，以及标准专业视频设备输入、输出接口。BNC 电缆有 5 个连接头，用于接收红、绿、蓝、水平同步和垂直同步信号，如图 1-7 所示。

第1章 LED显示器件基础

（a）BNC接口

（b）BNC连接线

图1-7　BNC接口与连接线

BNC接头是有别于普通15针D-SUB标准接头的特殊显示器接口，由R、G、B三基色信号及行同步、场同步五个独立信号接头组成。它主要用于连接工作站等对扫描频率要求很高的系统。BNC接头可以隔绝视频输入信号，使信号相互间干扰减少，并且信号频宽较普通D-SUB大，可达到最佳信号响应效果。

17．RS-232C接口

RS-232C标准（协议）的全称是EIA-RS-232C标准。其中，EIA（Electronic Industry Association）代表美国电子工业协会；RS（Recommeded Standard）代表推荐标准；232是标志号；C代表RS-232的最新一次修改（1969年），在这之前有RS-232A和RS-232B。它规定连接电缆和机械、电气特性、信号功能及传送过程。常用物理标准还有EIA-RS-422A、EIA-RS-423A、EIA-RS-485。这里只介绍EIA-RS-232C（简称232或RS-232）。电脑输入/输出接口是最为常见的串行接口。RS-232C标准接口有25条线，包括4条数据线、11条控制线、3条定时线、7条备用和未定义线，常用的只有9条，常用于与25引脚D-SUB接口一同使用，其最大传输速率为20kbit/s，连接线最长为15m。RS-232C串口被用于将电脑信号输入控制LED显示屏，如图1-8所示。

（a）RS-232C串口

（b）RS-232C串口连接线

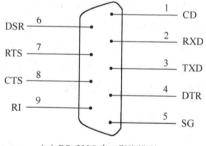
（c）RS-232C串口引脚排列

图1-8　RS-232C串口与连接线

18．USB接口

一些新型液晶彩电上装有USB接口，可读取外接移动硬盘和U盘的资料，可以进行录像等。

USB 的全称是 Universal Serial Bus，中文含义是通用串行总线。USB 是在 1994 年年底由 Intel、Conpq、IBM、Microsoft 等多家公司联合提出的。USB 支持热插拔，它即插即用的优点使其成为电脑最主要的接口方式。

USB 接口有 4 个引脚，分别是 USB 电源（一般为 5V）、USB 数据线+、USB 数据线-和地线。

USB1.1 高速方式的传输速率为 12Mbit/s，低速方式的传输速率为 1.5Mbit/s，1MB/s（兆字节/秒）=8Mbit/s（兆比特/秒），12Mbit/s=1.5MB/s。

USB2.0 的传输速率达到了 480Mbit/s（60MB/s），足以满足大多数外设的速率要求。USB2.0 中的"增强主机控制器接口（EHCI）"定义了一个与 USB1.1 相兼容的架构，它可以用 USB2.0 的驱动程序驱动 USB1.1 设备。也就是说，所有支持 USB1.1 的设备都可以直接在 USB 2.0 的接口上使用而不必担心兼容性问题，而且像 USB 线、插头等附件也都可以直接使用。

USB2.0 标准进一步将接口速率提高到 4Mbit/s，更大幅度地减少了液晶彩电视频、音频文件的传输时间。

USB3.0 是 Intel 公司和 HP、NEC、NXP 半导体及德州仪器等公司共同开发的技术，USB3.0 技术主要应用于个人电脑、消费及移动类产品的快速同步即时传输。它兼容 USB1.1 和 USB2.0 标准，具有传统 USB 技术的易用性和即插即用功能。USB3.0 技术的目标是推出比 USB2.0 快 10 倍以上的产品，采用与有线 USB 相同的架构。除对 USB3.0 规格进行优化以实现更低的能耗和更高的协议效率之外，USB3.0 的端口和电缆能够实现向后兼容，以及支持光纤传输。

19．像素

制作室内 LED 屏的像素尺寸一般是 2~10mm，常常把几种能产生不同基色的 LED 管芯封装成一体。室外 LED 屏的像素尺寸多为 12~26mm，每个像素由若干个各种单色 LED 组成，常见的成品称为像素筒。双色像素筒一般由 3 红 2 绿组成，三色像素筒由 2 红 1 绿 1 蓝组成。无论用 LED 制作单色、双色或三色屏，想要显示图像，则构成像素的每个 LED 的发光亮度都必须能调节，其调节的精细程度就是显示屏的灰度等级。灰度等级越高，显示的图像越细腻，色彩也越丰富，相应的显示控制系统也越复杂。一般 256 级灰度的图像，颜色过渡已很柔和，而 16 级灰度的彩色图像，颜色过渡界线十分明显。所以，当前彩色 LED 屏都要求做成 256 级灰度的。

20．显示速度

显示速度是指 LED 显示屏更新和转换画面的速度，通常用"帧/秒"来表示。

21．通信距离

一般 LED 显示屏的信号输入是电脑或其他设备，显示屏离信号输入设备都有一段距离，所以要求 LED 显示屏必须支持远距离信号的输入并还原，基本上所有的 LED 显示屏都支持 10m 以上的信号输入。

22．寿命

LED 显示屏通常在室外使用，所以要求 LED 显示屏能适应户外多变的使用环境，在抗老化和无故障运行方面要比其他显示设备稍胜一筹。一般正常无故障的使用时间可以达到 5000 小时以上。

1.2.5　各式 LED 显示屏及相关产品的用途

LED 除做显示屏外还有一些其他产品，如 LED 发光灯。LED 发光灯代替传统的灯具光源，具有安全、安装方便、免维护、寿命长等优点。

1．LED 灯带

LED 灯带与传统的灯带相比，具有色彩纯正柔和、无眩光、不发热、节能、寿命长等特点。其规格有二线、三线、四线、五线，可以实现红、绿、蓝、黄等多种颜色的跳变、闪烁、流水、追逐等。并且 LED 灯带是由软管封装的，可任意弯曲，可根据被装饰物的实际情况制作各种造型。安装方便，色彩效果极佳。

2．LED 变色壁灯

LED 变色壁灯是专为舞厅、酒吧、发廊等场所而设计的。性感的外形极富艺术感染力，缓缓变化的色彩可营造浪漫、迷离的梦幻气氛，多组使用可产生同步、跳变、渐变等效果。

3．LED 变色灯泡

LED 变色灯泡内置微型电脑芯片，可任意编程控制，使多个 LED 变色灯泡同步工作。其高效节能，寿命长。灯光效果有七彩渐变、跳变、追逐、流水等，也可根据工程要求编程控制。其独特的防水结构设计，可满足户外任意场所的使用要求，广泛应用于建筑物轮廓、广场道路景观灯具、各种灯光广告牌、舞台、酒店等场所装饰。

4．LED 水底灯

LED 水底灯采用光源树脂灌封，灯体采用特制硅胶密封圈，防护等级达 IP68，由安全直流电压供电，具有超低功耗，不发热，−40～80℃均可正常工作。平均使用寿命为 8 万～10 万小时，安全、耐用、可靠。一灯多色，程序控制，可静可动。

5．LED 地埋灯

LED 地埋灯在夜景照明中使用极为广泛，其功能主要是装饰、指示及照明。使用金卤灯光源的地埋灯，其灯具表面温度高，容易造成人身伤害，功率大耗电，体积大笨重。因此，指示和装饰照明应首选 LED 地埋灯。

6．LED 异形显示屏

LED 异形显示屏是百润慧通公司新开发研制的一种新型电子显示产品，是迄今最具有震撼力的户外媒体，适于建筑物外墙灯光工程、大厦顶部大型 LOGO 标志、新型户外广告媒体等，可制作成球体、半圆形、圆柱体等任意形状。

7. LED 智能标志牌

LED 智能标志牌是专为七彩变化的发光字或动感招牌设计的，也可替代霓虹背板，由逐点控制的点光源组成，可以实现呼吸、堆积、闪烁、追逐、流水等多种变化，制造出五彩缤纷、绚丽多姿的动感效果。也可以通过电脑播放文字、视频、Flash 等。可用双面粘胶固定，也可用螺钉固定，安装方便快捷。它采用全密封防水结构，防护等级达 IP68，能适应室内外各种温度、湿度环境。

8. LED 数码管系列

LED 数码管由数码电脑控制电路和 RGB 三色 LED 光源组成，是一种新型高级装饰灯具。组合到一起可以实现文字、山水、动植物、图画等的七彩渐变、跳变、流水、追逐、扫描等效果。

9. LED 护栏管系列

LED 护栏管以高亮 LED 作为光源，有奶白色、透明色两种。通过电脑编程，能演绎出七色、三色、单色等多种梦幻色彩效果。产品广泛应用于建筑物轮廓、交通立交桥、歌舞厅等。

10. LED 柔性光带系列

LED 柔性光带分为二线、三线、四线、五线系列，采用超高亮度 LED 配合 PVC 材料制造的可塑线性装饰灯具，是近几年来兴起的一种新型照明光源，属于冷光源的一种。通过芯片控制，可实现渐变、跳变、色彩闪烁、随机闪烁、渐变交替、追逐、扫描等流动颜色变化。

11. 大功率射灯

大功率射灯灯具防护等级为 IP65，具有 1 级电气绝缘保护，采用优质不锈钢或铝压铸成灯体，进口阳极氧化铝反光器，光效更好。采用背后开启方式更换电源，方便维护，主要用于广告、大厦外景、体育馆等户外照明。

12. 星星灯系列

星星灯系列包括圣诞灯串、网灯等系列。主线可以互相连接，安装简便，适合于别墅装饰、舞台背景、建筑物外、橱窗、树木、酒店大堂及其他商业橱窗的装饰。

13. LED 灯杯系列

LED 光源有红、黄、蓝、绿、白、紫、青、七彩等，可实现渐变、跳变等多种色彩组合。LED 灯饰产品主要有 LED 光纤吊灯、光纤垂帘、光纤地镜、光纤星空、光纤瀑布、

LED 窗帘灯、LED 天花灯、LED 标志灯、LED 数码投光灯、LED 椰树灯、LED 烟花灯、LED 数码景观灯、LED 幻彩水底灯、LED 幻彩幕墙灯、LED 幻彩地砖灯、LED 光源系列、LED 发光字模块模组、LED 彩屏系列、LED 地角灯、LED 灯带、LED 线条灯、LED 护栏灯、LED 护栏管、LED 轮廓灯、LED 变色球泡、LED 幻彩球泡、LED 变色灯杯、LED 地埋灯、LED 庭院灯、LED 吸顶灯、LED 蜂窝灯、LED 跑马灯、LED 彩虹管、LED 灯串、LED 插地灯、LED 泛光灯、LED 射灯、LED 草坪灯、LED 小夜灯、LED 装饰灯等，可用于室内外景观灯光、大楼轮廓泛光照明及广场、道路灯光的设计和施工。产品广泛用于公园、广场、高楼、生活小区、购物中心、高速公路、地铁站等户外工程设施。

第 2 章　电子元器件的检测

2.1　检测电子元器件的仪器仪表

2.1.1　万用表

万用表主要用来检测电压、电流及电阻等物理量，通常在表盘上用 V、A、Ω等符号来表示；有些万用表还能够测量音频电平。万用表的种类很多，按结构可分为两种：一种是指针万用表；另一种是数字万用表。

> 指针万用表的选购与使用视频参见前言中的网址

1. 指针万用表的结构及使用

指针万用表由表头（磁电式）、挡位开关、机械调零旋钮、表笔、插座等构成，按旋转开关的形式可分为两类：一类为单旋转开关型，如 MF9 型、MF10 型、MF47 型、MF50 型等；另一类为双旋转开关型，常用的为 MF500 型。下面以常用的 MF47 型指针万用表为例介绍其使用方法。

MF47 型指针万用表的外形如图 2-1 所示，内部电路如图 2-2 所示。

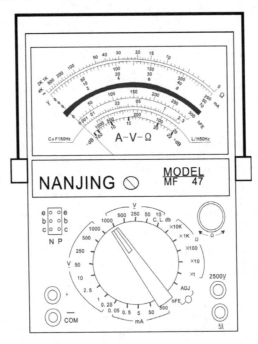

图 2-1　MF47 型指针万用表的外形

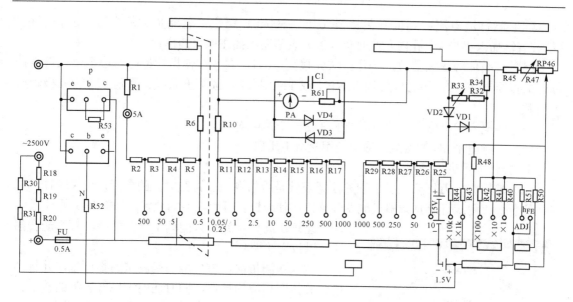

图 2-2 MF47 型指针万用表的内部电路

1)电路部分

由图 2-2 可知,指针万用表由五部分电路组成:表头或表头电路,用于指示测量结果;分压电路,用于测量交、直流电压;分流电路,用于测量直流电流;电源调零电位器,用于测量电阻;测量选择电路,用于选择挡位量程。

2)表头

表头采用磁电式微安表。表头的内部由上下游丝及磁铁等组成。当微小的电流通过表头时,会产生电磁感应,线圈在磁场的作用下转动,并带动指针偏转。指针偏转角度的大小取决于通过表头电流的大小。因为表头线圈的线径比较细,所以允许通过的电流很小,实际应用中为了能够满足较大量程的需要,在万用表内部设有分流及降压电路来完成对各种物理量的测量。

3)表盘

如图 2-1 所示,表盘的第一条刻度线为电阻挡的读数,右端为"0",左端为"∞(无穷大)",并且刻度是不均匀的,读数时应该从右向左读,即表针越靠近左端阻值越大。第二条刻度线下面有三排刻度数,上面两排刻度数为交/直流电压及电流的读数,第三排刻度数为交流电压读数,是为了提高小电压读数的精度而设置的。刻度线的左端为"0",右端为最大读数。如果挡位开关位置不同,即使表针摆到同一位置,其所指示的电压、电流的数值也不相同。第三条刻度线是测量晶体管放大倍数(h_{FE})的。第四、五条刻度线分别是测量电容和电感的读数线。第六条刻度线为音频电平(dB)的读数线。

MF47 型万用表设有反光镜片,可减小视觉误差。

4)挡位开关

(1)测量电阻:挡位开关拨至×1Ω~×10kΩ挡位。

(2)测交流电压:挡位开关拨至 10~1000V 挡位。

(3)测直流电压:挡位开关拨至 0.25~1000V 挡位。若测高电压,将表笔插入 2500V 插孔即可。

（4）测直流电流：挡位开关拨至 0.05～500mA 挡位。若测量大的电流，应把"正"（红）表笔插入"+5A"孔内，此时负（黑）表笔还应插在原来的位置。

（5）测晶体管放大倍数：挡位开关先拨至 ADJ，调零，使指针指向右边零位，再将挡位开关拨至 hFE 挡，将三极管插入 NPN 或 PNP 插座，读第五条线的数值，即为三极管放大倍数。

（6）测电容和电感：使用电阻挡的任何一个挡位均可。

（7）音频电平 dB 的测量：应该使用交流电压挡。

5）指针万用表的使用

（1）使用指针万用表之前，应先注意表针是否指在∞（无穷大）的位置，如果表针不正对此位置，应用螺钉旋具调整机械调零旋钮，使表针正好处在∞的位置，如图 2-3 所示。

注意：此调零旋钮只能调半圈；否则，有可能会损坏，以致无法调整。

（2）在测量前，首先应明确测试的物理量，并将挡位开关拨至相应的挡位，同时还要考虑好表笔的接法；然后进行测试，以免因误操作而造成万用表的损坏。

（3）对于一般测量，将红表笔（正）插入"+"孔内，黑表笔（负）插入"-"或"*"孔内。如需测大电流、高电压，可以将红表笔分别插入 2500V 或 5A 插孔。

（4）测电阻：在使用电阻不同量程之前，应先将正负表笔对接，调整欧姆调零旋钮，让表针正好指在零位，而后进行测量；否则，测得的阻值误差较大，如图 2-4 所示。

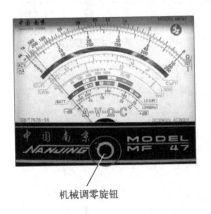

图 2-3 应用螺钉旋具调整机械调零旋钮

图 2-4 欧姆调零旋钮

注意：每换一次挡，都要进行一次调零，再将表笔接在被测物的两端。

电阻值的读法：将开关所指的数与表盘上的读数相乘，就是被测电阻的阻值。例如，用 ×10Ω 挡测量一只电阻，表针指在"50"的位置，那么这只电阻的阻值是 10×50Ω=500Ω，如图 2-5 所示。

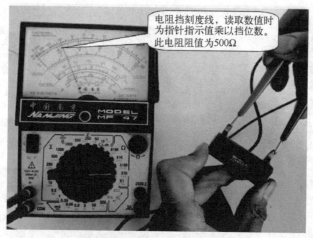

图 2-5 被测电阻的阻值识读

（5）测电压：测量电压时，应将指针万用表调到电压挡，并将两表笔并联在电路中进行测量。测量交流电压时，表笔可以不分正负极；测量直流电压时，红表笔接电源的正极，黑表笔接电源的负极，如果接反，表笔会向相反的方向摆动。如果测量前不能估测出被测电路电压的大小，应用较大的量程去试测。如果表针摆动很小，再将挡位开关拨到较小量程的位置；如果表针迅速摆到零位，应该马上把表笔从电路中移开，加大量程后再去测量，如图 2-6 所示。

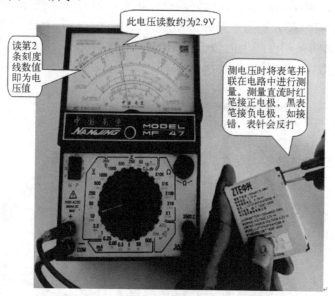

图 2-6 测电压

注意：测量电压时，应一边观察表针的摆动情况，一边用表笔试着进行测量，以防电压太高把表针打弯或把万用表烧毁。

（6）测直流电流：将表笔串联在电路中进行测量（将电路断开），红表笔接电路正极，黑表笔接电路负极。测量时应该先用高挡位，如果表针摆动很小，再换低挡位。如需测量大电流，应该用扩展挡，如图 2-7 所示。

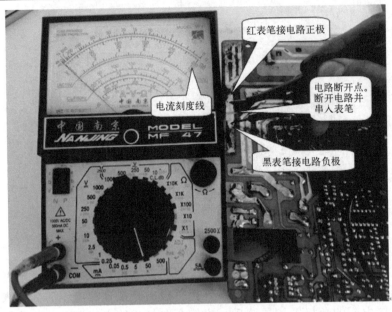

图 2-7 测直流电流

注意：指针万用表的电流挡是最容易被烧毁的，在测量时千万要注意。

（7）晶体管放大倍数（h_{FE}）的测量：先把挡位开关拨至 ADJ 挡（对于无 ADJ 挡位的其他型号万用表，可用×1kΩ挡），调好零位，再把挡位开关转到 hFE 挡进行测量。将晶体管的 b、c、e 三个极分别插入指针万用表上的 b、c、e 三个插孔内，PNP 型晶体管插 PNP 位置，读第四条刻度线上的数值；NPN 型晶体管插入 NPN 位置，读第五条刻度线的数值，均按实数读，如图 2-8 所示。

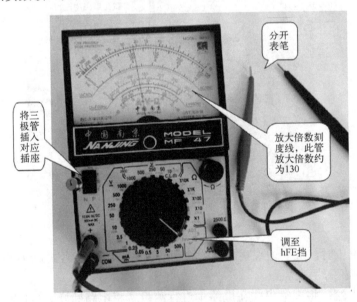

图 2-8 晶体管放大倍数

（8）穿透电流的测量：按照"晶体管放大倍数（h_{FE}）的测量"的方法将晶体管插入对

应的孔内，但晶体管的 b 极不插入，这时表针将有一个很小的摆动，根据表针摆动的大小来估测穿透电流的大小，表针摆动幅度越大，穿透电流越大，否则就越小。

由于指针万用表 CUF、LUH 刻度线及 dB 刻度线的应用很少，在此不再赘述，可参见使用说明。

6）万用表使用注意事项

（1）不能在正负表笔对接时或测量时旋转挡位开关，以免旋转到 hFE 挡位时，表针迅速摆动，将表针打弯，并且有可能烧坏指针万用表。

（2）在测量电压、电流时，应该选用大量程的挡位测量一下，再选择合适的量程去测量。

（3）不能在通电的状态下测量电阻，否则会烧坏指针万用表。测量电阻时，应断开电阻的一端进行测试，测完后再焊好。

（4）每次使用完指针万用表，都应该将挡位开关拨至交流最高挡位，以防止由于第二次使用不注意或外行人乱动烧坏指针万用表。

（5）在每次测量之前，应该先看挡位开关的挡位。严禁不看挡位就进行测量，这样有可能损坏指针万用表，这是一个从初学时就应养成的良好习惯。

（6）指针万用表不能受到剧烈振动；否则，会使指针万用表的灵敏度下降。

（7）使用指针万用表时应远离磁场，以免影响指针万用表的性能。

（8）指针万用表长期不用时，应该把表内的电池取出，以免腐蚀表内的元器件。

7）指针万用表常见故障

以 MF47 型指针万用表为例，其电路参见图 2-2。

（1）磁电式表头故障

① 摆动表头，指针摆幅很大且没有阻尼作用。故障为可动线圈断路、游丝脱焊。

② 指示不稳定。此故障为表头接线端松动或动圈引出线、游丝、分流电阻等脱焊或接触不良。

③ 零点变化大，通电检查误差大。此故障可能是轴与轴承配合不妥当，轴尖磨损比较严重，致使误差增加、游丝严重变形、游丝太脏而粘圈、游丝弹性疲劳、磁间隙中有异物等。

（2）直流电流挡故障

① 测量时，指针无偏转。此故障多为表头回路断路，使电流等于零；表头分流电阻短路，从而使绝大部分电流流不过表头；接线端脱焊，从而使表头中无电流流过。

② 部分量程不通或误差大。由于分流电阻断路、短路或变值所引起，常见于×1Ω挡。

③ 测量误差大。原因是分流电阻变值（阻值变小，导致负误差）。

④ 指示无规律，量程难以控制。原因多为挡位开关位置窜动（调整位置，安装正确后即可解决）。

（3）直流电压挡故障

① 指针不偏转，指示值始终为零。分压附加电阻断线或表笔断线。

② 误差大。其原因是附加电阻的阻值减小，导致负误差。

③ 正误差超差并随着电压量程变大而严重。表内电压电路元器件受潮而漏电，电路元器件漏电，印制电路板受污、受潮、击穿、电击炭化等引起漏电。修理时，刮去烧焦的纤维板，清除粉尘，用酒精清洗电路后烘干处理；严重时，应用小刀割铜箔与铜箔之间电路板，

从而使绝缘良好。

④ 不通电时指针有偏转，小量程时更为明显。其故障原因是受潮和污染严重，使电压测量电路与内置电池形成漏电回路。处理方法同③。

（4）交流电压、电流挡故障

① 交流挡时指针不偏转、指示值为零或很小，多为整流元器件短路或断路，或者引脚脱焊。检查整流元器件，损坏时应更换，有虚焊时应重焊。

② 交流挡指示值减少一半。此故障是由整流电路故障引起的，即全波整流电路局部失效而变成半波整流电路，使输出电压降低。更换整流元器件，即可排除故障。

③ 交流电压挡，指示值超差。此故障是由串联电阻阻值变化超过元器件允许误差而引起的。当串联电阻阻值降低、绝缘电阻降低、挡位开关漏电时，将导致指示值偏高；相反，当串联电阻阻值变大时，将使指示值偏低而超差。应采用更换元器件、烘干和修复挡位开关的办法排除故障。

④ 采用交流电流挡时，指示值超差。原因是分流电阻阻值变化或电流互感器发生匝间短路。更换元器件或调整修复元器件即可排除故障。

⑤ 交流挡时，指针抖动。原因为表头的轴尖配合太松、修理时指针安装不紧、转动部分质量改变等。由于其固有频率刚好与外加交流电频度相同，从而引起共振。尤其是当电路中的旁路电容变质失效而无滤波作用时更为明显。排除故障的办法是修复表头或更换旁路电容。

（5）电阻挡故障

① 电阻常见故障是各挡位电阻损坏（原因多为使用不当，用电阻挡误测电压）。使用前，用手捏两表笔，一般情况下表针应摆动，如摆动，则烧坏对应挡电阻，应予以更换。

② ×1Ω挡两表笔短接之后，调节机械调零旋钮不能使指针偏转到零位。此故障的原因是指针万用表内置电池电压不足，或者电极触簧受电池漏液腐蚀生锈，从而造成接触不良。此类故障在仪表长期不更换电池情况下出现最多。如果电池电压正常，接触良好，调节机械调零旋钮指针偏转不稳定，无法调到欧姆零位，则多是由于调零旋钮损坏造成的。

③ 在×1Ω挡可以调零，其他量程挡调不到零，或者只是×10kΩ、×100kΩ挡调不到零。出现此类故障的原因是分流电阻阻值变小，或者高阻量程的内置电池电压不足。更换电阻元器件或叠层电池，故障就可被排除。

④ 在×1Ω、×10Ω、×100Ω挡测量误差大。在×100Ω挡调零不顺利，即使调到零，但经几次测量后，零位调节又变为不正常。出现这种故障，多是由于挡位开关触点上有污垢，使接触电阻增加且不稳定而造成的。使各挡开关触点露出银白色，保证其接触良好，可排除故障。

⑤ 表笔短路，表头指示不稳定。故障原因多是线路中有假焊点，电池接触不良或表笔引线内部断线。修复时应从最容易排除的故障做起，即先保证电池接触良好，表笔正常，如果表头指示仍然不稳定，就需要寻找线路中的假焊点并加以修复。

⑥ 在某一量程挡测量电阻时严重失准，而其余各挡正常。这种故障往往是由于量程开关所指的表箱内对应电阻已经烧毁或断线所致。

⑦ 指针不偏转，电阻指示值总是无穷大。故障原因多为表笔断线、挡位开关接触不良、电池电极与引出簧片之间接触不良、电池日久失效已无电压以及调零电位器断路。找到具体原因之后做针对性修复，或者更换内置电池，即可排除故障。

8）指针万用表的选用

指针万用表的型号很多，而不同型号之间功能也存在差异。因此在选购指针万用表的时候,通常要注意以下几个方面。

(1) 用于检修无线电等电子设备时,在选用指针万用表时一定要注意以下三个方面。

① 指针万用表的灵敏度不能低于 20kΩ/V;否则,在测试直流电压时,指针万用表对电路的影响太大,而且测试数据也不准。

② 需要上门修理时,应选外形稍小一些的指针万用表,如 50 型 U201 等。如果不上门修理,可选择 MF47 或 MF50 型指针万用表。

③ 频率特性选择(俗称是否抗峰值):方法是用直流电压挡测高频电路(如彩色 LED 的行输出电路电压)看是否显示标称值。如果是,则频率特性好;如果指示值偏高,则频率特性差(不抗峰值),则此表不能用于高频电路的检测(最好不要选择此类)。

(2) 检修电力设备时,如检修电动机、空调、冰箱等,选用的指针万用表一定要有交流电流测试挡。

(3) 检查表头的阻尼平衡。首先进行机械调零,将指针万用表沿水平、垂直方向来回晃动,指针不应该有明显的摆动;将指针万用表水平旋转或竖直放置时,表针偏转不应该超过一小格;将指针万用表旋转 360°时,指针应该始终在零附近均匀摆动。如果达到了上述要求,则说明表头在平衡和阻尼方面符合标准。

2. 数字万用表结构及使用

> 数字万用表使用视频参见前言中的网址

数字万用表是利用模拟/数字转换原理,将被测量模拟电量参数转换成数字电量参数,并以数字形式显示的一种仪表。它与指针万用表相比,具有精度高、速度快、输入阻抗高、对电路的影响小、读数方便准确等优点。数字万用表外形如图 2-9 所示。

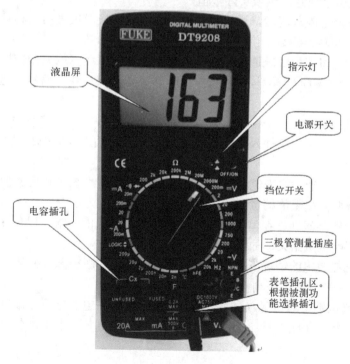

图 2-9 数字万用表外形

1）数字万用表的构成

数字万用表原理框图如图2-10所示。

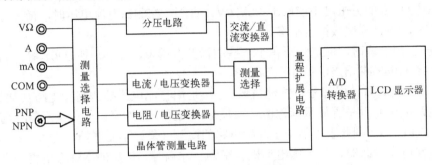

图2-10 数字万用表原理框图

（1）由A/D转换器和LCD显示屏组成的200mV直流数字电压表构成基本测量显示部件（相当于指针式万用表的表头）。

（2）由分压电路、电流/电压变换器、交流/直流变换器、电阻/电压变换器、晶体管测量电路等组成的量程扩展电路，以构成多量程的数字万用表。

（3）由波段开关构成的测量选择电路。

2）数字万用表的工作原理

数字万用表的工作原理是从模拟原理演变过来的。

（1）电压经分压电阻分压后，再通过运算模拟放大器转换成仪表用测试电流，并输入A/D转换器转换成数字信号，形成实际数值。

（2）电流经分流电阻分流后，通过运算模拟放大器转换成仪表用的具有比例的电流，再输入A/D转换器，将转换的数字信号通过显示器显示成实际数值。

（3）电阻测量是将测量电压通过电阻分压后，通过模拟运算放大器转换成仪表用的具有比例的电流，再输入A/D转换器，并经过A/D转换器转换成数字信号，通过显示器显示成实际数值。

3）数字万用表的使用

首先打开电源，将黑表笔插入"COM"插孔，红表笔插入"V·Ω"插孔。

（1）电阻测量

将挡位开关拨至Ω挡，将表笔测量端接于电阻两端，即可显示相应数值。如果显示"1"（溢出符号），必须向高电阻值挡位调整，直到显示为有效值为止。

为了保证测量的准确性，在测量电阻时，最好断开电阻的一端，以免在测量电阻时在电路中形成回路，影响测量结果，如图2-11所示。

注意：不允许在通电的情况下进行测量，测量前必须切断电源，并将大容量电容放电。

（2）"DCV"——直流电压测量

表笔必须与测试端可靠接触（并联测量）。原则上由高电压挡位逐渐往低电压挡位调节测量，直到该挡位指示值的1/3～2/3为止，此时的指示值才是一个比较准确的值，如图2-12所示。

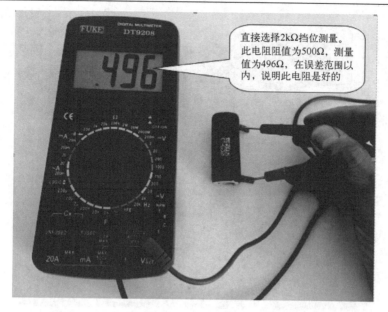

图 2-11　电阻测量

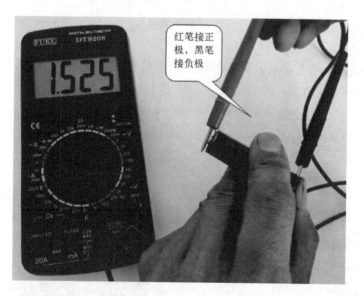

图 2-12　直流电压测量

注意：严禁以小电压挡位测量大电压；不允许在通电状态下调整挡位开关。

（3）"ACV"——交流电压测量

表笔必须与测试端可靠接触（并联测量）。原则上由高电压挡位逐渐往低电压挡位调节测量，直到该挡位指示值的 1/3～2/3 为止，此时的指示值才是一个比较准确的值，如图 2-13 所示。

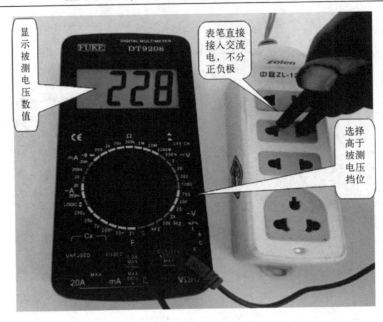

图 2-13　交流电压测量

注意：严禁以小电压挡位测量大电压；不允许在通电状态下调整挡位开关。

（4）二极管测量

将挡位开关拨至二极管挡位，黑表笔接二极管负极，红表笔接二极管正极，即可测量出正向压降值，如图 2-14 所示。

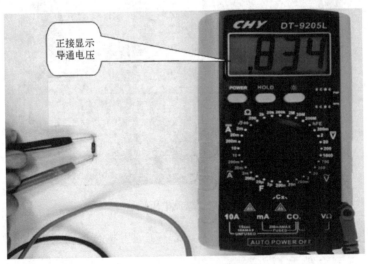

图 2-14　二极管测量

（5）晶体管电流放大系数 h_{EF} 的测量

将挡位开关拨至 hFE 挡，根据被测晶体管选择"PNP"或"NPN"位置，将晶体管正确地插入测试插座即可测量晶体管的 h_{FE} 值，如图 2-15 所示。

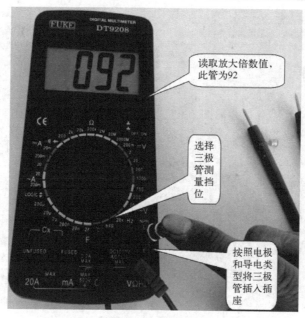

图 2-15 晶体管电流放大系数 h_{EF} 的测量

（6）开路检测

将挡位开关拨至有蜂鸣器符号的挡位，表笔可靠地接触测试点，若两者之间电阻低于 $(20±10)\Omega$，蜂鸣器就会响起来，表示该线路是通的，不响则表明该线路不通，如图 2-16 所示。

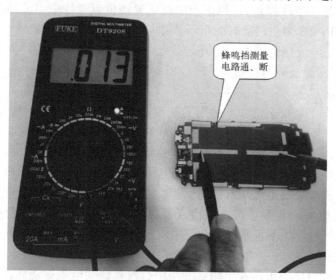

图 2-16 开路检测

注意：不允许在被测量电路通电的情况下进行检测。

（7）"DCA"——直流电流测量

低于 200mA 时，红表笔插入 mA 插孔；高于 200mA 时，红表笔插入 A 插孔，表笔必须与测试端可靠接触（串联测量）。原则上由高电流挡位逐渐往低电流挡位调节测量，直到该挡位指示值的 1/3～2/3 为止，此时的指示值才是一个比较准确的值，如图 2-17 所示。

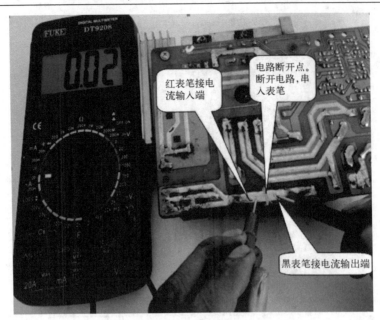

图 2-17 直流电流测量

注意：严禁以小电流挡位测量大电流；不允许在通电状态下调整挡位开关。

（8）"ACA"——交流电流测量

低于 200mA 时，红表笔插入 mA 插孔；高于 200mA 时，红表笔插入 A 插孔，表笔必须与测试端可靠接触（串联测量）。原则上由高电流挡位逐渐往低电流挡位调节测量，直到该挡位指示值的 1/3～2/3 为止，此时的指示值才是一个比较准确的值。

注意：严禁以小电流挡位测量大电流；不允许在通电状态下调整挡位开关。

4）数字万用表常见故障与检修

（1）仪表无显示

首先检查电池电压是否正常（一般用的是 9V 电池，新的也要测量）。其次检查熔丝是否正常，若不正常，则予以更换；检查稳压集成块是否正常，若不正常，则予以更换；检查限流电阻是否开路，若开路，则予以更换。最后检查线路板上的线路是否有腐蚀或短路、断路现象（特别是主电源电路），若有，则清洗电路板，并及时做好干燥和焊接工作。如果一切正常，测量显示集成块的电源输入的两引脚，测试电压是否正常，若正常，则该集成块损坏，必须更换该集成块；若不正常，则检查其他地方有没有短路点，若有，则要及时处理好，若没有或处理好后，还不正常，那么该集成块内部已经短路，必须更换。

（2）电阻挡无法测量

首先从外观上检查电路板，在电阻挡回路中有没有连接电阻被烧坏。若有，则必须立即更换；若没有，则要测量每一个连接元器件，有坏的及时更换。若外围都正常，则测量集成块是否损坏；若损坏，则必须更换。

（3）电压挡在测量高压时指示值不准，或者测量稍长时间指示值不准甚至不稳定

此类故障大多是由某一个或几个元器件（集成块）工作功率不足引起的。若在停止测量的几秒内检查，会发现这些元器件发烫，这是由于功率不足而产生了热效应所造成的，同时形成了元器件的变值。若如此，则必须更换该元器件（集成块）。

（4）电流挡无法测量

多数是由于操作不当引起的。检查限流电阻和分压电阻是否烧坏。若烧坏，应予以更换。检查放大器的连线是否损坏。若损坏，应重新连接好。若还不正常，应更换放大器。

（5）指示值不稳，有跳字现象

检查整体电路板是否受潮或有漏电现象。若有，则必须清洗电路板并做好干燥处理工作。检查输入回路中有无接触不良或虚焊现象（包括测试笔）。若有，则必须重新焊接。检查有无电阻变质或刚测试后有无元器件发生超正常的烫手现象，这种现象是由于其功率降低引起的，若有此现象，应更换该元器件。

（6）指示值不准

这种现象主要是由于测量通路中的电阻值或电容失效引起的，应更换该电容或电阻。①检查该通路中的电阻阻值（包括热反应中的阻值），若阻值变值或热反应变值，应更换该电阻；②检查 A/D 转换器的基准电压回路中的电阻、电容是否损坏，若损坏，则予以更换。

2.1.2 数字电容表

电容广泛应用在各种电路中，要检测电容的容量，就要用到电容表。现在广泛使用的是数字电容表。它是一种专门用于测量电容量的数字化仪表。数字电容表具有测量范围宽、分辨率高、测量误差小等优点。

1．数字电容表的结构原理

数字电容表如图 2-18 所示。

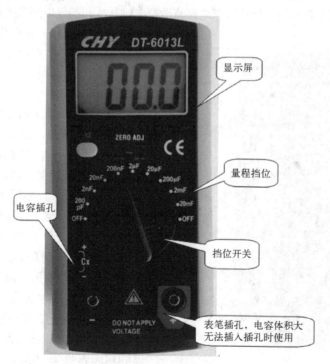

图 2-18　数字电容表

DT6103 型数字电容表可以测量电容量为 200pF～2000μF 的电容，分为 9 个测量挡位，通过表身中间的挡位开关进行选择。使用时，估计被测电容的大小选择适当的挡位即可。

图 2-19 为数字电容表电路原理框图。

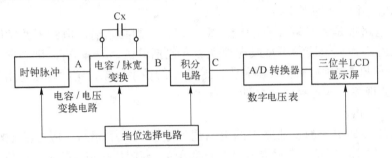

图 2-19 数字电容表电路原理框图

1）电路构成

（1）电容/电压变换电路。将被测电容量转换为相应的电压值。由时钟脉冲、电容/脉宽变换、积分电路等单元组成。

（2）毫伏级数字电压表。其功能是测量电压并显示，由 A/D 转换器和三位半 LCD 显示屏组成。

（3）挡位选择电路。其功能是改变量程。由琴键式波段开关和相关电路组成。

2）测量原理

插入电容，在时钟脉冲一定时，电容量越大，B 点输出脉宽越宽，C 点积分所得电压也越大。从 2μF 挡换为 20μF 挡时，挡位选择电路将改变时钟脉冲和积分电路等的参数，使得 20μF 电容量的积分电压与 2μF 电容量的一样，并同时将显示屏的小数点向右移动一位。

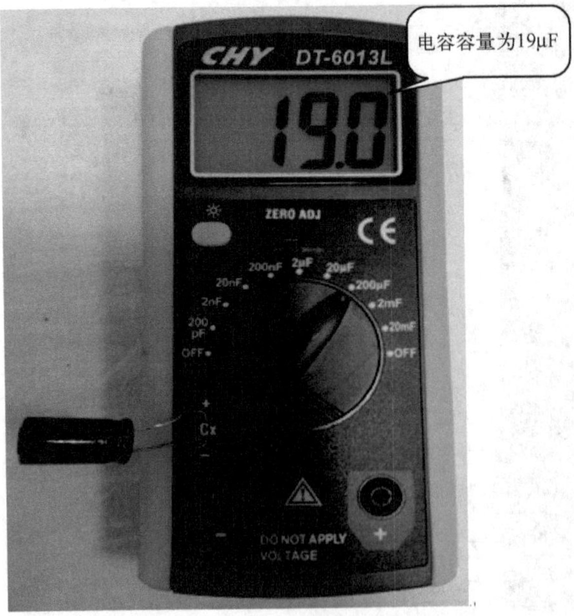

2. 应用

使用数字电容表前应先安装电池。电池仓在表的背面，打开电池仓盖，将一枚 9V 层叠电池扣牢在电池扣上并放入电池仓。打开电源开关（POWER），LCD 显示屏应显示"000"。如果 LCD 显示屏显示数不为"000"，应左右缓慢旋转调零旋钮（ZERO），直至显示"000"。

测量时，选择合适的挡位，将被测电容器插入测量插孔。对于电解电容器等有极性电容器，应注意区分正、负极。

例如，测量 20μF 电解电容器，挡位选择在 200μF 挡，读数为"19.0"，即该电容器的实际容量为 19μF，如图 2-20 所示。

测量无极性电容器时，被测电容器不

图 2-20 测量 20μF 电解电容器

分正负插入测量插孔。例如，测量 0.15μF 电容器，挡位选择在 2μF 挡，读数为"158"，即该电容器的实际容量为 0.158μF。当显示屏显示数为"1"时，表示显示溢出，说明所选挡位偏小，应换用较大的挡位再进行测量。

2.1.3 示波器

对于维修人员来说，掌握示波器的使用将会大大加快判断故障的速度，提高判断故障的准确率，特别是检修疑难故障时，示波器将会成为得力工具。示波器不仅可以测量电压，还可以快速地把电压变化的幅值描绘成随时间变化的曲线。这就是常说的波形图。

通用示波器品种繁多，但基本功能相似，虽然各种示波器操作面板千差万别，但操作的基本方法是相同的。

1．示波器各操作功能

这里以常用的 VP-5565A 双踪示波器为例进行介绍。双踪示波器面板如图 2-21 所示。它由三个部分组成：显示部分、X 轴插件和 Y 轴插件。

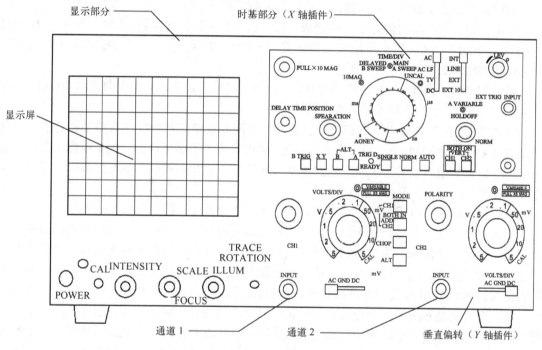

图 2-21　双踪示波器面板

1）显示部分

显示部分包括显示屏和基本操作旋钮两个部分。

显示屏为显示波形的地方，屏幕上刻有 8×10 的等分坐标刻度，垂直方向的刻度用电压定标，水平方向的刻度用时间定标。下面以方波波形为例简单说明这个波形的基本参数。假如 X 轴插件中的 TIME/DIV 开关置于 0.1ms/DIV（毫秒/格），水平方向刚好为一个周期；Y 轴插件中的 VOLTS/DIV 开关置于 0.2V/DIV，垂直方向为 5 格，可以算出，波形的周期为

0.1ms/DIV×10DIV=1ms，电压幅值为 0.2V/DIV×5DIV=1V。这是一个频率为 1000Hz 且电压幅值为 1V 的方波信号。

2）各旋钮及接插件

屏幕下方的旋钮为仪器的基本操作旋钮，其名称和作用如图 2-22（a）所示。

3）X 轴插件

X 轴插件是示波器控制电子束水平扫描的系统，该部分旋钮的名称和作用如图 2-22（b）所示。

这里说明"扫描扩展"的概念。"扫描扩展"是加快扫描的装置，可以将水平扫描速度扩展 10 倍，扫描线长度也扩展相应倍数，主要用于观察波形的细节。例如，当仪器测试接近带宽上限的信号时，显示的波形周期太多，单个波形相隔太密不利于观察，如果将几十个周期的波形扩展后，显示的就只有几个波形了，适当调节 X 轴位移旋钮，使扩展后的波形刚好落在坐标刻度上，方便读出时间。扩展后扫描时间误差将会增大，光迹的亮度也将变暗，测试时应予以注意。

4）Y 轴插件

VP-5565A 是双踪单时基示波器，可以同时测量两个相关的信号。电路结构上多了一个电子开关，并且有相同的两套 Y 轴前置放大器，后置放大器是公用的。因此，面板上有 CH1 和 CH2 两个输入插座、两个灵敏度调节旋钮、一个用来转换显示方式的开关等。Y 轴插件旋钮的名称和作用如图 2-22（c）所示。

单踪测量时，选择 CH1 通道或 CH2 通道均可，输入插座、灵敏度微调和 VOLTS/DIV 开关、Y 轴平衡、Y 轴位移等与之对应就行了。

"VOLTS/DIV" 旋钮用于垂直灵敏度调节，单踪或双踪显示时操作方法是相同的。该仪器最高灵敏度为 5mV/DIV，最大输入电压为 440V。为了不损坏仪器，测试前操作者应对被测信号的最大幅值有明确了解，正确选择垂直衰减器。示波器测试的是电压幅值，其值与直流电压等效，与交流信号峰-峰值等效。

双踪显示时，可以根据被测信号或测试需要，选择交替、断续、相加三种方式。

交替显示方式，就是把两个输入信号轮流显示在屏幕上，当扫描电路第一次扫描时，示波器显示出第一个波形，第二次扫描时，显示出第二个波形，以后的各次扫描，只是轮流显示这两个被测波形。由于这种显示电路技术的限制，在扫描时间过长时，不适宜观测频率较低的信号。断续显示方式，就是在第一次扫描的第一个瞬间显示出第一个被测波形的某一段，第二个瞬间显示出第二个被测信号的某一段，以后的各个瞬间轮流显示出这两个被测波形的其余各段，经过若干次断续转换之后，屏幕上就可以显示出两个完整的波形。由于断续转换频率较高，显示每小段靠得很近，人眼看起来仍然是连续的波形，与交替显示方式刚好相反，这种方式不适宜观测较高频率的信号。相加显示方式实际上是把两个测试信号代数相加，当 CH1 和 CH2 两个通道信号同相时，总的幅值增加；当两个信号反相时，显示的是两个信号幅值之差。

双踪示波器一般有四根测试电缆：两根直通电缆和两根带有 10∶1 衰减的探头。直通电缆只能用于测量低频小信号，如音频信号，这是因为电缆本身的输入电容太大。衰减探头可以有效地将电缆的分布电容隔离，还可以大大提高仪器接入电路时的输入阻抗，当然，输入信号也受到衰减，在读取电压幅值时要把衰减考虑进去。

第 2 章 电子元器件的检测

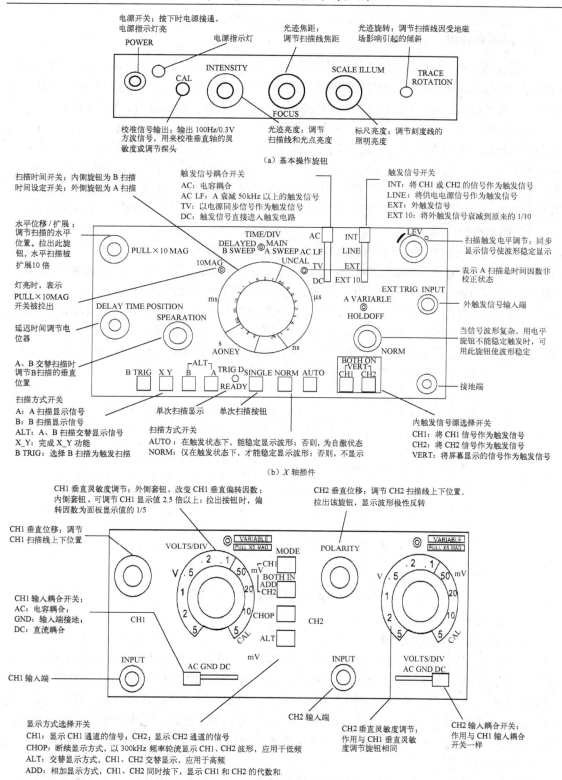

图 2-22 示波器的旋钮及各插件的作用

2. 示波器应用

了解仪器面板上操作旋钮的功能，只能说为实际操作做好了准备，要想用于实际维修，还必须进行一些基本的测试演练。维修中需要测试的信号波形千差万别，不可能全部列出。因此，从一些基本波形测试入手，学会识读，掌握测试要领，这样才能举一反三地用于维修实践。

示波器使用时应放在工作台上，屏幕要避开直射光，检修彩电之类的电器还要用隔离变压器与市电隔离。有些场合，为了避免干扰，仪器面板上专用接地插口要妥善接地。打开仪器之后，不要忙于接上测试信号，首先要将光点或光迹亮度、清晰度调节好，并将光迹移至合适位置，根据被测信号的幅值和时间选择好 t/DIV 与 V/DIV 旋钮位置，连接好测试电缆或探头。在与电路中的待测点连接时，应在电路测试点附近找到连接地线的装置，以便固定地线鳄鱼夹。

1）测试前的校准

测试之前应对仪器进行一些常规校准，如垂直平衡、垂直灵敏度、水平扫描时间。校准垂直平衡时，将扫描方式置于自动扫描状态，在屏幕上形成水平扫描基线，调节 Y 轴微调。正常时，扫描线沿垂直方向应当没有明显变化，如果变化较大，调节平衡旋钮予以校正。一般这种校正需要反复进行几次才能达到最佳平衡。对于垂直灵敏度和扫描时间的校准，可输入仪器面板上频率为 1000kHz、电压幅值为 1V 的方波信号进行，采用单踪显示方式进行（见图 2-23）调校时，如果显示的波形幅值、时间和形状总不能达到标准，表明该信号不准确，或者示波器存在问题。

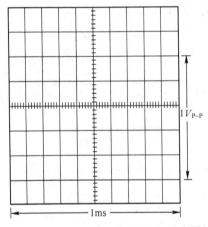

单踪显示方式，两个通道分别进行检查。t/DIV 置于 0.1ms/DIV；V/DIV 置于 0.2V/DIV；同步置于+，自动、AC、DC 方式均可，扫描扩展、显示极性等置于常态；调整垂直和水平位移波形与坐标重合。

图 2-23 垂直灵敏度与扫描时间校准

2）波形测试的基本方法

（1）直流电压幅值的测量

测量电压实际上就是测量信号波形的垂直幅度，被测信号在垂直方向占据的格数，与 V/DIV 所对应标称值的乘积为该信号的电压幅值。假设 V/DIV 开关置于 0.5V/DIV，波形垂直方向占据 5 格，则这个信号的幅值为 0.5V/DIV×5DIV=2.5V（定量测试电压时，垂直微调应当放在校准位置）。对于直流信号，由于电压值不随时间变化，其最大值和瞬时值是相同的。因此，示波器显示的光迹仅仅是一条在垂直方向产生位移的扫描直线。电压幅值包括直流幅值和交流幅值。

现代示波器的垂直放大器都是直流宽带放大器。示波器测量电压的频率范围可以从零一直到数千兆赫。这是其他电压测量仪器很难实现的。图 2-24（a）为幅值测试。

(2) 交流电压幅值的测量

交流信号与直流信号不同，直流信号的幅值不随时间变化，交流信号则随着时间在不断变化。对应不同的时间，幅值不同（表现在波形的形状上）。大多数情况下，这些信号都是周期性变化的，一个周期的信号波形就能够帮助我们了解这个信号。

比较简单和常见的有正弦波、方波、锯齿波等，这些信号变化单一。而 LED 中的彩条视频信号、灰度视频信号等是典型的复合信号，在一个周期内往往由几种不同的分量在幅度和时间上进行组合，不仅需要测量它们的电压或时间，还要根据图形中的分量来具体区分，如一个行扫描周期的视频信号，其中还包括同步信号、色度信号等。

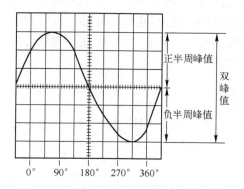
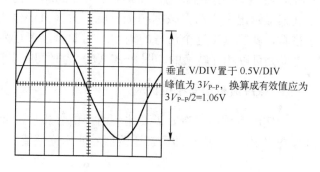

（a）幅值测试

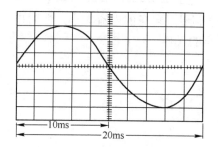
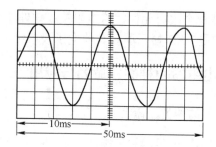

（b）时间间隔测试

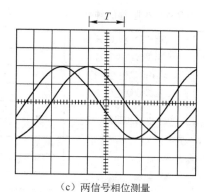

（c）两信号相位测量

图 2-24 波形测试方法

波形幅值的测试是示波器最基本的，也是经常的操作。有些时候只需要测量幅值，操作过程相对可以简化，测试时先根据待测信号的可能幅度初步确定垂直衰减，并将垂直微调置于校准，实际显示的波形以占据坐标的 70%左右为宜（过小则分辨率降低，过大则由于显示屏的非线性会增大误差）。根据待测信号选择垂直输入方式，如果是交流信号，则采用 AC；如果是直流信号，则采用 DC。在不需要准确读出时间时，扫描时间等的设置可以随意一些，只要能够显示一个周期以上的波形，即使没有稳定同步，也是可以读出幅值的。

3）信号周期、时间间隔和频率的测试

大多数交流信号都是周期性变化的，如我国的市电，变化（一个周期）的时间为 20ms，LED 的场扫描信号一个周期也是 20ms，行扫描信号的周期为 64μs，当把这些信号用示波器显示出来之后，依据扫描速度开关（t/DIV）对应的标称值和波形在屏幕上占据的水平格数，就能读出这个信号的周期。周期和频率互为倒数关系，即 $f=1/T$。因此，周期与频率之间是可以相互转换的。图 2-24（b）为时间间隔测试。

3．双踪波形信号相位比较

在实际应用中，有时需要比较两个信号相位，此时需用 CH1、CH2 同时输入信号，通过如图 2-10（c）所示即可知道两信号的相位差值。

2.2 电阻器的识别与检测

> 电阻检测视频参见前言中的网址

电阻器是一个限流元件，将电阻接在电路中后，可限制通过自身的电流大小，即对电流起阻碍作用，是 LED 显示屏及其他电子设备中应用最广泛的元件。

2.2.1 电阻器的种类、命名与应用

1．电阻器的种类、命名

表 2-1 列出了电阻器的种类。

表 2-1 电阻器的种类

电阻器	固定电阻器	线绕电阻器	通用线绕电阻器
			精密线绕电阻器
			功率型线绕电阻器
			高频线绕电阻器
		非线绕电阻器	实心电阻器
			无机合成实心电阻器
			有机合成实心电阻器
			薄膜电阻器
			碳膜电阻器
			金属膜电阻器
			金属氧化膜电阻器
			合成碳膜电阻器
			块金属膜电阻器
			金属玻璃釉电阻器

续表

电阻器	可变电阻器	滑线电阻器		
		可变线绕电阻器		
	敏感型电阻器	热敏电阻器	正温度系数热敏电阻器	
			负温度系数热敏电阻器	
		压敏电阻器		
		磁敏电阻器		
		力敏电阻器		
		湿敏电阻器		
		气敏电阻器		
		光敏电阻器		

表2-2 列出了电阻器的命名方法。

表2-2 电阻器的命名方法

第一部分：主称		第二部分：材料		第三部分：特征			第四部分：序号
符号	意义	符号	意义	符号	电阻器	电位器	
R RP	电阻器 电位器	T	碳膜	1	普通	普通	对主称、材料相同，仅性能指标、尺寸大小有区别，但基本不影响互换使用的产品，给同一序号；若性能指标、尺寸大小明显影响互换时，则在序号后面用大写字母作为区别代码
		H	合成膜	2	普通	普通	
		S	有机实心	3	超高频	—	
		N	无机实心	4	高阻	—	
		J	金属膜	5	高阻	—	
		Y	氧化膜	6	—	—	
		C	沉积膜	7	精密	精密	
		I	玻璃釉膜	8	高压	特殊	
		P	硼酸膜	9	特殊	特殊	
		U	硅酸膜	G	高功率	—	
		X	线绕	T	可调	—	
		M	压敏	W	—	微调	
		G	光敏	D	—	多圈	
		R	热敏	B	温度补偿用	—	
				C	温度测量用		
				P	旁热式		
				W	稳压式		
				Z	正温度系数		

例如，RX22 表示普通线绕电阻器，RJ756 表示精密金属膜电阻器。常用的 RJ 为金属膜电阻器，RX 为线绕电阻器，RT 为碳膜电阻器。

2. 电阻器的特点及用途

常用电阻器的特点及用途如表 2-3 所示。

表 2-3 常用电阻器的特点及用途

电阻器类型	特　点	用　途
碳膜电阻器 RT	稳定性较好，呈现不大的负温度系数，受电压和频率影响小，脉冲负载稳定	价格低廉，广泛应用于各种电子产品中
金属膜电阻器 RJ	温度系数、电压系数、耐热性能和噪声指标都比碳膜电阻器好，体积小（同样额定功率下约为碳膜电阻器的一半），精度高（可达±0.5%～±0.05%）。缺点：脉冲负载稳定性差，价格比碳膜电阻器高	可用于要求精度高、温度稳定性好的电路中，或者电路中要求较为严格的场合，如运放输入端匹配电阻
氧化膜电阻器 RY	相比金属膜电阻器，有较好的抗氧化性和热稳定性，功率最大可达 50W。缺点：阻值范围小（1Ω～200 kΩ）	价格低廉，与碳膜电阻器价格相当，但性能与金属膜电阻器基本相同，有较高的性价比，特别是耐热性好，极限温度可达 240℃，可用于温度较高的场合
线绕电阻器 RX	噪声小，不存在电流噪声和非线性，温度系数小，稳定性好，精度可达±0.01%，耐热性好，工作温度可达 315℃，功率大。缺点：分布参数大，高频特性差	可用于电源电路中的分压电阻、泄放电阻等低频场合，不能用于 2～3MHz 以上的高频电路中
有机实心电阻器 RS	机械强度高，有较强的过载能力（包括脉冲负载），可靠性好，价廉。缺点：固有噪声较高，分布电容、分布电感较大，对电压和温度稳定性差	不宜用于要求较高的电路中，但可作为普通电阻用于一般电路中
合成膜电阻器 RH	阻值范围宽（可达 100Ω～10MΩ），价廉，最高工作电压高（可达 35kV）。缺点：抗湿性差，噪声大，频率特性不好，电压稳定性低，主要用来制造高压高阻电阻器	为了克服抗湿性差的缺点，常用玻璃壳封装，制成真空兆欧电阻器，主要用于微电流的测试仪器和原子探测器
玻璃釉膜电阻器 RI	耐高温，阻值范围宽，温度系数小，耐湿性好，最高工作电压高（可达 15kV），又称厚膜电阻器	可用于环境温度高（−55～+125℃）、温度系数小（<10^{-4}/℃）、要求噪声小的电路中
精度金属膜电阻器 RJ711	温度系数小，稳定性好，精度可达±0.001%，分布电容、分布电感小，具有良好的频率特性，时间常数小于 1ms	可用于高速脉冲电路和对精度要求十分高的场合，是目前最精密的电阻器之一

2.2.2　电阻器的参数与检测

1．固定电阻器的结构与检测

固定电阻器是一种最基本的电子元件。电阻的符号为"R"，其电路图形符号及外形如图 2-25 所示。大功率线绕电阻器外形及结构如图 2-26 所示。

线绕电阻器也是固定电阻器的一种。它的电路图形符号与普通电阻器相同。它的最里层是一玻璃纤维芯柱，在芯柱上绕有电阻丝。电阻器的两根端线与焊脚引线在内部压接在一起，外层用绝缘封装填料将其密封。

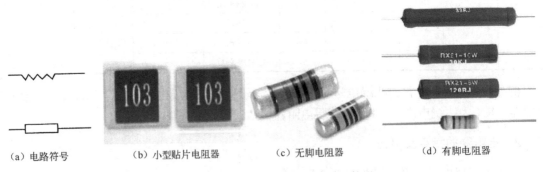

（a）电路符号　　（b）小型贴片电阻器　　（c）无脚电阻器　　（d）有脚电阻器

图 2-25　电阻器的电路图形符号及外形

(a) 线绕电阻器外形

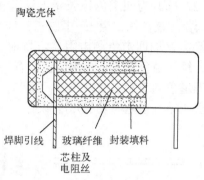
(b) 线绕电阻器结构

图 2-26　线绕电阻器外形及结构

线绕电阻器的特点：电阻丝选用康铜、锰铜、镍铬等合金材料制成，具有很好的稳定性和过负载能力；电阻丝同焊脚引线之间采用压接方式，应用中，如果负载出现短路现象，可迅速在压接处熔断，保护电路；由于采用工业高频电子陶瓷外壳和矿质材料包封，具有优良的绝缘性能，电阻可达 100MΩ以上，散热好，功率大；电阻丝被严密包封于陶瓷电阻体内部，具有优良的阻燃、防爆特性。

电阻器上通常都标有阻值、误差等参数。

2. 固定电阻器的参数

1) 标称阻值及误差

电阻的基本单位是欧姆（Ω），常用的单位还有千欧（kΩ）和兆欧（MΩ）。标称值的表示方法主要有直标法、色标法、文字符号法、数码表示法。

（1）直标法：在电阻体上直接用数字标注出标称阻值和允许偏差。由于电阻器体积大，标注方便，对使用来讲也方便，一看便能知道阻值大小，小体积电阻不采用此方法。

（2）色标法：用色环或色点（多用色环）表示电阻器的标称阻值、误差。色环有四道色环和五道色环两种，五道色环电阻为精密电阻，如图 2-27 和图 2-28 所示。

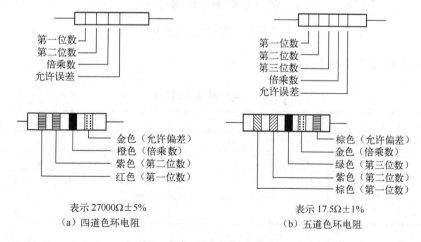

图 2-27　电阻器色标示意图

图 2-27（a）为四道色环表示方法。在读色环时，从电阻器引脚离色环最近的一端读起，依次为第一道、第二道……图 2-27（b）为五道色环表示方法。图 2-28 为色环读取示意图。读色环方法同四道色环电阻器。目前，常见的是四道色环电阻器。在四道色环电阻器中，第一、第二道色环表示标称阻值的有效值；第三道色环表示倍乘数；第四道色环表示允许偏差。五道色环表示方法：第一、第二、第三道色环表示标称阻值的有效值；第四道色环表示倍乘数；第五道色环表示允许偏差。

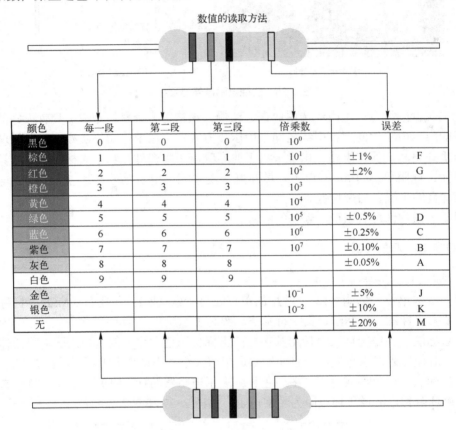

图 2-28 色环读取示意图

电阻器色环的含义如表 2-4 所示。

表 2-4 电阻器色环的含义

颜色	棕	红	橙	黄	绿	蓝	紫	灰	白	黑	金	银	无色
有效值	1	2	3	4	5	6	7	8	9	0			
倍乘数	10^1	10^2	10^3	10^4	10^5	10^6	10^7	10^8	10^9	10^0	10^{-1}	10^{-2}	
允许偏差（四道色环、五道色环）	±1%	±2%			±0.5%	±0.25%	±0.1%	±0.05%			±5%	±10%	±20%

快速记忆窍门：对于四道色环电阻，以第三道色环为主，如第三道色环为银色，则为

0.1～0.99Ω；金色为 1～9.9Ω；黑色为 10～99Ω；棕色为 100～990Ω；红色为 1～99kΩ；橙色为 10～99kΩ；黄色为 100～990kΩ；绿色为 1～9.9MΩ。对于五道色环电阻，则以第四道色环为主，规律与四道色环电阻相同。但应注意的是，由于五道色环电阻为精密电阻，体积太小时，无法识别哪端是第一色环，所以，对色环电阻阻值的识别须用万用表测出。

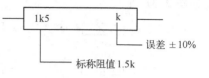

（3）文字符号法：将元件的标称值和允许偏差用阿拉伯数字和文字符号组合起来标注在元件上。注意：在电阻器标注中，常用电阻器的单位符号 R 作为小数点的位置标志。例如，R56=0.56Ω，1R5=1.5Ω，3k3=3.3kΩ。文字符号标注法如图 2-29 所示。文字符号单位及误差如表 2-5 所示。

图 2-29 文字符号标注法

表 2-5 文字符号单位及误差

单位符号	单 位		误差符号	误差范围	误差符号	误差范围
R	欧	Ω	D	±0.5%	J	±5%
k	千欧	kΩ	F	±1%	K	±10%
M	兆欧	MΩ	G	±2%	M	±20%

（4）数码表示法：如图 2-30 所示，即用三位数字表示电阻值（常见于电位器、微调电位器及贴片电阻）。识别时由左至右，第一、第二位为有效值，第三位是有效值的倍乘数或 0 的个数，单位为Ω。

快速记忆窍门：同色环电阻，若第三位数为 1，则为几百几十欧；为 2，则为几点几千欧；为 3，则为几十几千欧；为 4，则为几百几十千欧；为 5，则为几点几兆欧……如为一位数或两位数时，则为实际数值。

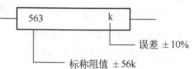

图 2-30 数码表示法

电阻标称系列及允许偏差如表 2-6 所示。

表 2-6 电阻标称系列及允许偏差

系 列	允许偏差	产 品 系 数
E₂₄	±5%	1.0, 1.1, 1.2, 1.3, 1.5, 1.6, 1.8, 2.0, 2.2, 2.4, 2.7, 3.0, 3.3, 3.6, 3.9, 4.3, 4.7, 5.1, 5.6, 6.2, 6.8, 7.5, 8.2, 9.1
E₁₂	±10%	1.0, 1.2, 1.5, 1.8, 2.2, 2.7, 3.3, 3.9, 4.7, 5.6, 6.8, 8.2
E₆	±20%	1.0, 1.5, 2.2, 3.3, 4.7, 6.8

2）电阻温度系数

当工作温度发生变化时，电阻器的阻值也将随之相应变化。这对一般电阻器来说，是不希望有的。电阻温度系数用来表示电阻器工作温度每变化 1℃时，其阻值的相对变化量。该系数越小，电阻质量越高。根据制造电阻的材料不同，电阻温度系数有正系数和负系数两种。前者随温度升高阻值增大，后者随温度升高阻值下降。后面章节所讲的热敏电阻器就是利用其阻值随温度变化而变化这一性能制成的一种特殊电阻器。

3）额定功率

在规定的环境温度和湿度下，假定周围空气不流通，在长期连续负载而不损坏或基本不改变性能的情况下，电阻器上允许消耗的最大功率为额定功率。为保证安全使用，一般额定功率比它在电路中消耗的功率高 1～2 倍。额定功率分 19 个等级，常用的有 0.05W、0.125W、0.25W、0.5W、1W、2W、3W、5W、7W、10W 等。电阻器额定功率的标注方法如图 2-31 所示。

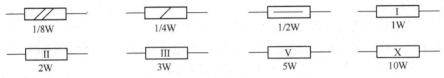

图 2-31 电阻器额定功率的标注方法

3. 检测

1）实际电阻值的测量

（1）将万用表的挡位开关旋转到适当量程的电阻挡，将两表笔短路，调节调零旋钮，使表头指针指向"0"，然后进行测量。

注意：在测量中每次变换量程，如从×1 Ω挡换到×10 Ω或其他挡后，都必须重新调零后再测量。

（2）将两表笔（不分正负）分别与电阻器的两端引脚相接即可测出实际阻值。为了提高测量精度，应根据被测电阻标称值的大小来选择量程。由于欧姆挡刻度的非线性关系，它的中段较为精细，因此应使指针指示值尽可能落到刻度的中段位置，即全刻度起始的 20%～80%弧度范围内，以使测量更准确。根据电阻误差等级不同，读数与标称阻值之间分别允许有±5%、±10%或±20%的误差。如不相符，超出误差范围，则说明该电阻变值了。如果测得的结果是 0，则说明该电阻器已经短路。如果是无穷大，则表示电阻器断路了，不能再继续使用。

测量时应注意的事项：测试时，对于大阻值电阻器，手不要触及表笔和电阻器的导电部分，因为人体具有一定电阻，会对测试产生一定的影响，使读数偏小，如图 2-32 所示。被检测的电阻器必须从电路中焊下来，至少要焊开一个头，以免电路中的其他元器件对测试产生影响，使测量误差增大。

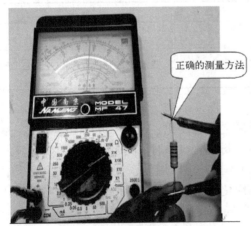

（a）正确的测量方法

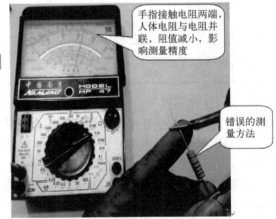

（b）错误的测量方法

图 2-32 电阻器的测量

2）电阻器额定功率的简易判别

小型电阻器的额定功率在电阻器上一般并不标出。根据电阻器长度和直径是可以确定其额定功率值大小的。电阻器大，功率大；电阻器小，功率小。在同体积时，金属膜电阻器的功率大于碳膜电阻器的功率。

> 指针万用表测量电位器视频参见前言中的网址

3）可变电阻器的检测

可变电阻器外形如图 2-33 所示，在 LED 显示屏中主要用于一些可调整电路，检测方法如图 2-34 所示。

图 2-33 可变电阻器外形

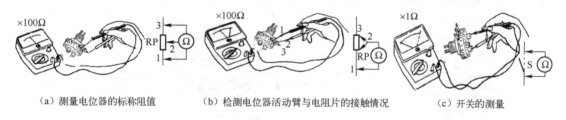

（a）测量电位器的标称阻值　　（b）检测电位器活动臂与电阻片的接触情况　　（c）开关的测量

图 2-34 电位器的检测

检查电位器（可变电阻）时，首先要转动轴柄，看看轴柄转动是否平滑、灵活，带开关电位器通、断时"咔嗒"声是否清脆，并听一听电位器内部接触点和电阻体摩擦的声音，如有"沙沙"声，说明质量不好。用万用表测试时，先根据被测电位器阻值的大小，选择好合适电阻挡位，然后按下述方法进行检测。

（1）测量电位器的标称阻值

用万用表的欧姆挡测两边引脚，其读数应为电位器的标称阻值。如果万用表的指针不动或阻值相差很多，则表明该电位器已损坏。

（2）检测活动臂与电阻片的接触是否良好

用万用表的欧姆挡测中间引脚与两边引脚阻值。将电位器的轴柄按逆时针方向旋转，再顺时针慢慢旋转轴柄，电阻值应逐渐变化，表头中的指针应平稳移动。从一端移至另一端时,最大阻值应接近电位器的标称值,最小值应为零。如果万用表的指针在电位器轴柄转动过程中有跳动现象,说明触点有接触不良的故障。

(3) 测试开关的好坏

对于带有开关的电位器,检查时可用万用表的电阻挡测开关两触点的通断情况是否正常。旋转电位器的轴柄,使开关"接通"→"断开"。若在"接通"的位置,电阻值不为零,说明内部开关触点接触不良;若在"断开"的位置,电阻值不为无穷大,说明内部开关失控。

2.3 电容器的识别与检测

> 电容检测视频参见前言中的网址

电子制作中需要用到各种各样的电容器,它们在电路中分别起着不同的作用。电容器是储存电荷的容器。理论上讲,电容器对电能无损耗。

2.3.1 电容器的种类、命名与应用

1. 电容器的基本结构和特性

电容器是一种最为常用的电子元件,其通用文字符号为 C,无极性固定电容器的结构及符号如图 2-35(a)所示。它主要由金属电极、介质层和引线组成。由于在两块金属电极之间夹有一层绝缘的介质层,因此两电极是相互绝缘的。这种结构特点就决定了固定电容器具有"隔直流通交流"的基本性能。电解电容器的结构及符号如图 2-35(b)所示,其内部由金属电极和电解液构成。直流电的极性和电压大小是一定的,所以不能通过电容,而交流电的极性和电压的大小是不断变化的,能使电容不断地进行充放电,形成充放电电流,说明交流电可以通过电容器,如图 2-36 所示。图 2-37 为固定电容器实物图。

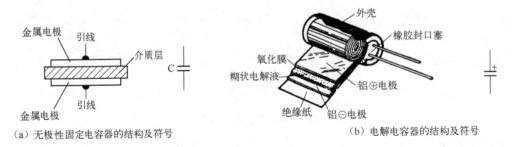

图 2-35 电容器的结构及符号

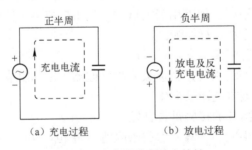

图 2-36 电容器的充放电特性

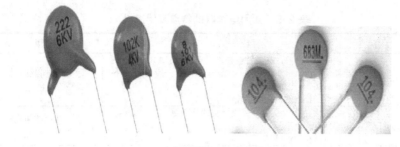

（a）无极性电容器外形

（b）电解电容器外形

图 2-37　固定电容器实物图

2．电容器的分类

根据国家标准 GB2470—1981 规定，电容器产品型号由四部分组成，各部分符号及意义如表 2-7 所示。

表 2-7　电容器产品型号的各部分符号及意义

第一部分		第二部分		第三部分		第四部分
主称		介质材料		特征		序号
符号	意义	符号	意义	符号	意义 形状、结构、大小	一般用数字表示产品的序号，以区分外形尺寸和性能指标
C	电容器	Z D Y C T J B L	纸介 电解 云母 高频瓷介 低频瓷介 金属化纸介 聚苯乙烯有机薄膜 涤纶有机薄膜	T G L Y M X	筒形 管状 立式矩形 圆片形 密封 小	

例如，CCG1 表示管状高频瓷介电容器。常用的 CZ 为纸介电容器；CB 为聚苯乙烯有机薄膜电容器；CC 为高频瓷介电容器；CD 为电解电容器。

3．电容器的特点及用途

常用电容器的特点及用途如表 2-8 所示。

表 2-8 常用电容器的特点及用途

类 型	特 点	用 途
云母电容器 CY	频率稳定性好，高频特性好，损耗角小，通常 1kHz 时损耗角为 $(5\sim30)\times10^{-4}$；绝缘电阻高，一般为 $1000\sim7500\mathrm{M}\Omega$；分布电感很小，不易老化。 缺点：价格较贵，容量较小	适于对电容稳定性和可靠性要求较高的场合
涤纶有机薄膜电容器 CL	容量大，体积小（金属膜结构的体积更小），耐热、耐湿性好，价廉。 缺点：稳定性差	适于对频率和稳定性要求不高的场合
聚苯乙烯有机薄膜电容器 CB	电性能优良，绝缘电阻高，损耗角小；温度系数小，一般为 $100\times10^{-6}/℃$；电容量精度高，最高可达 $\pm0.05\%$；耐压强度高，对化学药剂的稳定性高。 缺点：工作温度不高，上限为 70～75℃	适用性广泛（如谐振电路、滤波电路、耦合电路等），但在高频电路或要求绝缘电阻高的场合不宜使用
高频瓷介电容器 CC	性能稳定，损耗和漏电都很小，体积很小，长期耐高温而不老化，耐酸、碱、盐和水的侵蚀。损耗角与频率的关系很小，用不同的陶瓷材料可制成正或负温度系数的电容器，用于电路中温度补偿电容器。 缺点：容量较小，机械强度低，易碎易裂	适于低损耗和容量稳定的高频电路、交直流电路和脉冲电路
低频瓷介电容器 CT	用铁电瓷介材料制成，属低频瓷介电容器，体积比 CC 型小，容量比 CC 型大。 缺点：稳定性差，耐压一般不高，损耗大	主要用于旁路电容和电源滤波等对损耗及容量要求不高的场合
金属化纸介电容器 CJ	比纸介电容器的体积小、容量大，并且击穿后能自愈。 缺点：稳定性差，损耗角与频率的关系很大，工作频率低，一般不宜超过几十 kHz，化学稳定性差	适于对频率和稳定性要求不高的场合
铝电解电容器 CD	容量大，价格低，在低压时尤其突出。 缺点：稳定性差，容量误差大，漏电流大，容量和漏电流随温度变化产生明显变化。当温度低于-20℃时，容量随温度的下降而急剧上升；当温度高于 40℃时，漏电流增加很快	适合作整流、滤波和音频旁路，工作温度适宜在-20～50℃
钽电解电容器 CA	比铝电解电容器的体积小、容量大、化学稳定性好，寿命长、可靠性高、损耗角小、漏电流小、绝缘电阻大、性能稳定且有极性。 缺点：耐压低，价格较高	通常在对稳定性漏电电流等要求较高的场合中使用

2.3.2 电容器参数与检测

1. 主要性能参数

电容器性能参数有许多，下面介绍几项常用的性能参数。

1）电容量

电容量是指电容器储存电荷的能力。通常将电容器外加 1V 直流电压时所存储的电荷量称为该电容器的容量。其基本单位为法拉（F）。因为电容器的容量往往比 1 法拉小得多，所以常用微法（μF）、纳法（nF）、皮法（pF）（皮法又称微微法）等。其关系为 1 法拉（F）=10^6 微法（μF）；1 微法（μF）=10^3 纳法（nF）=10^6 皮法（pF）。

（1）直标法：用数字和字母将规格、型号直接标在外壳上，主要用在体积较大的电容器上。通常用数字标注容量、耐压、误差、温度范围等；用字母表示介质材料、封装形式等。字母通常分为四部分：第一部分字母通常固定为 C，表示电容；第二部分字母表示介质材料，各种字母所代表的介质材料见表 2-7；第三部分表示容量；第四部分表示误差。

有些厂家采用直标法时，常把整数单位的"0"省去，如".056μF"表示 0.056μF；有些用 R 表示小数点，如 R47μF 表示 0.47μF。

(2)字母表示法：常用字母"m"（毫法）、"μ"（微法）、"n"（纳法）、"p"（皮法）表示，即 1F（法拉）=1000mF（毫法）；1mF（毫法）=1000μF（微法）；1μF=1000nF（纳法）；1nF=1000pF（皮法）。在无极性电容器中，"p""n"为常用单位。快速记忆：几 n 为几千几百 pF，几十 n 为零点零几μF，几百 n 为零点几μF。电解电容器容量则多用"m"表示。

(3)数字表示法：用三位数表示，前两位为有效值，第三位为加零的个数，单位为"pF"。例如，202 为 2000pF，223 为 22000pF=0.022μF，224 为 0.22μF，225 为 2.2μF……当数字为"9"时，则为 0.1F，如 569 为 5.6F。

(4)混合标注法：用数字及字母标注，字母代表单位，如 2p2 为 2.2pF，6n 为 6000pF。

(5)色标法：电容器的色标法与电阻器相似，单位一般为 pF。对于圆片或矩形片状等电容器，非引线端部的一环为第一色环，以后依次为第二色环、第三色环……色环电容器也分 4 环或 5 环，较远的第五或第六色环往往代表电容器特性或工作电压。第一、第二（三，五色环）色环是有效值，第三（四，五色环）色环是后面加"0"的个数，第四（五，五色环）色环是误差，各色环代表的数值与色环电阻器一样，单位为 pF。另外，若某一道色环的宽度是标准宽度的 2 或 3 倍宽，则表示这是相同颜色的 2 或 3 道色环。

快速记忆窍门：前两位为有效值，第三色环为所加零数，则黑色为 10～99pF，棕色为 100～990pF，红色为 1000～9900pF，橙色为 0.01～0.09μF，黄色为 0.1～0.9μF，绿色为 1～9.9μF。电容器色环的意义如表 2-9 所示。

表 2-9 电容器色环的意义

颜 色	数 字 位	倍 乘 数	允许偏差/%	工作电压/V
银		10^{-2}	±10	
金		10^{-1}	±5	
黑		10^{0}		4
棕	1	10^{1}	±1	6.3
红	2	10^{2}	±2	10
橙	3	10^{3}		16
黄	4	10^{4}		25
绿	5	10^{5}	±0.5	32
蓝	6	10^{6}	±0.2	40
紫	7	10^{7}	±0.1	50
灰	8	10^{8}		63
白	9	10^{9}	+5, −20	
无色			±20	

2）耐压

耐压是指电容器在电路中长期有效地工作而不被击穿所能承受的最大直流电压。对于结构、介质、容量相同的电容器，耐压越高，体积越大。

在交流电路中，电容器的耐压值应大于电路电压的峰值；否则，可能被击穿。耐压的大小与介质材料有关。当电容器两端的电压超过了它的额定电压时，电容器就会被击穿损坏。一般电解电容器的标称耐压值有 6.3V、10V、16V、25V、50V、160V、250V 等。

3)容量与误差

实际电容量与标称电容量允许的最大偏差范围就是误差。误差一般分为 3 级：Ⅰ 级 ±5%，Ⅱ 级 ±10%，Ⅲ 级 ±20%。在有些情况下，还有 0 级，误差为 ±2%。精密电容器的允许误差较小，而电解电容器的误差较大，它们采用不同的误差等级。用字母表示误差等级如表 2-10 所示。

表 2-10 用字母表示误差等级

字 母	允 许 误 差	字 母	允 许 误 差
L	±0.01%	B	±0.1%
D	±0.5%	V	±0.25%
F	±1%	K	±10%
G	±2%	M	±20%
J	±5%	N	±30%
P	±0.02%	不标注	±20%
W	±0.05%		

4)绝缘电阻

绝缘电阻用来表明漏电大小。一般小容量的电容器，绝缘电阻很大，为几百兆欧或几千兆欧。电解电容器的绝缘电阻一般较小。相对而言，绝缘电阻越大，漏电越小。

5)温度系数

温度系数是在一定温度范围内，温度每变化 1℃ 时电容量的相对变化值。温度系数越小越好。

6)容抗

容抗是指电容器对交流电的阻碍能力，单位为欧（Ω），用 X_c 表示。$X_c=1/(2\pi f C)$。式中，X_c 为容抗；f 为频率，单位赫兹（Hz）；C 为电容，单位法拉（F）。频率越高，电容量越大，容抗越小。

2. 检测无极性电容器

1)检测 100pF 以下的小电容器

因 100pF 以下的固定电容器容量太小，用万用表进行测量时只能定性地检查其是否有漏电、内部短路或击穿故障。测量时，可选用万用表×10kΩ 挡，用两表笔分别任意接电容器的两个引脚，阻值应为无穷大。若测出阻值（指针向右摆动）或阻值为零，则说明电容器漏电损坏或内部击穿。

2)检测 0.01μF 以上的固定电容器

对于 0.01μF 以上的固定电容，可用万用表的×10kΩ 挡直接测试电容器有无充电过程，以及有无内部短路或漏电故障，并可根据指针向右摆动的幅度大小估计出电容器的容量。测试操作时，先用两表笔任意触碰电容器的两引脚，然后调换表笔再触碰一次。如果电容器是好的，万用表指针会向右摆动一下，随即向左迅速返回无穷大位置。电容量越大，指针摆动幅度越大。如果反复调换表笔触碰电容器两引脚，万用表指针始终不向右摆动，说明该电容器的容量已低于 0.01μF 或已经消失。测量中，若指针向右摆动后不能再回到无穷大位置，说明电容器漏电或已经击穿短路。

3．检测电解电容器

（1）挡位选择。电解电容器的容量较一般固定电容器大得多，所以测量时，应针对不同容量选用合适的量程。一般情况下，1～100μF 的电容器可用×100 Ω或×1kΩ挡测量，大于100μF 的电容器可用×100 Ω或×1 Ω挡测量。

（2）测量漏电阻。如图 2-38 所示，将万用表红表笔接负极，黑表笔接正极，在刚接触的瞬间，万用表指针向右偏转较大幅度（对于同一电阻挡，容量越大，摆幅越大），然后逐渐向左回转，直到停在某一位置。此时的阻值便是电解电容器的正向漏电阻。此值越大，说明漏电流越小，电容器性能越好。将红、黑表笔对调，万用表指针将重复上述摆动现象。此时所测阻值为电解电容器的反向漏电阻，此值小于正向漏电阻。即反向漏电流比正向漏电流要大。实际使用中，电解电容器的漏电阻不能太大；否则，不能正常工作。在测试中，若正向、反向均无充电的现象，即表针不动，则说明容量消失或内部断路；测阻值很小或为零，说明电容器漏电流大或已击穿损坏，不能再使用。

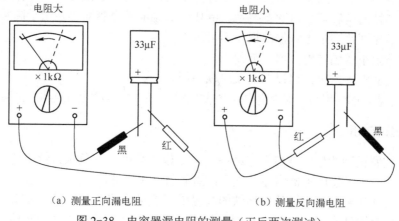

（a）测量正向漏电阻　　　　　　（b）测量反向漏电阻

图 2-38　电容器漏电阻的测量（正反两次测试）

（3）极性判别。根据引脚判别时，长引脚为正极，短引脚为负极。对于正、负极不明的电解电容器，可利用上述测量漏电阻的方法加以判别，即任意测一下漏电阻，然后交换表笔再测，两次测量中阻值大的那一次黑表笔接的是正极，红表笔接的是负极。

测试时要注意，为了观察到指针向右摆动的情况，应反复调换表笔触碰电容器两引脚进行测试，直到确认电容器无充电现象为止。

在采用上述方法进行测试时，应正确操作，不要用手指同时接触被测电容器的两个引脚；否则，人体电阻将影响测试的准确性，容易造成误判。特别是使用万用表的高阻挡（×10kΩ）进行测量时，若手指同时触碰电容器两引脚或两表笔的金属部分，将使指针回不到无穷大的位置，给测试者造成错觉，误认为被测电容器漏电。

用数字万用表和电桥测量时，直接将电容器插入电容器插座内，将仪器置于相应挡位即可读出容量。

4．检测组合式电容器

组合式电容器的功能作用与普通电容器相同，但组合式电解电容器是在同一个外壳里封装有两只或多只电容器,其引出端的数量分为四端和三端两种类型。

组合电容器的容量直接在外壳上标出,有共正极组合与共负极组合两种形式。在共正极组合式电解电容器的三个电极中,引线长的一端为公共正极,较短的两个为负极。这种组合结构适于电源正极接地、负压输出的电路。在共负极组合式电解电容器的三个电极中,引线较短的一端为公共负极,多涂黑色,引线长的两个为正极。这种组合结构适于电源负极接地、正压输出的电路。

检测时,与两端电容器一样,组合式电解电容器中的每只电解电容器的正向漏电阻也应比反向漏电阻大,即反向漏电流大于正向漏电流。测试时,也可通过这一特点区分正负电极和好坏。方法是,将万用表拨至×1kΩ挡(以 50μF 组合式电解电容器为例),用表笔分别测量正、反向漏电阻。以漏电阻较大的一次测量为准,黑表笔接的是正极,红表笔接的是负极。

判断组合式电解电容器是否漏电、容量大小等均可参照测量两端电解电容器的方法。

5. 电容器应用时的注意事项

(1)电容器两端所加的实际电压(包括脉冲电压)不得大于额定直流工作电压。
(2)不同特性的电容器不可随意替换。例如,低频涤纶电容器不能用于高频电路。
(3)用于谐振回路固定电容器的误差不可过大。
(4)绝缘电阻小的固定电容器不能使用。
(5)无合适的电容器时,可以并联或串联使用。
(6)电解电容器的应用与一般固定电容器基本相同,但电解电容器的容量大,漏电也较大。

6. 电容器的应用

(1)必须按照正确的极性连接到电路中,即正极接高电位,负极接低电位。如果在使用时把两极弄颠倒,轻者使电容器击穿、失效,重者将发生爆炸。

(2)焊接时动作要快,不要让电烙铁的高温破坏了封口的密封材料,造成电解液外漏。

(3)电解电容器储存时间过长,会引起绝缘电阻和电容量减小,性能变坏。电解电容器寿命为 5~10 年。如果长久放置不用,电解电容器也可能自然损坏。因此,在购买电解电容器时,应尽量选择近期产品。若无,可先对电容器充电一段时间,检测是好的再应用。

电容器的并联:将电容器并联起来就等于两块金属电极的面积加大,因此并联后的总容量增大,等于每个电容量之和,即 $C_总=C_1+C_2+C_3+\cdots+C_n$。

电容器并联时,每只电容器上所承受的电压相等,并等于总电压。因此,如果工作电压不相同的几只电容器并联,必须把其中最低的工作电压作为并联后的工作电压。电解电容器并联时,应正极与正极并联,负极与负极并联。

电容器的串联:电容器串联的结果等于增加了绝缘介质的厚度(增加了两块金属电极之间的距离),因而总容量减小,并小于其中最小的一只电容器的电容量。总容量的倒数等于各电容量倒数之和,即 $1/C_总=1/C_1+1/C_2+\cdots+1/C_n$。如果两只相同电容器串联,串联后的总容量为一个电容器的一半。

串联后,电容器(C)的工作电压在电容量相等的条件下,等于每个电容器(C_1、C_2)的工作电压之和。容量不同的电容,最好不串联(因为容量不同时,X_c 值不同,大容量电容器 X_c 小,所以小容量电容器承受电压不能大,易损坏)。电解电容器串联时,应使正极与负极相连。

在实际应用中，容量和耐压相差太多的电容器不应进行串联和并联，无实际意义。

7. 估测电解电容器的容量

（1）使用万用表电阻挡，根据指针向右摆动幅度的大小，可估测出电解电容器的容量。测量时，先用两表笔给电解电容器充电，再反接放电，然后反充电，记录三次表针摆动的情况。再找到已知容量的电解电容器测一下，获得表针摆动情况。与其相近时，即为该电解电容器容量。

（2）用数字万用表和电桥或电容表可直接测量出电解电容器容量。选择合适挡位，即可由表头显示电解电容器容量。

2.4 晶体二极管的识别与检测

> 二极管检测视频参见前言中的网址

晶体二极管种类繁多，用途广泛，可以说几乎在所有的整机电路中都要使用。

2.4.1 晶体二极管的种类与特性

1. 晶体二极管的种类

晶体二极管的种类如表 2-11 所示。

表 2-11　晶体二极管的种类

晶体二极管	按材料分	锗材料二极管
		硅材料二极管
	按结构分	点接触型二极管
		面接触型二极管
	按封装分	玻璃外壳二极管（小型用）
		金属外壳二极管（大型用）
		塑料外壳二极管
		环氧树脂外壳二极管
	按用途分	普通二极管（检波）
		整流二极管
		高压整流二极管
		硅堆
		稳压二极管
		开关二极管
		发光二极管
		光敏二极管
		磁敏二极管
		变容二极管
		隧道二极管

2. 二极管的结构特性

1）二极管的外形与结构

晶体二极管的文字符号为"V"或"VD"。常用二极管的外形、结构图及符号、伏安特性曲线如图2-39所示。

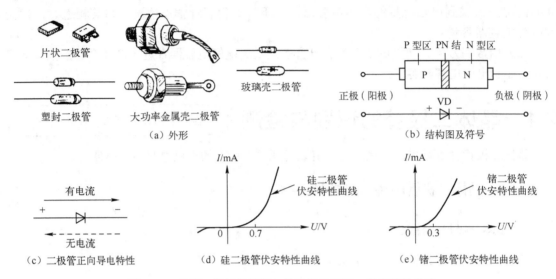

图2-39 常用二极管的外形、结构图及符号、伏安特性曲线

2）二极管的特性

晶体二极管具有单向导电特性，只允许电流从正极流向负极，而不允许电流从负极流向正极，如图2-39（c）所示。

硅二极管和锗二极管在正向导通时具有不同的正向管压降。由图2-39（d）、（e）可知，当所加正向电压大于正向管压降时，硅、锗二极管导通。锗二极管的正向管压降约为0.3V。硅二极管正向电压大于0.7V时，硅二极管导通。另外，在相同的温度下，硅二极管的反向漏电流比锗二极管小得多。从伏安特性曲线可见，二极管的电压与电流为非线性关系，因此晶体二极管是非线性半导体器件。

2.4.2 晶体二极管的主要参数与检测

1. 常用晶体二极管的主要参数

（1）最大工作电流 I_{FM}：允许正向通过PN结的最大平均电流。使用中，实际工作电流应小于I_{FM}；否则，将损坏二极管。

（2）最大反向电压 U_{RM}：加在二极管两端而不致引起PN结击穿的最大反向电压。使用中，应选用U_{RM}大于实际工作电压两倍以上的二极管。

（3）反向电流 I_{CO}：在规定反向电压作用下，通过二极管的电流。硅二极管为1μA或更小，锗二极管为几百μA。使用中，反向电流越小越好。

（4）最高工作频率 f_M：保证二极管良好工作特性的最高频率，至少应为电路实际工作频率的两倍。

2．晶体二极管的检测

1）极性识别

晶体二极管的测量如图 2-40 所示。

（1）直观判断：有的将电路图形符号印在二极管上标示出极性；有的在二极管负极一端印上一道色环作为负极标记；有的二极管两端形状不同，平头为正极，圆头为负极。使用中应注意识别，带有符号的按符号识别。对于无符号晶体二极管，可用万用表进行引脚识别和检测。将万用表置于×1kΩ挡，两表笔分别接到二极管的两端，如果测得的电阻值较小，则为二极管的正向电阻，这时与黑表笔（表内电池正极）连接的是二极管正极，与红表笔（表内电池负极）连接的是二极管负极。

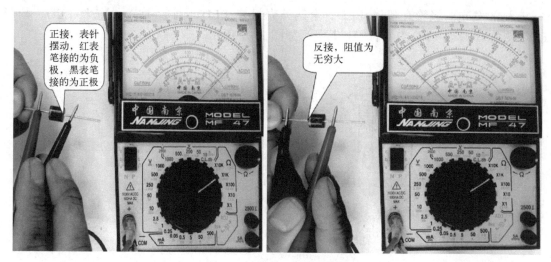

图 2-40 晶体二极管的测量

（2）好坏判断：如果测得的电阻值很大，则为二极管的反向电阻，这时与黑表笔连接的是二极管负极，与红表笔连接的是二极管正极。二极管的正、反向电阻应相差很大，并且反向电阻接近于无穷大。如果某二极管正、反向电阻均为无穷大，说明该二极管内部断路损坏；如果正、反向电阻均为 0，说明该二极管已被击穿短路；如果正、反向电阻相差不大，说明该二极管质量太差，不宜使用。

2）硅、锗管判断

由于锗二极管和硅二极管的正向管压降不同，因此可以用指针式万用表电阻挡（如×1kΩ挡）测量二极管正向电阻的方法来区分。如果正向电阻小于 1kΩ，则为锗二极管；如果正向电阻为 1～5kΩ，则为硅二极管。用数字万用表的电压挡测量时，可直接显示正向导通电压值。0.2～0.3V 时为锗二极管，0.6～0.7V 时为硅二极管。

3）反向电压测量

一般在低压电路中无法测得二极管的电压。如需测量，可用一高压电源按如图 2-41 所示电路连接。调 E 值，当电流表 A 指

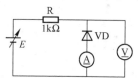

图 2-41 反向电压测量

针摆动时，电压表 V 指示的即为二极管反向电压（实际应用中，一般无须测试此值）。

3．检测代换

二极管一般不好修理，损坏后只能代换。在选配二极管时应遵循以下原则。

（1）尽可能用同型号二极管代换。

（2）无同型号二极管时可以根据二极管所在电路的作用及主要参数要求，选用近似性能的二极管代换。

（3）对于整流管，主要考虑 I_M 和 U_{RM} 两项参数。

（4）不同用途的二极管不宜互换，硅、锗二极管不宜互换。

2.4.3 普通发光二极管的参数与检测

常见的发光二极管有塑封 LED、金属外壳封装 LED、圆形 LED、方形 LED、异形 LED、变色 LED 及 LED 数码管等。其外形如图 2-42 所示。

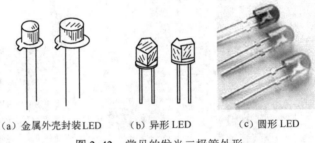

(a) 金属外壳封装LED　　(b) 异形 LED　　(c) 圆形 LED

图 2-42　常见的发光二极管外形

1．发光二极管的参数

1）单色发光二极管的结构与性能

单色发光二极管（LED）是一种电致发光的半导体器件。其电路图形符号和结构如图 2-43 所示。它与普通二极管的相似点是也具有单向导电特性。将发光二极管正向接入电路时才导通发光，而反向接入电路时则截止不发光。发光二极管与普通二极管的根本区别是，前者能将电能转换成光能，并且管压降比普通二极管要大。

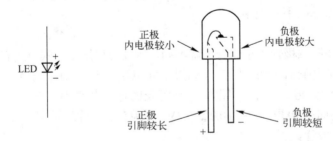

图 2-43　单色发光二极管的电路图形符号和结构

单色发光二极管的材料不同，可产生不同颜色的光。表 2-12 列出了波长与颜色的对应关系。

表 2-12 波长与颜色的对应关系

发光波长/Å	发光颜色
3300~4300	紫
4300~4600	蓝
4600~4900	青
4900~5700	绿
5700~5900	黄
5900~6500	橙
6500~7600	红

2）单色发光二极管的特点与参数

发光二极管的主要参数有最大工作电流 I_{FM} 和最大反向电压 U_{RM}。使用中不得超过这两项的规定值，否则会使发光二极管损坏。

发光二极管的特点：

（1）能在低电压下工作，适于低压小型化电路。例如，常用的红色发光二极管的正向工作电压 U_F 的典型值为 2V；绿色发光二极管的正向工作电压 U_F 的典型值为 2.3V。

（2）有较小的电流即可得到高亮度，随着电流的增大，亮度趋于增强，并且亮度可根据工作电流的大小在较大范围内变化，但发光波长几乎不变。

（3）所需驱动显示电路简单，用集成电路或晶体三极管均可直接驱动。

（4）发光响应速度快，为 10^{-7}~10^{-9}s。

（5）体积小，可靠性高，功耗低，耐振动和冲击性能好。

3）使用时的注意事项

首先应防止过电流使用，为防止电源电压波动引起过电流而损坏发光二极管，使用时应在电路中串接保护电阻 R。发光二极管的工作电流 I_F 决定发光亮度，一般当 I_F=1mA 时发光，随着 I_F 的增加，亮度不断增大。发光二极管的最大工作电流 I_{FM} 一般为 20~30mA，超过此值将烧毁。所以，工作电流 I_F 应该选在 5~20mA 范围内较为合适。一般选 10mA 左右，限流电阻值选择 $R=(U_{CC}-U_F)/I_F$。其中，U_{CC} 为总电压，一般为 2V；U_F 为发光二极管起始电压；I_F 为工作电流，一般选 10mA。其次焊接速度要快，温度不能过高。焊接点要远离发光二极管的树脂根部，并勿使发光二极管受力。

2．普通发光二极管的检测

发光二极管的检测如图 2-44 所示。

1）判定正、负极及好坏

（1）直接观察法

发光二极管的管体一般都是用透明塑料制成的，从侧面仔细观察两条引出线在管体内的形状，较小的一端是正极，较大的一端是负极。

（2）万用表测量法

必须使用×10kΩ 挡。因为发光二极管的管压降为 2V 左右，高亮度时高达 5~6V，而万用表×1kΩ 挡及其以下各电阻挡表内电池仅为 1.5V，低于管压降，无论正、反向接入，发光二极管都不可能导通，也就无法检测。×10kΩ 挡时表内接有 15V（有些万用表为 9V）高压电池压降，所以可以用来检测发光二极管。

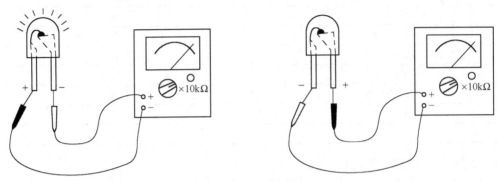

图 2-44 发光二极管的检测

检测时，万用表黑表笔（表内电池正极）接 LED 正极，红表笔（表内电池负极）接 LED 负极，测其正向电阻，表针应偏转过半，同时 LED 中有一发亮光点；对调两表笔后测其反向电阻，应为无穷大，LED 不发光。如果正向接入或反向接入，表针都偏到头或都不动，则该发光二极管已损坏。

2) 发光二极管的维修

实践证明，有些发光二极管损坏后是可以修复的。用导线通过限流电阻将待修的无光或光暗的发光二极管接到电源上，左手持尖嘴钳夹住发光二极管正极引脚的中部，右手持烧热的电烙铁在发光二极管正极引脚的根部加热，待引脚根部的塑料开始软化时，右手稍用力把引脚往内压，并注意观察效果。对于不亮的发光二极管，可以看到开始发光；适当控制电烙铁加热的时间及对发光二极管引脚所施加力的大小，可以使发光二极管的发光强度恢复到接近同类正品发光二极管的水平。如果仍不能发光，则表明发光二极管已损坏。

2.4.4 超高亮度发光二极管的参数与检测

普通 LED 的发光强度从几 mcd 到几十 mcd，高亮度的 LED 发展到几百 mcd 到上千 mcd，甚至可达上万 mcd。超高亮度 LED 可用于内部或外部照明、制作户外大型显示屏（车站广场或运动场）、仪器面板指示灯、汽车高位刹车灯（由于亮度大，可视距离远，可增加行车安全性）、交通信号灯及交通标志（如红绿灯、高速公路交通标志等）、广告牌及指示牌、公交车站报站牌等。

新型超高亮度发光二极管常用的型号为 TLC-58 系列，封装尺寸与一般 $\phi 5$ LED 基本相同，长引脚为阳极，短引脚为阴极。该系列有四种发光颜色，分别为红、黄、纯绿和蓝，其型号依次为 TLCR58、TLCY58、TLCTG58 及 TLCB58。该系列采用直径 $\phi 5$mm、无漫射透明树脂封装。关键技术是在 GaAs 上加入 AlInGaP（红色及黄色 LED），以及在 SiC 上加入 InGaN（纯绿色及蓝色 LED）。非常小的发射角（±4°）提供了超高的亮度。另外，它能抗静电放电：材料 AlInGaP 的为 2kV，材料 InGaN 的为 1kV。

(1) TLCR58 及 TLCY58 的主要极限参数：反向电压 $U_R=5V$；正向电流 $I_F=50mA$（$T_{amb} \leq 85℃$）；正向浪涌电流 $I_{FSM}=1A$（$t_P \leq 10\mu s$）；功耗 $P_V=135mW$（$T_{amb} \leq 85℃$）；结温为

125℃；工作温度范围为–40～+100℃。

（2）TLCTG58 及 TLCB58 的主要极限参数：反向电压 U_R=5V；正向电流 I_F=30mA（T_{amb}≤60℃）；正向浪涌电流 I_{FSM}=0.1A（t_P≤10μs）；功耗 P_V=135mW（T_{amb}≤60℃）；结温为 100℃；工作温度范围为–40～+100℃。

（3）LED 的允许最大功耗 P_V 与环境温度有关，LED 的允许正向电流 I_F 也与环境温度有关。例如，红色 LED 在 T≤85℃时允许的最大功耗为 135mW，而在 100℃时减小到 80mW；在 T≤85℃时，正向电流可达 50mA，但在 100℃时减为 30mA。

需要注意的是，一般 LED 的工作电流为 2/3 最大工作电流，即红色、黄色 LED 工作电流为 15～35mA，而纯绿色、蓝色 LED 工作电流为 15～20mA。

高亮度发光二极管的检测与普通发光二极管的检测方法相同

2.4.5 变色发光二极管的参数与检测

1. 变色发光二极管的性能特点

变色发光二极管能变换发光颜色，应用于双色屏或全色屏电路。

变色 LED 内部结构、外形如图 2-45（a）所示。两种发光颜色（通常为红、绿色）的管芯负极连接在一起。在变色 LED 的三个引脚中，左右两边的引脚为正极，中间的引脚为公共负极。

工作原理：当工作电压为 1 正 2 负时，电流 I_a 通过 VD1 发红光；当工作电压为 2 负 3 正时，电流 I_b 通过 VD2 发绿光；若同时给两只 LED 加电压，则发复合光（橙光）；如 I_a 与 I_b 的比例不同，则 LED 发光颜色按比例在红—橙—绿之间变化，如图 2-45（b）所示。

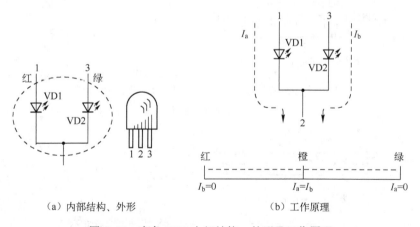

(a) 内部结构、外形　　(b) 工作原理

图 2-45　变色 LED 内部结构、外形及工作原理

2. 变色发光二极管的检测

变色发光二极管检测电路如图 2-46 所示，将万用表置于×10kΩ挡，任意接两引脚，当表针摆动且发出任意光时，则红表笔所接为公用电极。

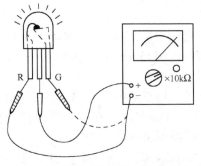

（1）将红表笔接公用电极，黑表笔接任意电极，变色 LED 发红光，则黑表笔接的为 R。

（2）如变色 LED 发绿光，则黑表笔接的为 G。

（3）将黑表笔同时接 R 和 G，变色 LED 应发出橙色复合光。

在上述检测过程中，若发现某只变色发光二极管不亮，则表明已经损坏。这样的变色 LED 是不能再使用的。

图 2-46 变色发光二极管检测电路

2.5 晶体三极管的识别与检测

半导体三极管也称为晶体三极管，可以说它是电子电路中最重要的元件。它最主要的功能是电流放大和起开关、振荡作用。

2.5.1 晶体三极管的结构、分类及原理

1. 晶体三极管的结构

晶体三极管是在一块半导体基片上制作两个相距很近 PN 结，三个电极与内部三个区（发射区、基区和集电区）相连接。晶体三极管有 NPN 型和 PNP 型两种类型，如图 2-47 所示。

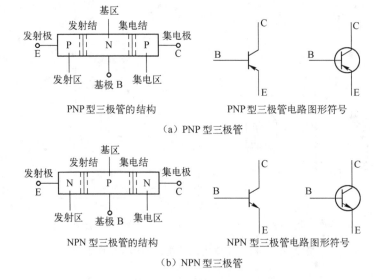

图 2-47 晶体三极管的结构与电路图形符号

由图 2-47（a）可以看出，它由三块半导体组成，构成两个 PN 结，即集电结和发射结，共引出三个电极，分别是集电极、基极和发射极。工作电流有集电极电流 I_C、基极电流

I_B、发射极电流 I_E；I_C、I_B 从发射极流入，电路图形符号中发射极箭头方向朝内形象地表明了电流的流动方向，$I_E=I_B+I_C$，由于 I_B 很小（忽略不计），故 $I_C \approx I_E$。

图 2-47（b）与图 2-47（a）的不同之处是，P、N 型半导体的排列方向不同，其他基本一样。电流从基极和集电极流入，从发射极流出，这从 NPN 型三极管电路图形符号中发射极箭头所指方向也可以看出。

2．晶体三极管的种类

晶体三极管的种类如表 2-13 所示。

表 2-13 晶体三极管的种类

晶体三极管	按材料分	锗晶体三极管
		硅晶体三极管
	按 PN 结组合分	NPN 型三极管
		PNP 型三极管
	按制造工艺分	低频锗合金管
		高频锗合金扩散台面管
		硅外延平面管
	按工作频率分	高频管（$f_t \geq 3\text{MHz}$）
		低频管（$f_t < 3\text{MHz}$）
	按功率分	大功率管（$P_c > 1\text{W}$）
		中功率管（P_c 为 0.5～1W）
		小功率管（$P_c < 0.5\text{W}$）
	按封装形式分	玻璃壳封装管（中小功率）
		金属壳封装管（中小功率）
		陶瓷环氧封装管（小功率）
		塑料封装管（大、中、小功率）
		G 型金属封装管（大功率带螺杆）
		F 型金属封装管（大功率）
		方型金属封装管（大功率）

3．晶体三极管的特性

1）电流放大原理

晶体三极管的电流放大原理如图 2-48 所示。

（1）偏置要求

晶体三极管正常工作的条件为集电结反偏，电压值为几伏至几百伏，发射结正偏，硅管为 0.6～0.7V，锗管为 0.2～0.3V，即对于 NPN 型晶体三极管，$U_E < U_B$（硅管：0.6～0.7V，锗管：0.2～0.3V）$< U_C$ 才能导通；对于 PNP 型三极管，应为 $U_E > U_B$（硅管：0.6～0.7V，锗管：0.2～0.3V）$> U_C$ 才能正常导通。

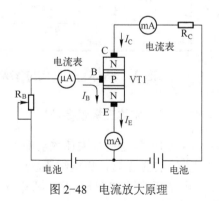

图 2-48 电流放大原理

(2) 电流放大原理

若使 VT1 产生基极电流 I_B，则 VT1 便有集电极电流 I_C，I_C 由电源经 R_C 提供。当改变 R_B 大小时，VT1 的基极电流便相应改变，从而引起集电极电流的相应变化。由各表显示可知，I_B 只要有微小的变化，I_C 即可有很大变化。若将 I_B 变化看成是输入信号，则 I_C 的变化规律是由 I_B 控制的，而 $I_C>I_B$，这样 VT1 通过 I_C 的变化就可以反映基极电流的信号变化。I_B、I_C 流向发射极，形成发射极电流 I_E。

由以上可知，晶体三极管能放大信号是因为晶体三极管具有 I_C 受 I_B 控制的特性，而 I_C 的电流是由电源提供的。所以，晶体三极管是将电源电流按输入信号电流要求转换的器件。

PNP 型晶体三极管工作原理与 NPN 型相同，但电流方向相反，即发射极电流流向基极和集电极。

(3) 晶体三极管各极电流、电压之间的关系

由放大原理可知，各极电流关系为 $I_E=I_C+I_B$，又由于 I_B 很小可忽略不计，则 $I_E \approx I_C$；各极电压关系：B 极电压与 E 极电压变化相同，即 $U_B\uparrow$，$U_E\uparrow$；而 B 与 C 关系相反，即 $U_B\uparrow$，$U_C\downarrow$。

2) 晶体三极管的输出特性

在应用中，如果改变晶体三极管工作电压，会形成三种工作状态，即截止状态、导通（放大）状态、饱和状态，如表 2-14 所示。晶体三极管工作在不同区时，具有不同特性。

(1) 截止状态：当发射结零正偏（没有达到起始电压值）或反偏，集电结反偏时，晶体三极管不导通。此时无 I_B、I_C，也无 I_E，即晶体三极管不工作，此时 U_{CE} 约等于 +V（供电电压）。

(2) 放大状态：当满足发射结正偏和集电结反偏条件，晶体三极管形成 I_B、I_C，并且 I_C 随 I_B 变化而变化，此时 U_E 和 U_{CE} 随 U_B 变化而变化，又称晶体三极管工作在线性区域。

(3) 饱和状态：集电结正偏，发射极正偏压大于 0.8V 以上，此时 I_B 再增大，I_C 几乎不再增大了。当晶体三极管处于饱和状态后，其 U_{CE} 约为 0.2V。

表 2-14 晶体三极管三种工作状态

工作状态		截 止	放 大	饱 和
条 件		$I_B=0$	$0<I_B<I_C/\beta$	$I_B \geq I_{CS}/\beta$
工作特点	偏置情况	发射结和集电结均反偏	发射结正偏，集电结反偏	发射结和集电结均正偏
	集电极电流	$I_C=0$	$I_C=\beta I_B$	$I_C=I_{CS}$ 且不随 I_B 增加而增加
	管压降	$U_{CE}=E_C$	$U_{CE}=E_C-I_CR_C$	$U_{CE}=0.3$V(硅管) $U_{CE}=0.1$V(锗管)
	C/E（集电极/发射极）间等效内阻	很大，约为数百千欧，相当于开关断开	可变	很小，为数百欧，相当于开关闭合

2.5.2 晶体三极管的参数与检测

1. 晶体三极管参数

> 三极管检测视频参见前言中的网址

1) 集电极最大耗散功率 P_{CM}

在工作时，集电结要承受较大的反向电压和通过较大的电流，因消耗功率而发热。当集电结所消耗的功率（集电极电流与集电极电压的乘积）为无穷大时，就会产生高温而烧坏三

极管。一般锗管的 PN 结最高结温为 75~100℃，硅管的 PN 结最高结温为 100~150℃。因此，规定晶体三极管集电极温度升高到不至于将集电结烧毁所消耗的功率为集电极最大耗散功率 P_{CM}。放大电路不同，对 P_{CM} 的要求也不同。使用晶体三极管时，不能超过这个极限值。

2）共发射极电流放大系数 β

晶体三极管的基极电流 I_B 微小的变化能引起集电极电流 I_C 较大的变化，这就是晶体三极管的放大作用。由于 I_B 和 I_C 都以发射极作为公用电极，因此把这两个变化量的比值称作共发射极电流放大系数，用 β 或 h_{FE} 表示，即 $\beta=\Delta I_C/\Delta I_B$。式中"Δ"表示微小变化时，是指变化前的量与变化后的量的差值，即增加或减少的数量。常用的中小功率晶体三极管，β 值为 20~250。β 值的大小应根据电路的要求来选择，不要过分追求放大量，β 值过大的晶体三极管，往往其线性和工作稳定性都较差。

3）穿透电流 I_{CEO}

I_{CEO} 是指基极开路，集电极与发射极之间加上规定的反向电压时，流过集电极的电流。穿透电流也是衡量晶体三极管质量的一个重要标准。它对温度更为敏感，直接影响电路的温度稳定性，在室温下，小功率硅管的 I_{CEO} 为几十 μA，锗管为几百 μA。I_{CEO} 大的晶体三极管，热稳定性能较差且寿命短。

4）集电极最大允许电流 I_{CM}

集电极电流大到晶体三极管所能允许的极限值时，称为集电极的最大允许电流，用 I_{CM} 表示。使用晶体三极管时，集电极电流不能超过 I_{CM} 值；否则，会引起晶体三极管性能变差甚至损坏。

5）集电极和基极击穿电压 BV_{CBO}

BV_{CBO} 是发射极开路时，集电极的反向击穿电压。在使用中，加在集电极和基极间的反向电压不应超过 BV_{CBO}。

6）发射极和基极反向击穿电压 BV_{EBO}

BE_{EBO} 是集电极开路时，发射结的反向击穿电压。虽然通常发射结加有正向电压，但当有大信号输入时，在负半周峰值时，发射结可能承受反向电压，该电压应远小于 BV_{EBO}；否则，易使晶体三极管损坏。

7）特征频率 f_T

共发射极电路中，电流放大倍数（β）下降到 1 时所对应的频率称为特征频率 f_T。若晶体三极管的工作频率大于特征频率，则晶体三极管便失去电流放大能力。

8）集电极反向电流 I_{CBO}

I_{CBO} 是指发射极开路时，集电结的反向电流。它是不随反向电压增高而增加的，所以又称为反向饱和电流。在室温下，小功率锗管的 I_{CBO} 约为 10μA，而小功率硅管的 I_{CBO} 则小于 1μA。I_{CBO} 的大小标志着集电结的质量，良好的晶体三极管，I_{CBO} 应该是很小的。

9）集电极和发射极反向击穿电压 BV_{CEO}

BV_{CEO} 是基极开路时，允许加在集电极与发射极之间的最高工作电压值。集电极电压过高，会使晶体三极管击穿，所以，使用时加在集电极的工作电压，即直流电源电压不能高于 BV_{CEO}。选用时一般 BV_{CEO} 应高于电源电压的一倍。

2. 晶体三极管的测量

1) 引脚识别方法

(1) 直观识别

图 2-49（a）为金属外壳封装的晶体三极管。它的三根引脚呈等腰三角形分布，中间一根为基极 B，靠近凸键标记的那根为发射极 E，上面的一根为集电极 C。在一些玻璃封装的晶体三极管中，引脚分布也呈等腰三角形，只是无凸键标记，引脚分布规律与上述相同。

图 2-49（b）、（c）为两根引脚的晶体三极管，也采用金属封装，功率较大。这种晶体三极管的两根引脚为 B、E，分布在水平中心线上，左为 E 引脚，右为 B 引脚，金属外壳是集电极 C。这种晶体三极管功率大，为了便于散热，集电极直接接外壳。在线路板上，晶体三极管外壳通过固定螺钉与线路板线路相连。

图 2-49（d）、（e）、（f）为塑料封装的晶体三极管，在晶体三极管外壳上已标注出各引脚名称。塑料封装的晶体三极管种类很多，大多数在外壳上不标出引脚，而且各引脚的分布规律也不相同，使用中需要通过测量来识别。

图 2-49（g）为片状三极管。其特点是体积小，引脚短，可直接贴焊在印制板上，适于微型电路中。

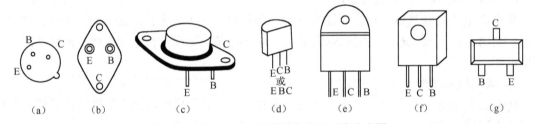

图 2-49　常见晶体三极管的外形及引脚分布图

(2) 通过万用表识别引脚

三极管的测量如图 2-50 所示。

判定基极，并区分 NPN 型、PNP 型晶体三极管：先假设一个极为基极，用万用表 ×1Ω～×100Ω 挡，黑表笔接基极，红表笔分别测量另两个电极。如果表针均摆动，说明假设正确（如果一次动一次不动，则不正确，应再次假定一个基极），此时黑表笔所接为 NPN 型晶体三极管基极。如果表针均不动，假定也正确，说明黑表笔所接为 PNP 型晶体三极管基极。用此法也可区分 PNP 型、NPN 型晶体三极管。

判别集电极和发射极引脚的方法：设为 NPN 型晶体三极管，在找出 B 极之后，接下来要分清另两个引脚。其方法是将红、黑表笔分别接除 B 引脚之外的另两根引脚，然后用手捏住基极和黑表笔所接引脚，此时若表针向右偏转一个角度（阻值变小），则说明黑表笔所接引脚为集电极，红表笔所接引脚为发射极；如果不摆动，对换表笔再次测量即可。测 PNP 型晶体三极管时相反，即黑表笔为 E 极，红表笔为 C 极，手捏的为 B 极。

快速识别窍门：由于现在的晶体三极管多数为硅管，可采用 ×10kΩ 挡（万用表内电池为 15V），红、黑表笔直接测 C、E 极，正反两次，其中有一次表针摆动（几百 kΩ 左右）。如果两次均摆动，以摆动大的一次为准。对于 NPN 型晶体三极管，红表笔所接为 C 极，黑表笔所接为 E 极；对于 PNP 型晶体三极管，红表笔所接为 E 极，黑表笔所接为 C 极。

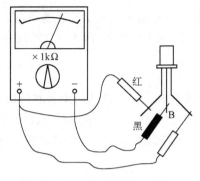 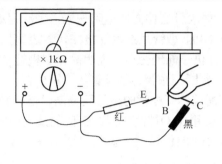

(a) NPN 型三极管基极判断　　　　　　　　(b) NPN 型三极管集电极的确定

图 2-50　三极管的测量

2）判别锗管与硅管

将数字万用表置于二极管挡，红、黑表笔分别接 B、E 和 B、C，万用表所显示的如是被测晶体三极管的发射结正向压降时，对于锗管，电压值为 0.2～0.3V；对于硅管，电压值为 0.6～0.8V。

3）判别晶体三极管好坏

用万用表×100 Ω挡测各极间的正、反向电阻来判别晶体三极管好坏。

（1）C 与 E 之间的正向电阻（NPN 型晶体三极管黑表笔接 B，红表笔分别接 C、E 两极；PNP 型晶体三极管应对调表笔），硅管为几千欧，而锗管则为几百欧，电阻过大说明晶体三极管性能不好；如果为无穷大，则晶体三极管内部断路；如果为 0Ω，则晶体三极管内部短路。

（2）E 与 C 之间的电阻，硅管几乎是无穷大；小功率锗管在几十千欧以上；大功率锗管在几百欧以上。如果测得电阻为 0Ω，则说明晶体三极管内部短路。在测量晶体三极管的反向电阻或 E 与 C 之间的电阻时，如果随测量的时间延长，电阻慢慢减小，则说明晶体三极管的性能不稳定。

（3）B 与 C 之间的反向电阻，硅管接近无穷大，锗管在几百千欧以上。如果测量阻值太小，则表明晶体三极管性能不好；如果为 0Ω，则表明晶体三极管内部短路。

4）估测穿透电流 I_{CEO}

（1）测小功率管用×100 Ω挡，如果是 PNP 型晶体三极管，黑表笔（表内的正极）接 E，红表笔（表内的负极）接 C，如果是小功率锗管，则阻值在几十千欧以上。如果阻值太小，表针缓慢向低阻值方向移动，则表明 I_{CEO} 大。

（2）测硅管用×10kΩ挡，如果是 NPN 型管，红表笔接 E，黑表笔接 C，此时测得的阻值应为上千欧。如果太小，则说明 I_{CEO} 过大；如果为无穷大，则说明晶体三极管内部开路。将表笔对调测量，表针应为无穷大。如果表针有些摆动，则表明晶体三极管 I_{CEO} 稍大。如果正、反两次测得阻值相等，则表明 I_{CEO} 很大，几乎不能使用。

5）测量 β 值

（1）用万用表 hFE 挡测量，把晶体三极管的 3 个引脚分别插入 hFE 挡的 3 个孔内，表针的读数就是晶体三极管的放大倍数。大功率管可以把引脚接上线后再进行测量。

（2）如果万用表无 hFE 挡，则可用下面的方法测量：如果测 PNP 型晶体三极管，红表笔接 C，黑表笔接 E，用一只 100kΩ 左右的电阻跨接于 B 与 C 之间（用湿手捏 B 与 C 之间），此时表针会偏向低电阻一方，表针摆动幅度越大，表明晶体三极管 β 值越高。

测 NPN 型管，红表笔接 E，黑表笔接 C，其他方法同上。如果 B 与 C 之间跨接电阻后，表针仍不断地变小，说明晶体三极管 β 值不稳定。

6）判断高频管与低频管

根据晶体三极管的型号区分高、低频管是最准确的方法，在无法认清型号时可以用万用表估测。用×1kΩ挡测 B 与 E 间的反向电阻，如果在几百千欧以上，就将万用表拨到×10kΩ挡，若表针能偏转到表盘的 1/2 左右，则表明该管为硅高频管；若用×10kΩ挡阻值变化很小，则表明该管为低频管。

2.5.3 晶体三极管的三种基本应用电路

图 2-51（a）为共发射极电路，输入信号经 C1 耦合送入 B 极，经 VT 放大后由 C 极输出。这种电路的特点是对电压、电流、增益的放大量均较大；缺点是前、后级不易匹配，强信号失真，输入与输出信号反相。

图 2-51（b）为共集电极电路，输入信号经 C1 耦合送入 B 极，经 VT 放大后由 E 极输出。这种电路的特点是对电流的放大量大，输入阻抗高，输出阻抗低，电压放大系数小于 1，适宜作前、后级匹配。

图 2-51（c）为共基极电路，输入信号经 C1 耦合送入 E 极，经 VT 放大后由 C 极输出。此种电路的特点是带宽宽，对电压、电流、增益的放大量均较大；缺点是要求输入功率较大，前、后级不易匹配。这种电路适于高频电路。

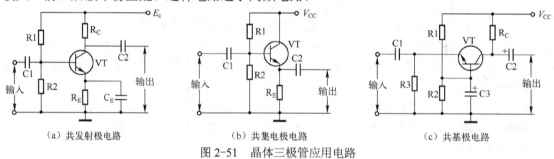

（a）共发射极电路　　　（b）共集电极电路　　　（c）共基极电路

图 2-51　晶体三极管应用电路

2.6　LED 数码管的结构与检测

2.6.1　一位 LED 数码管的结构与检测

1. 一位 LED 数码管的结构特点

常用的一位 LED 数码管是内部带有 1 个小数点的 8 段数码管。LED 数码管的外形和电路如图 2-52 所示。由内部电路可知，数码管可分为共阴极数码管和共阳极数码管两种。

LED 数码管的 7 个笔段电极分别为 0～9（有些资料中为大写字母），dp 为小数点，如图 2-52（a）所示。

图 2-52（b）为共阴极数码管电路，8 个 LED（7 段笔画和 1 个小数点）的负极连接

在一起接地，译码电路按需给不同笔画的 LED 正极加上正电压，使其显示出相应数字。图 2-52（c）为共阳极数码管电路，8 个 LED（7 段笔画和 1 个小数点）的正极连接在一起接地，译码电路按需给不同笔画的 LED 负极加上负电压，使其显示出相应数字。

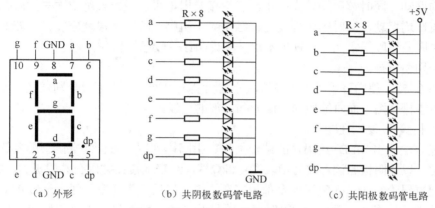

图 2-52　LED 数码管的外形和电路

LED 数码管的字段显示码如表 2-15 所示。表中为十六进制数制。

表 2-15　LED 数码管的字段显示码

显示字符	共阴极码	共阳极码	显示字符	共阴极码	共阳极码
0	3fh	c0h	9	6fh	90h
1	06h	f9h	A	77h	88h
2	5bh	a4h	B	7ch	83h
3	4fh	b0h	C	39h	c6h
4	66h	99h	D	5ch	a1h
5	6dh	92h	E	79h	86h
6	7dh	82h	F	71h	8eh
7	07h	f8h	P	73h	8ch
8	7fh	80h	熄灭	00h	ffh

2．一位 LED 数码管的检测

1）引脚识别

LED 数码管一般有 10 个引脚，通常分为两排，当字符面朝上时，左下角的引脚为第 1 引脚，然后逆时针排列其他引脚。在一般情况下，上、下中间的引脚相通，为公共极，其余 8 个引脚为 7 段笔画和 1 个小数点。

（1）判别数码管的结构类型（共阴极还是共阳极）

将万用表置于×10kΩ挡，黑表笔接任意引脚，用红表笔接触其他引脚，当指针大幅度摆动时（应指示数值为 30kΩ左右，如果为 0，则说明红、黑表笔所接的均是公共电极），黑表笔接的为阳极。黑表笔不动，用红表笔依次去触碰数码管的其他引脚，表针均摆动，同时笔段均发光，说明为共阳极。黑表笔不动，用红表笔依次去触碰数码管的其他引脚，表针均不摆动，同时笔段均不发光，说明为共阴极，此时可对掉表笔再次测量，表针应摆动，同时各笔段均应发光。

（2）好坏的判断

按上述方法找到公用电极，用黑表笔接公用电极，用红表笔依次去触碰数码管的其他引脚，表针均摆动，同时笔段均发光；用红表笔接公用电极，用黑表笔依次去触碰数码管的其他引脚，表针均摆动，同时笔段均发光；触碰哪个引脚，哪个笔段就应发光。若触碰某个引脚时，所对应的笔段不发光，指针也不动，则说明该笔段已经损坏。

（3）判别引脚排列

参照图 2-52，使用万用表×10kΩ挡，分别测笔段引脚，使各笔段分别发光，即可绘出该数码管的引脚排列图（面对笔段的一面）和内部的边线。

2）检测全笔段发光性能

按前述方法测出 LED 数码管的结构类型、引脚排列后，再检测数码管的各笔段发光性能是否正常。以共阴极为例，将万用表置×10kΩ挡，红表笔接在数码公共阴极上，如图 2-53 所示，并把数码管的 a～dp 笔段端全部短接在一起。然后将黑表笔接触 a～dp 的短接端。此时，所有笔端均应发光，显示出"8"字，并且发光颜色应均匀，无笔段残缺及局部变色等现象。共阳极测试与之相反。

在进行上述测试时，应注意以下两点：

➢ 多数 LED 数码管的小数点不是独立设置的，而是在内部与公共电极连通。但是，有少数产品的小数点是在数码管内部独立存在的，测试时要注意正确区分。

➢ 采用串接干电池法检测时，必须串接一只几千欧的电阻；否则，很容易损坏数码管。

3．LED 数码管的修复

LED 数码管损坏时，现象为某一个或几个笔段不亮，即出现缺笔画现象。用万用表测试确定为内部发光二极管损坏时，可将数码管的前盖小心地打开，取下基板。如图 2-54 所示，所有笔段的发光二极管均是直接制作在基板的印制电路上的。用小刀刮去已经损坏笔段的发光二极管，将同一颜色的扁平发光二极管装入原管位置，连接时注意极性，不要装错。

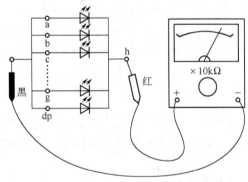

图 2-53 检测数码管全笔段发光性能

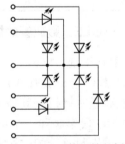

图 2-54 LED 数码管基板图

2.6.2 多位 LED 数码管的结构与检测

1．多位 LED 数码管的结构

多位 LED 数码管是在一位 LED 数码管的基础上发展而来的，即将多个数字字符封装在一起，内部封装了多少个数字字符的数码管就叫做"X"位数码管（X 的数值等于数字字符的个数）。常用的多位 LED 数码管为 6 位。和一位 LED 数码管一样，它也是由发光二极管按一定方式连接而构成的，也可分为共阴极类型和共阳极类型两种。发光颜色也多为红、绿、黄、橙等。多位 LED 数码管的突出特点是使用安装方便、外部接线比较简单、显示功能强，耗电省、造价低，广泛应用于新型数字仪表、数字钟、利率屏等电路中作为显示器件。

2．多位 LED 数码管的检测

多位 LED 数码管的检测，方法与一位 LED 数码管的检测方法大体相同，也是直接用万用表×10kΩ挡（可使用两节电池串联后再串接一只几千欧的电阻）进行测量。

1）判别结构类型

图 2-55 为判别多位 LED 数码管结构类型示意图。此图为判别数码管是否为共阴极结构示意图。若判断数码管是否为共阳极结构，将红、黑表笔对调即可。

将红表笔任意接一个引脚，用黑表笔去依次接触其余引脚，如果同一位上先后能有七个笔段发光，则说明被测数码管为共阴极结构，并且红表笔所接的是该位数码管的公共阴极。如果将黑表笔任意接某一引脚，用红表笔去触碰其他引脚，能测出同一位数码管有七个笔段发光，则说明被测数码管是属于共阳极结构，此时黑表笔所接的是该位数码管的公共阳极。

2）判别引脚排列位置

采用上述方法将个、十、百、千等位的公共电极确定后，再逐位进行测试，即可按一位数码管的方法绘制出数码管的内部接线图和引脚排列图。

3）检测全笔段发光性能

测出 LED 数码管的结构类型、引脚排列后，再检测数码管的各笔段发光性能是否正常。以共阴极为例，用两节电池串一只 1kΩ左右电阻，将负极接在数码管公共阴极上，如图 2-56 所示，把多位数码管其他笔段端全部短接在一起，然后将其接在电池正极，此时，所有位笔段均应发光，显示出"8"字。仔细观察，发光颜色应均匀，无笔段残缺及局部变色等现象。

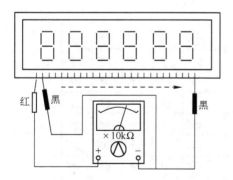

图 2-55 判别多位 LED 数码管结构类型示意图

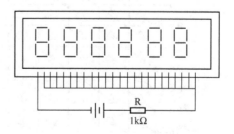

图 2-56 检测全笔段发光性能示意图

2.7 LED 点阵显示器的结构与检测

LED 点阵显示器是实现大屏幕显示功能的一种通用型组件，又称 LED 矩阵板。它具有接线简单、拼装方便、发光均匀、亮度高、外形美观、焊点和引线少、使用方便等特点，广泛用于显示汉字、图表、图像、波形、车站、机场、码头的交通信息，厂矿企业的操作程序，以及影剧院、商场等公共场所的广告牌等。

2.7.1 单色 LED 点阵显示器的结构与检测

1. 结构

单色 LED 点阵显示器是将单色发光二极管按照行与列的结构排列而成的。根据其内部发光二极管的大小、数量、发光强度、发光颜色的不同，单色 LED 点阵显示器可分为多种规格，常见的有 5×7、7×7、8×8 点阵。5×7 即每行 5 只发光二极管，每列 7 只发光二极管，共 35 个像素。发光颜色有红、绿、橙等。图 2-57 为 5×7 系列的外形及引脚排列。它由 ϕ5 的高亮度橙红色发光二极管组成，采用双列直插 14 引脚封装。不同型号内部接线及输出引脚的极性不同。图 2-58（a）、(b) 分别为两种不同的内部接线图，即共阳极结构和共阴极结构两种形式。共阳极结构是将发光二极管的正极接行驱动线，共阴极结构是将发光二极管负极接行驱动线。图 2-57（b）中的数字代表引脚序号。图 2-57（a）中，A~G 为行驱动端，a~e 是列驱动端。

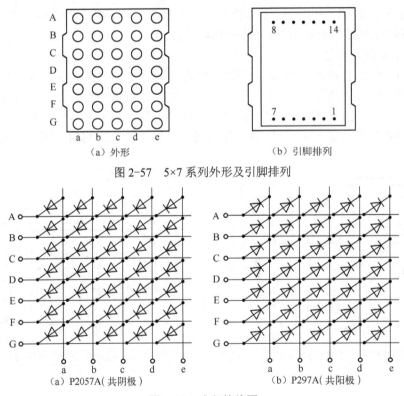

图 2-57 5×7 系列外形及引脚排列

图 2-58 内部接线图

2．检测与维修

1）检测行、列线

利用万用表或电池可检测出各发光二极管像素的发光状态，以判断好坏。先用万用表×10kΩ挡判别出共阴、共阳极（参见 LED 数码管的检测），并判别出行线和列线。对于共阴极类型，黑表笔所接为 a～e 列线；对于共阳极类型，红表笔所接为 a～e 列线。

2）判别发光效果 （以共阳极类型为例）

按图 2-59 中方法接线，图 2-59（a）为短接列引脚检测法，即将 a、b、c、d、e（13、3、4、11、10、6 引脚）短接合并为一个引出端 E，行引出脚用导线分别引出。测试时，将电池负极接 E 端，用正极依次去接触 A、B、C、D、E、F、G（9、14、8、5、12、1、7、2 引脚）行引脚的导线，相应的行像素应点亮发光。例如，当用正极线触碰 8 引脚时，C 行的五个像素应同时发光。

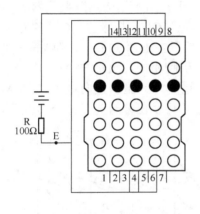 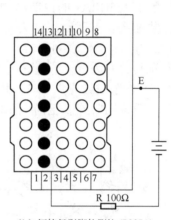

（a）短接列引脚检测法 (P297A)   （b）短接行引脚检测法 (P297A)

图 2-59 判别发光效果

图 2-59（b）为短接行引脚检测法，即将行引脚 A、B、C、D、E、F、G（9、14、8、5、12、1、7、2 引脚）用导线短接合并为一个引出端 E，将列引脚单独引出。测试时，将正极线接 E 端，用负极线去接触 a、b、c、d、e（13、3、4、11、10、6 引脚）列引脚的导线，相应的列像素应点亮发光。例如，当用红表笔接触 3 引脚时，b 列的 7 个像素应同时发光。

检测时，如果某个或某几个像素不发光，则器件的内部发光二极管已经损坏。若发现亮度不均匀，则表明器件参数的一致性较差。

检测共阴极 LED 点阵显示器的性能好坏时，与上述方法相同。只是在操作时，需将正、负极线位置对调。

注意：高亮度 LED 的测试电压应为 5～8V；否则，不能点亮 LED。

检修时，如确定某只或某排 LED 不发光，可拆开外壳，将坏管拆下，用相同直径和颜色的 LED 换上即可。注意极性不能接反。

2.7.2 彩色 LED 点阵显示器的工作原理与检测

1. 性能特点

彩色 LED 点阵显示器是一种新型显示器件,具有密度高、工作可靠、色彩鲜艳等优点,主要有双色和三色两种,非常适合组成彩色智能显示屏。彩色 LED 点阵显示器是以变色发光二极管为像素按照行与列的结构排列而成的。

国产彩色 LED 点阵显示器的典型产品型号有 BFJϕ30R/G(5×7)、BFJϕ5OR/G(8×8)、BS2188(ϕ5,8×8R/G)等。型号中的 ϕ3 和 ϕ5 表示所使用变色发光二极管的直径,OR、R、G 是英文单词缩写,分别代表橙红、红和绿三种颜色。

2. 基本工作原理

图 2-60 为 BFJϕ5OR/G 的内部结构。它是一个共阳极结构点阵显示器。其中,A~H 是行驱动线,共 8 条。列驱动线分为两组,橙红色(OR)与绿色(G)各为 8 条。A~H 代表行像素,a(a')~h(h')代表列像素。其发光原理以左上角 A 行、a 列的彩色像素为例加以说明。A 行的橙红色发光二极管的正极与 22 引脚相接,负极与 24 引脚之间施以正向电压时,(A、a)像素发红光;当 22 引脚和 23 引脚之间施以正向电压时,(A、a')像素则发出绿光;若两者同时施以正向电压时,则像素可发出复合光,显示橙红色。

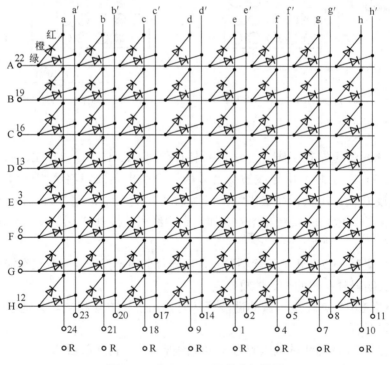

图 2-60 BFJϕ5OR/G 的内部结构

3. 检测

检测彩色 LED 点阵显示器的方法与检测单色 LED 的方法相同。可采用短接列或行的方法进行检查，只是操作时要稍烦琐一些，每个像素要测试 3 次，以检查相应的 3 种颜色显示是否正常。

先按检测单色 LED 点阵显示器的方法判别出各行、列及相应排列好坏，再按下述方法判别发光情况。

1) 短接列驱动线检测法

短接列驱动线检测电路如图 2-61 所示。

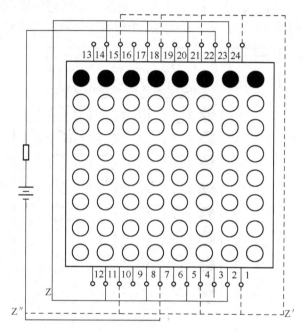

图 2-61　短接列驱动线检测电路

（1）检查发绿光情况

将列引出线 a′、b′、c′、d′、e′、f′、g′、h′（23、20、17、14、2、5、8、11）短接为一个引出端，设为 Z 端，将电池的负极接 Z 端，用电池的正极线依次去接触 A、B、C、D、E、F、G、H（22、19、16、13、3、6、9、12）端行驱动线，相应的 8 只行像素应同时发绿光。例如，电池的正极线触碰 22 引脚时，相应的 A 行 8 个像素应同时发出绿光。

（2）检查发红光情况

将列引出线 a、b、c、d、e、f、g、h（24、21、18、15、1、4、7、10）短接为一个引出端 Z′，电池的负极接 Z′端，用电池的正极线依次去接触 A、B、C、D、E、F、G、H（22、19、16、13、3、6、9、12）端行驱动线，相应的 8 只行像素应同时发红光。例如，电池的正极线触碰 22 引脚时，A 行的 8 个像素应同时发出红光。

(3) 检查发复合光 (橙红色) 的情况

在前两步检测的基础上, 将 Z 和 Z'两端短接后引出 Z″端, 即相当于把所有的列引出端均短接在一起。电池的负极接 Z″端, 用电池的正极线依次去接触 A、B、C、D、E、F、G、H (22、19、16、13、3、6、9、12) 端行驱动线, 相应的 8 只行像素应发橙红色光。

2) 短接行驱动线检测法

短接行驱动线检测电路如图 2-62 所示。

(1) 检查发绿光情况

将行驱动线 A、B、C、D、E、F、G、H (22、19、16、13、3、6、9、12) 短接合并一个引出端, 设为 Y, 电池的正极线接 Y 端, 电池的负极接线依次去接触 a'、b'、c'、d'、e'、f'、g'、h' (23、20、17、14、2、5、8、11) 列驱动线, 相应列像素应同时发绿光。例如, 当用电池的负极接 23 引脚 (X 端) 时, a 列的 8 个像素应同时发出绿光。

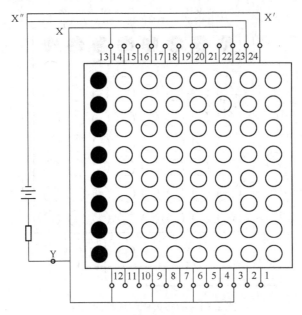

图 2-62 短接行驱动线检测电路

(2) 检查发红光情况

用电池的正极线, 接法与检查发绿光情况相同。用电池的负极线去接触列驱动线的 a、b、c、d、e、f、g、h (24、21、18、15、1、4、7、10) 端, 相应的列像素应同时发红光。例如, 当用电池的负极接 24 引脚 (X'端) 时, a 列的 8 个像素应同时发出红光。

(3) 检查发复合光 (橙色) 的情况

电池的正极线不变。将 X 和 X'两端短接 (即把 23 引脚与 24 引脚短路), 引出 X″端时, a 列的 8 个像素应同时发橙红色光。按此法将 20 引脚和 22 引脚、17 引脚和 18 引脚、14 引脚和 9 引脚、2 引脚和 1 引脚、5 引脚和 4 引脚、8 引脚和 7 引脚、11 引脚和 10 引脚分别短接后进行测试, 相对应的 b、c、d、e、f、g、h 列的像素均应分别发出橙红色光。

使用高亮度 LED 时注意测试电压应为 5~8V, 否则不能点亮 LED。

（4）快速检测方法

将所有行线短接、列线短接，电池正极接行线，负极接列线，检查发光情况，此时所有发光二极管应全部发光。如果某点不发光或某行、某列不发光，则说明 LED 点阵是坏的。

4．常用 LED 点阵模块编号及参数

LED 点阵模块是组成显示屏的基本单元，各厂家生产的模块参数有所不同，现以李洲公司的产品为例进行介绍。

LED 阵列显示器名称编号：

TOM- 2 0 8 8 A B S- 1 N
　① 　②③④⑤⑥⑦⑧ ⑨⑩

其中各部分字母数字的含义如下。

① 李洲公司代号。

② 阵列显示器（Matrix）。

③ 型号。

④ 列数。

⑤ 行数。

⑥ 反射器：A—高反射器。

⑦ 驱动连接方式：

A、C、E……共阴极连接；

B、D、F……共阳极连接。

⑧ 颜色编码：

R—亮红； H—高亮红； S—超高亮红；

G—绿； E—橙； K—高亮橙；

Y—黄； B—蓝； Z—超亮黄；

A—琥珀色； EG、RGB—多色。

⑨ 引脚长度：

0—13.0mm； 1—8.3mm；

2—12.0mm； 3—12.8mm；

4—15.0mm； 5—17.76mm；

6—21.0mm； 7—33.0mm；

8—11.8mm； 9—扁引线。

⑩ 反射器颜色/环氧树脂球头颜色：

B—黑/白； H—蓝/白； E—灰/红； G—灰/绿； Z—黑/黄；

A—红/红； D—黑/红； F—黑/绿； Y—灰/黄； N—灰/白；

R—红/白； 无—常规反射器。

点阵模块的光电参数如表 2-16 所示。

器件的发光强度等级，在器件底面上用一个 BIN 编码进行说明，BIN 编码如表 2-17 所示。

表 2-16 点阵模块的光电参数

参数名称	符号	器件类型	典型值	最大值	单位	测试条件
正向压降	U_F	红（GaP）	2.25	2.5	V	I_F=20mA
		高亮红（GaAlAs/GaAs）	1.8	2.0		
		超高亮红（GaAlAs/GaAs）	1.8	2.0		
		橙（GaAsP/GaP）	2.1	2.4		
		高亮橙（GaAlAs/GaAs）	1.8	2.0		
		绿（GaP）	2.2	2.5		
		黄（GaAsP/GaP）	2.1	2.4		
峰值波长	λ_P	红（GaP）	700		nm	I_F=20mA
		高亮红（GaAlAs/GaAs）	660			
		超高亮红（GaAlAs/GaAs）	660			
		橙（GaAsP/GaP）	630		nm	I_F=20mA
		高亮橙（GaAlAs/GaAs）	648			
		绿（GaP）	570			
		黄（GaAsP/GaP）	585			
半宽度谱	A_λ	红（GaP）	90		nm	I_F=20mA
		高亮红（GaAlAs/GaAs）	20			
		超高亮红（GaAlAs/GaAs）	20			
		橙（GaAsP/GaP）	35			
		高亮橙（GaAlAs/GaAs）	20			
		绿（GaP）	30			
		黄（GaAsP/GaP）	35			
反向漏电流	I_R	红（GaP）		20	μA	U_F=5V
		高亮红（GaAlAs/GaAs）		20		
		超高亮红（GaAlAs/GaAs）		20		
		橙（GaP）		20		
		高亮橙（GaAlAs/GaAs）		20		
		绿（GaP）		20		
		黄（GaAsP/GaP）		20		
平均发光强度	I_V	红（GaP）	500		mcd	I_F=20mA
		高亮红（GaAlAs/GaAs）	3500			
		超高亮红（GaAlAs/GaAs）	6000			
		橙（GaAsP/GaP）	2500			
		高亮橙（GaAlAs/GaAs）	3500			
		绿（GaP）	2500			
		黄（GaAsP/GaP）	2000			
发光率	IV-M			1.5∶1		I_F=20mA

表 2-17 BIN 编码

BIN	A	B	C	D	E	F	G	H	I	M	N
发光强度/mcd	0～464	465～650	651～910	911～1274	1275～1785	1786～2500	1501～3500	3501～4715	4716～6144	6145～7985	7986～10383
BIN	P	R	S	T	Y	V	W	X	Y	Z	
发光强度/mcd	10384～13499	13500～17549	17550～22814	22815～29659	29660～37074	37075～45344	45345～57930	57931～72413	72414～90517	90518～113145	

发光强度是用光敏传感器与滤色片组合进行测试的，基本符合 CIE 规定。器件的最大允许工作值如表 2-18 所示。

表 2-18 器件的最大允许工作值

参　　数	红	高亮红	超亮红	橙	高亮橙	绿	黄	单　位
反向压降 U_F	2	2	5	5	5	5	5	V
正向电流 I_F	25	25	25	25	25	25	25	mA
峰值电流 I_F	150	150	150	150	150	150	150	mA
耗散功率 P_T	120	105	100	105	105	105	105	mW
运用温度 T_A	−40～+85	−40～+85	−40～+85	−40～+85	−40～+85	−40～+85	−40～+85	℃
存储温度 T_S	−40～+85	−40～+85	−40～+85	−40～+85	−40～+85	−40～+85	−40～+85	℃

李洲 LED 阵列器件型号如表 2-19 所示，对应的器件外形及接线图如图 2-63～图 2-70 所示。

表 2-19 李洲 LED 阵列器件型号

直径/mm	行列数	产品型号	说　明	图　号	直径/mm	行列数	产品型号	说　明	图　号
ϕ1.9	8×8	788AX	RC	T-1		4×4	2044AX	RC	T-19
	8×8	788BX	RA	T-1		4×4	2044BX	RA	T-19
	8×8	788AEG	RC	T-1		8×8	2088CX	RC	T-11
	8×8	788BEG	RA	T-1		8×8	2088DX	RA	T-11
ϕ3.0	8×8	1088AX	RC	T-2	ϕ5.0	8×8	2088ABG	RC	T-12
	8×8	1088BX	RA	T-2		8×8	2088BEG	RA	T-12
	8×8	1088CX	RC	T-2		8×8	2088CEG	RC	T-13
	8×8	1088DX	RA	T-2		8×8	2088DBG	RA	T-13
ϕ3.7	8×8	1588AX	RC	T-3		8×8	2088GEG	RC	T-14
	8×8	1588BX	RA	T-3		8×8	2088HEG	RA	T-14
	8×8	1588CX	RC	T-4		8×8	5188AX	RC	T-15
	8×8	1588DX	RA	T-4	ϕ5.0	8×8	5188BX	RA	T-15
ϕ3.0	8×8	1088CEG	RC	T-5		8×8	5188AEG	RC	T-16
	8×8	1088DEG	RA	T-5		8×8	5188BBG	RA	T-16
ϕ3.7	8×8	1588AEG	RC	T-6		4×4	4044AX	RC	T-20
	8×8	1588BEG	RA	T-6		4×4	4044BX	RA	T-20
ϕ4.8	8×8	1988AX	RC	T-7	ϕ20	4×4	4044AEG	RC	T-21
	8×8	1988BX	RA	T-7		4×4	4044BEG	RA	T-21
	8×8	1988CX	RC	T-8	ϕ16	16×16	D1216CX	RC	T-17
	8×8	1988DX	RA	T-8		16×16	D1216DX	RA	T-17
	8×8	1988AEG	RC	T-9	ϕ18	16×16	D1516AX	RC	T-18
	8×8	1988BEG	RA	T-9		16×16	D1516BX	RA	T-18
		1988CEG	RC	T-8					
		1988DEG	RA	T-8					
		1988AEGB	RC	T-10					
		1988BEGB	RA	T-10					

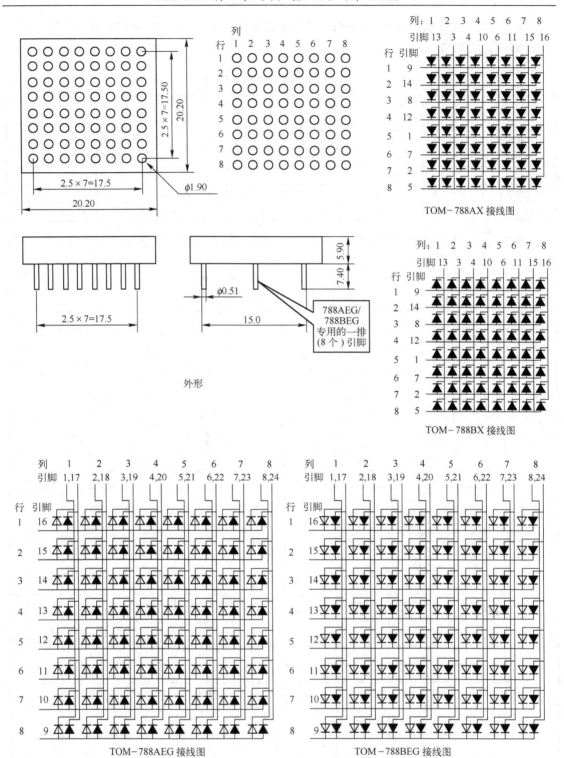

图 2-63 TOM-788AX/BX/AEG/BEG 外形及接线图

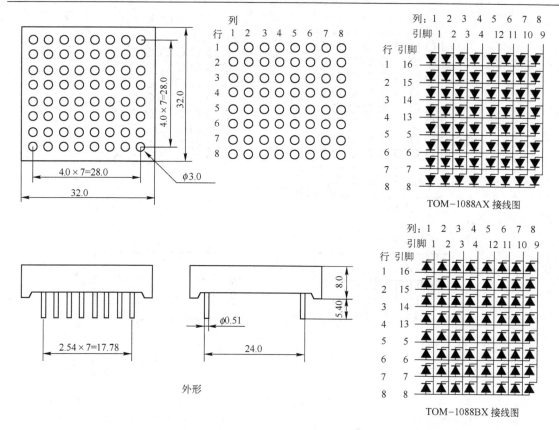

图 2-64 TOM-1088AX/BX 外形及接线图

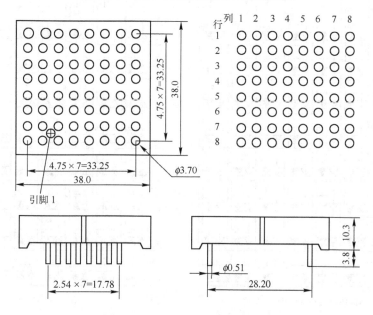

图 2-65 TOM-1588AX/BX 外形
(TOM-1588AX/BX 的接线图与 TOM-788AX/BX 相同)

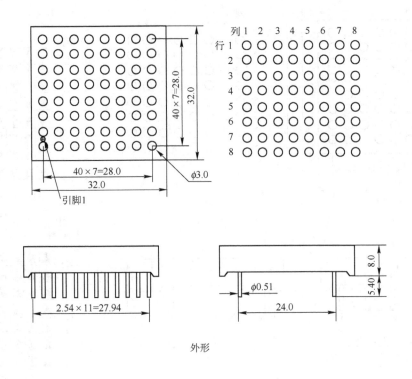

外形

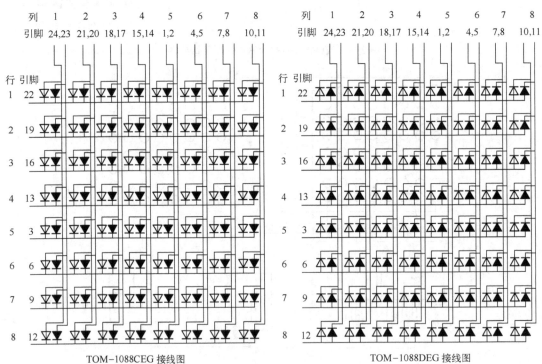

图 2-66 TOM-1088CEG/DEG 外形及接线图

第2章 电子元器件的检测

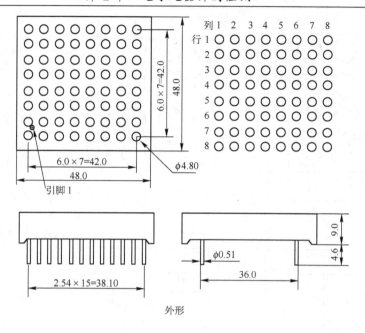

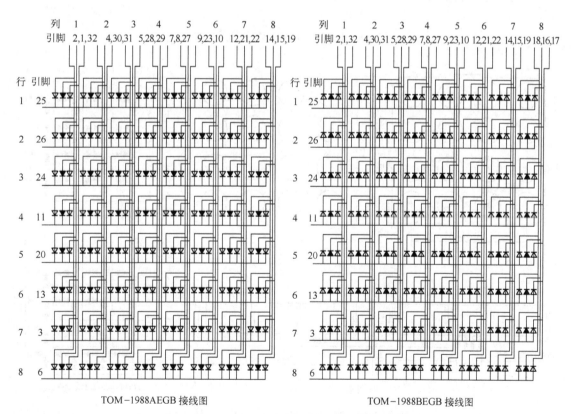

TOM-1988AEGB 接线图　　　　　　　　TOM-1988BEGB 接线图

图 2-67　TOM-1988AEGB/BEGB 外形及接线图

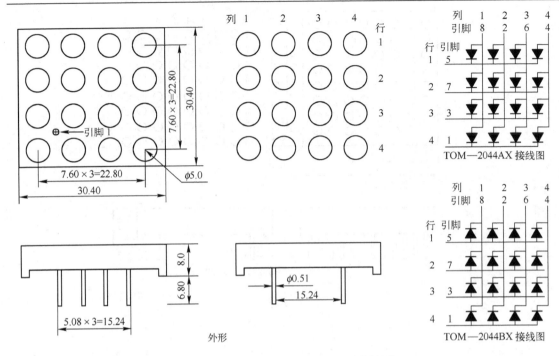

图 2-68 TOM-2044AX/BX 外形及接线图

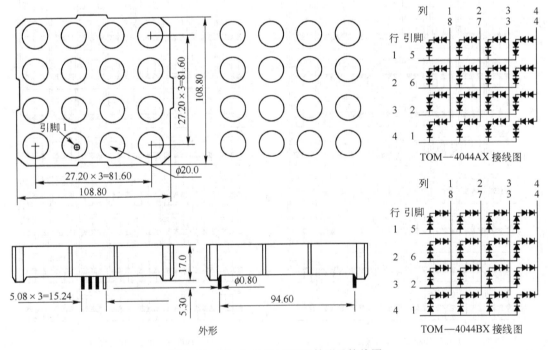

图 2-69 TOM-4044AX/BX 外形及接线图

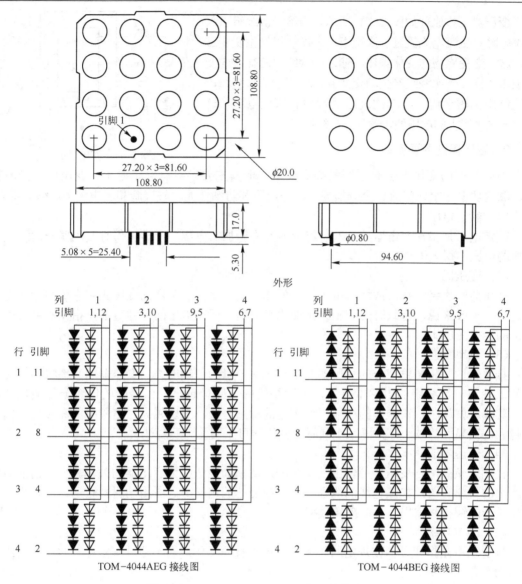

图 2-70 TOM-4044AEG/BEG 外形及接线图

2.8 变压器的结构与检测

2.8.1 降压变压器的结构与检测

变压器检测视频参见前言中的网址

1. 变压器的工作原理

变压器通常包括两组以上的绕组,分为一次绕组和二次绕组。利用互感原理(一次绕组电流变动通过磁场作用使二次绕组产生感应电动势)制成。变压器也是一个常用元件。

变压器工作原理如图 2-71 所示。当给一次绕组通入交流电时,交流电流流过一次绕组,一次绕组产生交变磁场,这一交变磁场的变化规律与输入一次绕组的交流电变化规律一样。一次绕组产生的交变磁场作用于二次绕组,二次绕组由磁至电,在二次绕组两端便有感生电压。这样,一次绕组上的电压便传输到二次绕组了。

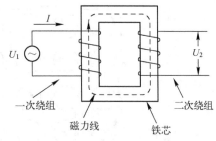

图 2-71 变压器工作原理

2. 变压器的主要参数

不同类型的变压器会有不同的参数要求,但其主要参数有额定电压、变压比、频率特性、额定功率、空载电流、空载损耗、绝缘电阻和防潮性能、磁屏蔽和静电屏蔽、效率等。

(1)额定电压

额定电压是指在变压器的一次绕组上所允许施加的电压,正常工作时变压器一次绕组上施加的电压不得大于规定值。

(2)变压比

变压器一次绕组与二次绕组电压的比值称为变压比。变压器的变压比有空载和加载变压比之分。一般来说,空载时的变压比比加载时要大。厂家给出的标称值都是指在额定负载条件下的加载变压比。

(3)频率特性

频率特性是指传输信号的变压器对不同频率分量的传输能力。变压器的频率特性,在频率的低端与一次绕组的电感量有关,一次绕组的电感量越小,信号中的低频分量损耗就越大,其幅度就越小;在频率的高端与变压器的漏感有关,漏感越大,信号中的高频分量损耗就越大,其幅度就越小。为了减小漏感,变压器可采用无漏感绕法。

(4)变压器的效率

在额定负载时,变压器的输出功率与输入功率的比值称为变压器的效率。变压器的效率与所用的材料有关,如漆包线的线径、铁芯或磁芯的选材等。所用的材料合适,可以大大减小变压器的铜损和铁损,从而提高效率。

(5)额定功率

额定功率是指变压器在规定的频率和电压下长期工作,而不超过规定温升时一次绕组输出的功率。

(6)绝缘电阻

绝缘电阻表示变压器各绕组之间、各绕组与铁芯之间的绝缘性能。绝缘电阻的高低与所使用的绝缘材料的性能、温度高低和潮湿程度有关。

(7)空载损耗

当变压器二次绕组开路时,在一次绕组测得的功率损耗即空载损耗。

(8)空载电流

当变压器二次绕组开路时,一次绕组中仍有一定的电流,这个电流称为空载电流。空载电流由磁化电流(产生磁通)和铁损电流(由铁芯损耗引起)组成。对于 50Hz 电源变压器,空载电流基本上等于磁化电流。

3. 变压器的种类及符号

变压器可以根据其工作频率、用途及铁芯形式等进行分类。

按工作频率可分为高频变压器、中频变压器和低频变压器；按用途可分为电源变压器（包括电力变压器）、音频变压器、脉冲变压器、恒压变压器、耦合变压器、自耦变压器、升压变压器、隔离变压器、输入变压器、输出变压器等；按铁芯（磁芯）形式可分为"EI"形变压器（"E"形变压器）、"C"形变压器和"山"形变压器。

变压器电路图形符号如图 2-72 所示。

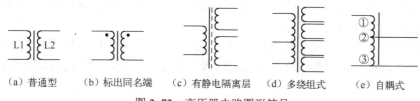

(a) 普通型　(b) 标出同名端　(c) 有静电隔离层　(d) 多绕组式　(e) 自耦式

图 2-72　变压器电路图形符号

图 2-72（a）为带铁芯（磁芯）普通型变压器电路图形符号，它有两组绕组 L1、L2，其中 L1 为一次绕组，L2 为二次绕组。一次绕组用来输入交流电流，二次绕组则用来输出电流。

图 2-72（b）为标出同名端的变压器电路图形符号，它用黑点表示线圈的同名端，这表明一次绕组、二次绕组上端的信号相位是同相的，即当一端电压升高时，另一端电压也升高；一端电压下降时，另一端电压也下降。

图 2-72（c）为一次绕组、二次绕组之间带有静电隔离层的变压器电路图形符号，虚线表示一次绕组和二次绕组之间的隔离层，实线表示铁芯。

图 2-72（d）为多绕组变压器电路图形符号，二次侧有多个绕组抽头。

图 2-72（e）为自耦变压器电路图形符号。①-②之间为一次绕组，②-③之间为二次绕组，③端为线圈①-②的一个抽头。

4. 变压器的外形与结构

变压器的外形与结构如图 2-73 所示。构成变压器的部件一般有一次绕组、二次绕组、铁芯、线圈骨架、外壳等。

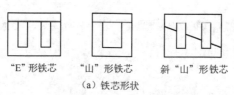

"E"形铁芯　"山"形铁芯　斜"山"形铁芯

(a) 铁芯形状

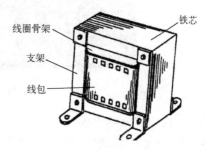

(b) 变压器外形　　　　　　　　　　　(c) 变压器的结构

图 2-73　变压器的外形与结构

线圈是绕在骨架上的，用漆包线绕制而成。不同用途的变压器，对漆包线的规格要求也不相同。

铁芯是用来提供磁路的，它的常用形状有"E"形和"山"形等。为了减小涡流损耗，每一片铁芯都很薄且涂上绝缘，将一片片铁芯叠压起来形成变压器的铁芯。在很多变压器中已普遍采用整体的铁氧体等材料制成的磁芯来取代这种叠片式铁芯，其作用是一样的。

线圈骨架用塑料制成，线圈绕在骨架上。骨架一方面支撑着线圈，另一方面也可以起到线圈与铁芯之间的绝缘作用。

外壳是铁质的，它包在整个线圈的外面，有的只包在铁芯外面。外壳的作用主要是用来防止变压器产生漏磁，以免影响电路中相关元器件的正常工作，同时也可以用来将变压器固定在线路板上。

5．变压器的识别与检测

在电路原理图中，变压器通常用字母 T 表示，如 T1 表示编号为 1 的变压器。

首先可以通过观察变压器的外貌来检查是否有明显的异常，如线圈引线是否断裂、脱焊，绝缘材料是否有烧焦痕迹，铁芯紧固螺钉是否松动，硅钢片有无锈蚀，绕组线圈是否外露等。

1）线圈通断的检测

将万用表置于×1Ω挡，测量线圈绕组两个接线端子之间的电阻值。若某个绕组的电阻值为无穷大，则说明该绕组有断路故障；如果阻值很小，则为短路故障，如图 2-74 所示。此时不能测量空载电流。

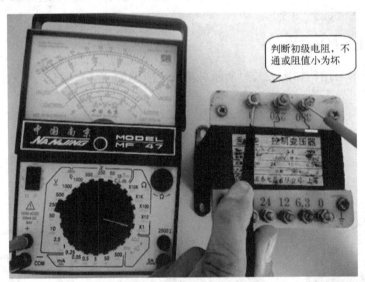

图 2-74　变压器线圈通断的测量

2）一次、二次绕组的判别

电源变压器一次绕组引脚和二次绕组引脚通常是分别从两侧引出的，并且一次绕组多标有 220V 字样，二次绕组则标出额定电压值，如 6V、9V、12V 等。对于降压变压器，一次绕组电阻值通常大于二次绕组电阻值，一次绕组漆包线比二次绕组细，如图 2-75 所示。

图 2-75　一、二次绕阻阻值的测量

3）绝缘性能的检测

用兆欧表（若无兆欧表，则可用指针式万用表的×10kΩ挡）分别测量变压器铁芯与一次绕组、一次绕组与各二次绕组、铁芯与各二次绕组、静电屏蔽层与一、二次绕组、二次绕组各绕组间的电阻值，应大于 100MΩ或表针指在无穷大处不动；否则，说明变压器绝缘性能不良，如图 2-76 所示。

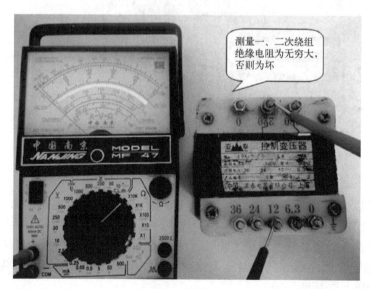

图 2-76　绝缘性能的检测

4）空载电流的检测

将二次绕组全部开路，把万用表置于交流电流挡（通常 500mA 挡即可），并串入一次绕组中。当一次绕组的插头插入 220V 交流市电时，万用表显示的电流值便是空载电流值。此值不应大于变压器满载电流的 10%～20%，如果超出太多，说明变压器有短路故障。

5) 同名端的判别

在使用电源变压器时，有时为了得到所需的二次电压，可将两个或多个二次绕组串联起来使用。采用串联法使用电源变压器时，进行串联的各绕组的同名端必须正确连接；否则，变压器将烧毁或不能正常工作。接下来介绍判别同名端的方法。在变压器任意一组绕组上连接一个 1.5V 的干电池，然后将其余各绕组线圈抽头分别接在直流毫伏表或直流毫安表的正负端。无多只表时，可用万用表依次测量各绕组。接通 1.5V 电源的瞬间，表的指针会很快摆动一下，如果指针向正方向偏转，则接电池正极的线头与电表正接线柱的线头为同名端；如果指针反向偏转，则接电池正极的线头与接电表负接线柱的线头为同名端。另外，在测试时还应注意以下两点。

（1）若电池接在变压器的升压绕组（匝数较多的绕组），电表应选用小的量程，使指针摆动幅度较大，以利于观察；若变压器的降压绕组（匝数较少的绕组）接电池，电表应选用较大量程，以免损坏电表。

（2）接通电源的瞬间，指针会向某一个方向偏转，但断开电源时，由于自感作用，指针将向相反方向倒转。如果接通和断开电源的间隔时间太短，很可能只看到断开时指针的偏转方向，而把测量结果搞错。所以接通电源后要等几秒钟后再断开电源，也可以多测几次，以保证测量结果的准确性，如图 2-77 所示。

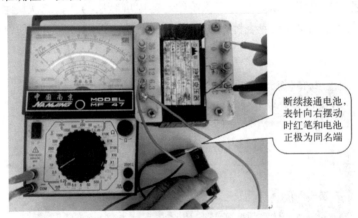

图 2-77 同名端的检测

另外，还可以应用直接通电法判别，即将变压器一次绕组接入电路，测出二次各绕组电压，将任意两绕组的任意端接在一起，用万用表测另两端电压，如果等于两绕组之和，则接在一起的为异名端；如果低于两绕组之和（若两绕组电压相等，则可能为 0V），则接在一起的两端或两表笔端为同名端。其他以此类推（测量中应注意，不能将同一绕组两端接在一起；否则，会短路，烧坏变压器）。

6) 空载电压的检测

将电源变压器的一次绕组接 220V 市电，用万用表交流电压依次测出各绕组的空载电压值，应符合要求值，允许误差范围：高压绕组≤±10%，低压绕组≤±5%，带中心抽头的两组对称绕组的电压差应≤±2%，如图 2-78 所示。

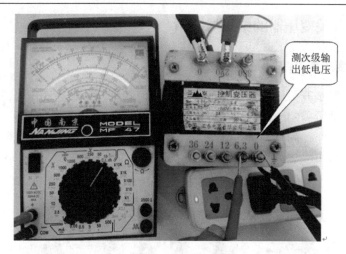

图 2-78 空载电压的检测

6．变压器的修理

变压器常见的故障为一次绕组烧断（开路）或短路；静电屏蔽层与一次绕组或二次绕组间短路；二次绕组匝间短路；一次绕组、二次绕组与地短路。

当变压器损坏后可直接用同型号代用，代用时应注意功率和输入、输出电压。有些专用变压器还应注意阻抗。如果无同型号时，可采用下述方法维修。

1）绕制

当变压器损坏后，可以拆开自己绕制。首先给变压器加热，拆出铁芯，再拆出线圈（尽可能保留原骨架）。记住一次绕组、二次绕组的匝数及线径，找到相同规格的漆包线，用绕线机绕制，并按原接线方式接线，再插入硅钢片加热，浸上绝缘漆，烘干即可。

由于小型变压器一次绕组匝数较多，计数困难，可采用天平称重法估算匝数。即拆线圈时，先拆除二次绕组，将骨架与一次绕组在天平上称出质量（如 100 克），再拆除线圈（也可拆除线圈后，直接称出一次绕组、二次绕组质量），当重新绕制时，用天平称重，到 100 克时，即基本为原线圈匝数（经此法绕制的变压器，一般不会影响其性能）。

2）绕组与地短路的修理

绕组与静电隔层或铁芯短路时，可将电源变压器与地隔离，变压器即可恢复正常工作。

（1）电源变压器的绕组与静电隔离层短路，只要将静电隔离层与地的接头断开即可。

（2）电源变压器的绕组与铁芯短路，可用一块绝缘板将变压器与地隔离开。

用上述应急的方法可不必重绕变压器。但由于静电隔离层不起作用，有时会出现杂波干扰的现象。此时可在电源变压器的一次绕组或二次绕组并联一个零点几μF/（400～600V）的无极固定电容器解决，或者在电源电路上增设 RC 或 LC 滤波网络解决。

有些电源变压器一次绕组一端串有一只片状保险电阻，该电阻极易烧断开路，从而造成电源变压器一次绕组开路不能工作，通常可取一根导线将其两端短接焊牢即可。

2.8.2 电源开关变压器的结构与检测

1. 电源开关变压器的结构

电源开关变压器是开关稳压电源中的重要元件，它是一种脉冲变压器。其作用是进行功率传送，为整机提供所需的电源电压，以及实现输入与输出的可靠电隔离。电源开关变压器采用铁氧体磁芯，工作在高频率中，所以工作效率高，广泛应用于各种电器电源开关中。电源开关变压器的外形如图 2-79 所示。

图 2-79　电源开关变压器的外形

2. 开关变压器的检测和修复

首先应从外表来观察，看其是否太脏，各引脚间是否有污物（因有些电源开关变压器各引脚间距很小，碰到气候或环境潮湿，极易打火），同时注意观察电源开关变压器外表面有无击穿的痕迹。

用万用表测量其电阻值，判断线圈是否正常，是否有断路现象。将万用表置×1Ω挡（最好使用数字式万用表），按照电源开关变压器的各绕组的引脚排列图，逐组进行通断检测，若发现该通的绕组不通，则多是引脚断裂或接触不良造成的，可视情况进行修理。

注意：测量线圈通断时，应将被测电源开关变压器从印制电路板上取下进行。

对于绕组短路较为严重的电源开关变压器，用万用表×1Ω挡通常是可进行判断的。一般在彩色 LED 整机电路图上均将电源开关变压器各绕组间的直流铜阻直接标出，图 2-80 为电源开关变压器各绕组间的铜阻。

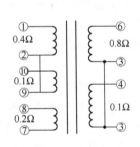

图 2-80　电源开关变压器各绕组间的铜阻

检测时，按如图 2-80 所示逐一测出各绕组的电阻值，并进行比较，作出有无内部短路故障的判断。这种方法只是一种估测，对于有些轻微短路的电源开关变压器，尽管所测直流铜阻值无太大的偏差，但由于匝间绝缘击穿或层间绝缘击穿，装入电路使用时往往不能正常工作。

对于短路较为严重的电源开关变压器也可测出。测量时可用数字式万用表，根据绕组匝数及使用的线径，查出漆包线每千米的阻值，经过比较，就能发现是否有短路故障，但这只是粗略的测量，有些电源开关变压器尽管直流电阻差不多，但由于匝间绝缘击穿，或者层间绝缘击穿，装入电路往往不能正常工作，可采用替换法来进行判断。

电源开关变压器各绕组之间的电阻应为∞，各绕组和磁芯（铁芯）之间的电阻也应该是∞。

电源开关变压器损坏，在无配件的情况下可以绕制。由于电源开关变压器引脚较多，在拆线圈时应注意记下各绕组头尾在哪一引脚上，以及线径、匝数等，以防弄错。漆包线应选用高强度漆包线，磁芯可以用原来的，各绕组之间的绝缘材料，应选用耐压 500V 以上的高压聚酯薄膜。

电源开关变压器理想的耦合状态，是将一次绕组的磁通百分之百地耦合到二次绕组，使漏感等于零。事实上这是不可能的。一方面磁芯留有气隙，另一方面是一次绕组、二次绕组间不可能耦合得那样紧密，所以漏感是不可避免的，但不允许过大，否则将造成尖峰脉冲过大而击穿开关管。在绕组中产生漏感的大小，主要取决于一次绕组、二次绕组间的距离，所以在绕制绕组时，应尽量使它们之间的距离近些。下面介绍具体的绕制方法。

（1）双线并绕法。将一次绕组、二次绕组两组漆包线合起来并绕。这样，一次绕组、二次绕组线间距离最小，可使漏感减小到最小值。但这种方法不便于绕制，而且两线间耐压值较低。

（2）逐层间绕法。为克服并绕法耐压低的缺点，并减少绕制上的困难，可采用一次绕组、二次绕组分层间绕法，即 1、3、5 等奇数层绕一次绕组，2、4、6 等偶数层绕二次绕组。这种绕法既可保持一次绕组、二次绕组间的紧耦合，又可在一次绕组、二次绕组间垫聚酯薄膜，以提高绝缘程度，但需用专用的绕线机，否则每层都有一个接头。

（3）夹层式绕法。这种绕法是逐层间绕法的简化，它把二次绕组绕在一次绕组的中间，一次绕组分两次绕。这种绕法只在一次绕组多一个接头，工艺较简单，便于批量生产，它的漏感比前两种绕法大些。

（4）平常绕法。所谓平常绕法就是同一般电源开关变压器一样，一个绕组一个绕组地绕，绕组之间加绝缘材料，然后将各线圈引线对号入座焊在原引脚上，这种绕法简单，便于在业余条件下的绕制，但漏感较大。

对绕制的电源开关变压器进行检查。将电源开关变压器装上电路板，接通电源，调节自耦变压器，使 LED 整流端输出 50～80V 的直流电压，观察电源开关是否能起振。如果起振，便会有电压输出；否则，说明电源未起振，应找出原因，特别要注意电源开关变压器的引脚编号是否接错，可将反馈线圈两头对调，看电路能否起振。如果没接错，可用示波器观察一下是否有寄生振荡，脉冲波形是否正常。如符合要求，可调节自耦变压器，使输出电压逐渐升高。当升至 220V 时，稳压电源的输出电压应符合额定值。如有差异，可调节取样电阻加以解决。与此同时，应注意检查开关调整管和开关变压器的温升是否正常。如发现异常，应迅速关机，查找原因。如果是电源开关变压器的原因，可能是绕制的开关变压器的漏感和分布电容过大，可在电源开关变压器的一次侧用一只电阻器与一只电容器串联后再并入，组成一个阻尼网络；

也可以在二次侧加接一个由电阻器和电容器串联组成的网络,用来阻尼开关变压器一次绕组、二次绕组的振荡。

2.9 集成电路的识别与应用

现代电器中,广泛应用集成电路。集成电路的优点很多,尤其是在 LED 驱动电路中,由于使用了集成电路,减少了大量分立元件,因此使电路更简单,也更稳定。集成电路的英文名称是 Integrated Circuit,其缩写是 IC。集成电路内部是由特殊工艺制造出的众多元件,并将它们按一定的电路程序连接起来,实现所需要的电路功能。在内电路中不能制造的元件,如大阻值电阻器、电容器、电感器等,则通过引脚在外电路中连接。

2.9.1 集成电路的种类及引脚识别

1. 集成电路的种类

电器中应用的集成电路的种类很多,习惯上按集成电路所起的作用来划分:(1)专用电器集成电路,如 LED 专用驱动电路;(2)工业电器集成电路;(3)通用集成电路(如一些通用数字电路中的基本门电路及运放集成电路)。LED 中常用集成电路外形如图 2-81 所示。

图 2-81　LED 中常用集成电路外形

2. 集成电路的引脚分布

集成电路的引脚数目不等,有的只有 3～4 根,有的则多达几十至几百根,在维修中对引脚的识别是相当重要的。在原理图中,只标出集成电路的引脚顺序号,如通过阅读电原理图知道 5 引脚是负反馈引脚,要在集成电路实物中找到第 5 引脚,则先要了解集成电路的引脚分布规律。这里顺便指出,各种型号的各引脚作用是不相同的,而引脚分布规律则是相同的。

根据集成电路封装和引脚排列的不同,集成电路的引脚分布规律可以分成以下 5 类。

1)单列集成电路

单列集成电路的引脚分布规律如图 2-82 所示。单列集成电路的引脚按"一"字形排列。

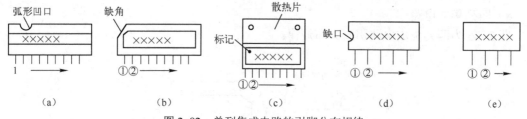

图 2-82 单列集成电路的引脚分布规律

如图 2-82（a）所示，集成块左上侧有一个凸块或凹口，说明左下脚第一根引脚为①引脚，依次从左向右为①、②……各引脚。如图 2-82（b）所示，集成块左侧有一个缺角；如图 2-82（c）所示，集成块左侧有一个凹坑；如图 2-82（d）所示，集成块左侧有一个缺口；如图 2-82（e）所示，集成块没有标记，将集成块正面放置（型号正面对着自己），从左端起向右依次为①、②……各引脚。

2）双列集成电路

图 2-83 是双列集成电路的引脚分布规律。双列集成电路的引脚以两列均匀分布。

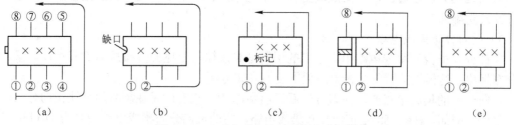

图 2-83 双列集成电路的引脚分布规律

如图 2-83（a）所示，集成块左侧有一个标记，此时左下角为第一根引脚①，按逆时针方向数，依次为①、②、③……各引脚。如图 2-83（b）所示，集成块左侧有一个缺口；如图 2-83（c）所示，集成块有凹坑；如图 2-83（d）是陶瓷封装双列集成电路；如图 2-83（e）所示，集成块没有标记，将集成块正面放置（型号正面对着自己），左下角为第一根引脚①，按照逆时针方向排列，依次为①、②、③……各引脚。

3）圆顶封装集成电路

圆顶封装的集成电路采用金属外壳，外形像一个三极管，如图 2-84 所示。从图中可以看出，将凸键向上放，以凸键为起点，顺时针方向依次排列。

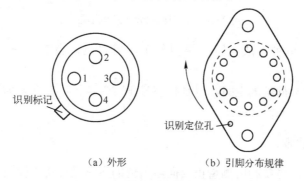

（a）外形　　（b）引脚分布规律

图 2-84 圆顶封装的集成电路

4）四列集成电路

图 2-85 为四列集成电路引脚分布规律。

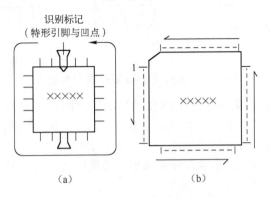

图 2-85　四列集成电路引脚分布规律

从图 2-85 可以看出，在集成块上有一个记号，表示出第一根引脚的位置，然后依次按逆时针方向排列。

5）反向分布集成电路

在部分（很少）集成电路中，它们的引脚分布规律与上述的分布规律恰好相反，采用反向分布规律，这样做的目的是在电路板上反面安装方便。

反向分布的集成电路通常在型号最后标出字母 R，也有的是在型号尾部比正向分布的多一个字母。例如，HA1368 是正向分布集成电路，它的反向分布集成电路型号为 HA1368R，这两种集成电路的功能、引脚数、内电路结构等均一样，只是引脚分布规律相反。在双列和单列集成电路中均有反向引脚分布的例子，如图 2-86 所示。

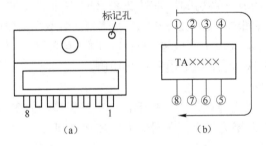

图 2-86　引脚反向分布规律示意图

图 2-86（a）为单列集成电路，将型号正对着自己，自右向左依次为①、②……各引脚。

图 2-86（b）为双列集成电路，也是将型号正对着自己，左上角为第一根引脚①，顺时针方向依次为①、②……各引脚。

3．集成电路的检修

检修集成电路时，主要利用测量正反向电阻值的方法进行初步检测（有关集成电路引脚电阻值应参见专用集成电路资料），也可以应用在线测量电压法检查集成电路的好坏（参见相关图纸及集成电路资料)。

集成电路损坏后,一般需更换同型号集成电路。有些集成电路也可以根据内电路资料进行修复,但要求修理人员有一定无线电基础。集成电路在应用时,应注意引脚不能接错;应注意其极限参数,不能超限使用;焊接时应注意温度不能过高,引脚不能焊连。

2.9.2 LED 中集成电路的应用

集成电路很多,下面介绍 LED 中常用的集成电路。

1. 图文屏用驱动集成电路 74LS595

74LS595 的外形及内部结构如图 2-87 所示。它的输入侧有 8 个串行移位寄存器,每个移位寄存器的输出都连接一个输出锁存器。引脚 SER 是串行数据的输入端。引脚 SRCLK 是移位寄存器的移位时钟脉冲,在其上升沿发生移位,并将 SER 的下一个数据送入最低位。移位后的各位信号出现在各移位寄存器的输出端,也就是输出锁存器的输入端。RCLK 是输出锁存器的输入信号,其上升沿将移位寄存器的输出输入输出锁存器。引脚 $\overline{E}$ 是输出三态门的开放信号,只有当其为低时,锁存器才开放;否则,为高阻态。$\overline{SRCLK}$ 是移位寄存器的清零输入端,当其为低时,移位寄存器的输出全部为零。因为两个信号 SRCLK 是互相独立的,所以能够使输入串行移位与输出锁存互不干扰。芯片的输出端为 Q0~Q7,最高位 Q7 可作为多片 74LS595 级联应用时向上一级的级联输出。但因 Q7 受输出锁存器输入控制,因此还从输出锁存器前引出了 Q7,作为与移位寄存器过错全同步的级联输出。

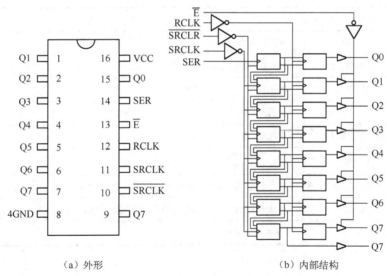

图 2-87 74LS595 的外形及内部结构

2. 视频屏驱动集成电路

1) ZQ9726 系列集成电路

ZQ9726A(宽体)/ZQ9726B(窄体)是专门为 LED 显示屏应用设计的专用集成电路,

其外形如图 2-88 所示。其芯片有 16 个恒流驱动输出通道，带有移位寄存器和输出锁存功能，芯片输出驱动电流可以由一个外接电阻器设定，驱动电流最高可达 45mA。单个 IC 内输出通道之间的电流差异小于±3%，多个 IC 间的电流输出差异小于±6%；电流随着输出端耐受电压（VDS）变化被控制在每伏特 0.1%以内，并且电流受供电电压（VDD）、环境温度的变化也被控制在 1%以内。ZQ9726 A（宽体）/ZQ9726B（窄体）的设计保证其输出级可耐压8V，因此可以在每个输出端串接多个 LED。此外，ZQ9726A（宽体）/ZQ9726B（窄体）还提供 25MHz 的高时钟频率，以满足系统对大量数据传输的需求。

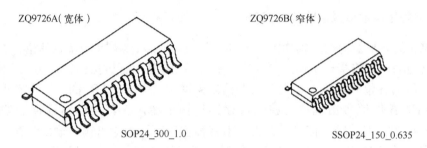

图 2-88　ZQ9726 系列集成电路

ZQ9726 系列集成电路引脚功能如表 2-20 所示。其内部结构如图 2-89 所示。ZQ9726 应用电路如图 2-90 所示。

表 2-20　ZQ9726 系列集成电路引脚功能

引 脚 号	引 脚 名 称	功 能 描 述
1	GND	控制逻辑的接地端
2	SERIAL_IN	串行数据的输入端，输入移位寄存器，高电平"H"时输出端打开
3	CLOCK	时钟输入端，上升沿有效
4	LOAD	数据选通的输入端，高电平"H"时锁存传递的数据，低电平"L"时保持数据不变
5～20	OUT0～OUT15	恒流驱动输出端
21	ENABLE	输出使能的输入端，高电平"H"时输出端是高阻状态，低电平"L"时输出端打开，输出使能数据
22	SERIAL_OUT	串行数据的输出端，把数据传递给下一个芯片的输入端
23	R_EXT	外接电阻器输入端，通过电阻器可以设置全部输出电流
24	VDD	5V 供电电压输入端

2）97056

97056 是应用于 LED 屏体控制的一款芯片。它以提高 LED 屏体显示性能为出发点，减小了最小亮度时间，使显示频率和亮度深度得以提高；对亮度进行均一化处理，使画面能够得到更好的拍摄效果；通过相关设置，使扫描频率可调，从而获得更好的视觉效果。它针对近几年市场反馈的新需求增加了新的功能，如级联接口检测、与某些恒流驱动芯片配合对屏体进行检测等，并且这些检测结果能够以数据包的形式回传。

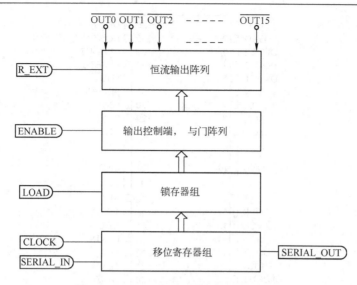

图 2-89 ZQ9726 系列集成电路内部结构

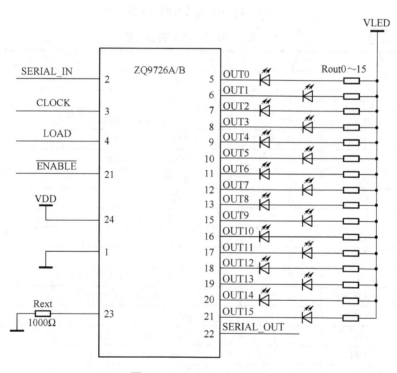

图 2-90 ZQ9726 应用电路

由于输入数据采用网络数据包的形式，可以避免无效数据的传输，并且增加了对错误数据进行识别的功能，因此芯片在 LED 屏体上工作会更加稳定。

数据级联传输和本地输出时的顺序更加合理，非线性亮度曲线调整可由系统根据需要定制，这些特点使芯片的使用会更加符合用户的习惯。

97056 芯片的引脚图如图 2-91 所示，其引脚功能如表 2-21 所示。

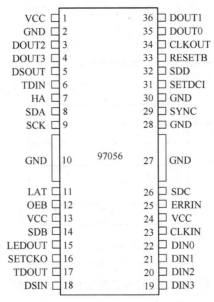

图 2-91　97056 芯片的引脚图

表 2-21　97056 芯片引脚功能

序 号	名 称	输入/输出	上 拉	类 型
1	VCC	/		电源
2	GND	/		地
3	DOUT2	O		级联数据包输出通道 3
4	DOUT3	O		级联数据包输出通道 4
5	DSOUT	O		级联数据包有效输出
6	TDIN	I	Y	级联数据包输入通道
7	HA	O		行选择信号
8	SDA	O		串行数据输出—通道 1
9	SCK	O		串行时钟输出
10	GND	/		地
11	LAT	O		并行加载信号输出，高电平有效
12	OEB	O		数据有效输出，低电平有效
13	VCC	/		电源
14	SDB	O		串行数据输出—通道 2
15	LEDOUT	O		级联检测报错，高电平有效
16	SETCKO	I	Y	级联时钟输出模式设置
17	TDOUT	O		测试数据包输出通道
18	DSIN	I	Y	级联数据包输入有效，高电平有效
19	DIN3	I	Y	级联数据输入通道 4
20	DIN2	I	Y	级联数据输入通道 3
21	DIN1	I	Y	级联数据输入通道 2
22	DIN0	I	Y	级联数据输入通道 1

续表

序号	名称	输入/输出	上拉	类型
23	CLKIN	I	Y	级联时钟输入
24	VCC	/		电源
25	ERRIN	I	Y	恒流芯片报错输入，低电平有效
26	SDC	O		串行数据输出—通道3
27	GND	/		地
28	GND	/		地
29	SYNC	O		测试用同步信号
30	GND	/		地
31	SETDCI	I	Y	级联数据输出通道设置
32	SDD	O		串行数据输出—通道4
33	RESETB	I	Y	复位，低电平有效
34	CLKOUT	O		级联时钟输出
35	DOUT0	O		级联数据包输出通道1
36	DOUT1	O		级联数据包输出通道2

（1）级联引脚说明。级联引脚分为级联输入和级联输出两部分，分别与前级 97056 和后级 97056 连接。级联输入引脚说明如表 2-22 所示。

表 2-22　级联输入引脚说明

级联输入引脚	连接
CLKIN	前级 97056
DSIN	前级 97056
DIN[3：0]	前级 97056
TDOUT	前级 97056
级联输出引脚	连接
CLKOUT	后级 97056
DSOUT	后级 97056
DOUT[3：0]	后级 97056
TDIN	后级 97056

级联引脚连接示意图如图 2-92 所示。

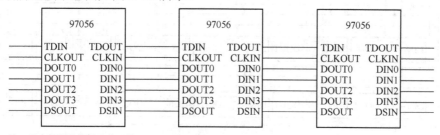

注：以上级联数据输入为 4 路

图 2-92　级联引脚连接示意图

（2）行控引脚说明。行控引脚和 3/8 译码电路连接，完成行控制，如表 2-23 所示。

表 2-23 行控引脚说明

行 控 引 脚	连　　接
HA	3/8 译码器的 A

行控引脚连接示意图如图 2-93 所示。

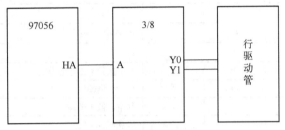

图 2-93 行控引脚连接示意图

（3）列控引脚说明。列控引脚与串并转换芯片连接，完成列电路的控制，如表 2-24 所示。

表 2-24 列控引脚说明

列 控 引 脚	连　　接
SCK	串并转换芯片 CLOCK
LAT	串并转换芯片 LOAD
OEB	串并转换芯片 OB
SDA/SDB/SDC/SDD	4 路串并转换芯片 DATA

列控引脚连接示意图如图 2-94 所示。

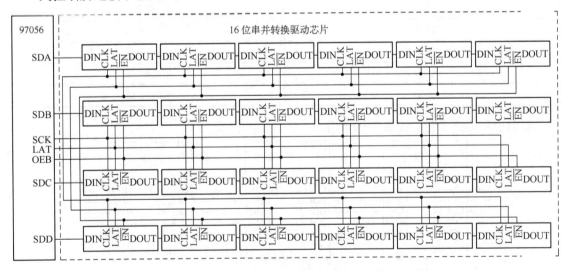

图 2-94 列控引脚连接示意图

第 3 章　LED 显示屏电源电路

3.1　认识开关电源

3.1.1　什么是开关电源

> 认识各种开关电源视频参见前言中的网址

开关电源是相对线性电源来说的。它的输入端直接将交流电整流变成直流电，再在高频振荡电路的作用下，用开关管控制电流的通断，形成高频脉冲电流。在电感（高频变压器）的帮助下，输出稳定的低压直流电。由于变压器的磁芯大小与它的工作频率的平方成反比，频率越高铁芯越小，这样就可以大大减小变压器，使电源减轻重量和体积。而且由于它直接控制直流，使这种电源的效率比线性电源高很多，这样就节省了能源，因此受到人们的青睐。开关电源可用图 3-1 所示等效电路的开关通断方法来理解。

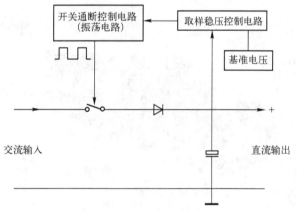

图 3-1　开关电源等效电路

由图 3-1 可知，当有交流电输入时，开关通断控制电路控制开关接通和断开，交流电可经过开关进入二极管整流电路给电容充电，电容可以看作是储能电容，容量较大。假设高电平时开关接通，开关接通时间越长，电容两端电压越高；低电平时开关断开，开关断开时间越长，电容两端电压越低。由反馈稳压电路控制开关接通和断开时间即可控制电容上的电压在一个固定值，达到稳压目的。这就是利用开关简单理解开关电源的方法。实际电路中，开关为三极管或场效应管之类的电子开关管。

3.1.2　恒流型开关电源的实物电路板

恒流型开关电源是控制输出电流的，无论外部因素如何变化，其输出电流不变，常用于 LED

驱动电路及其他需要稳定电流的电气设备中。图3-2为常用恒流开关电源电路板实物图。

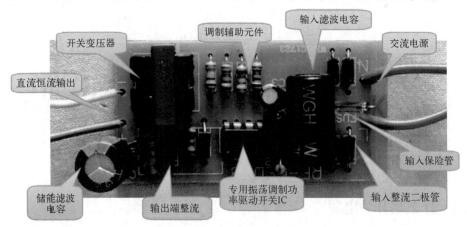

图3-2 常用恒流开关电源电路板实物图

3.1.3 电源适配器实物电路板

很多电器设备中需要外设电源适配器（外接电源），如笔记本电脑、液晶显示器、扫描仪等电器。常见电源适配器电路板实物图如图3-3所示。

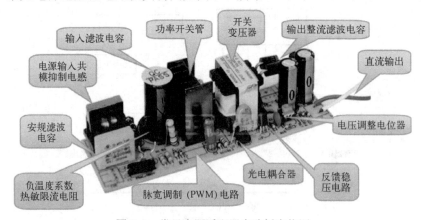

图3-3 常见电源适配器电路板实物图

3.1.4 分立元件自激振荡开关电源的实物电路板

很多电器中使用分立元件开关电源做稳压电路，如彩色LED、多种型号电源等设备。分立元件自激振荡开关电源电路板实物图如图3-4所示。

3.1.5 它激桥式开关电源实物电路板

它激桥式开关电源具有功率大、输出电压稳定、可多极性多路输出、效率高等优点，被广泛应用于各种电器，如计算机电源、LED电源等。计算机开关电源如图3-5所示。

第3章 LED显示屏电源电路

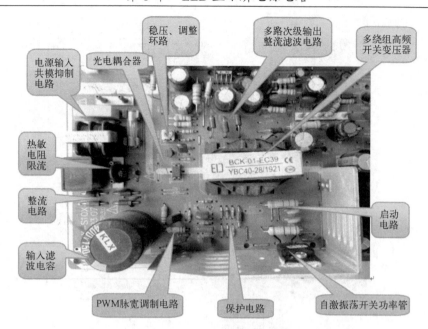

图3-4 分立元件自激振荡开关电源电路板实物图

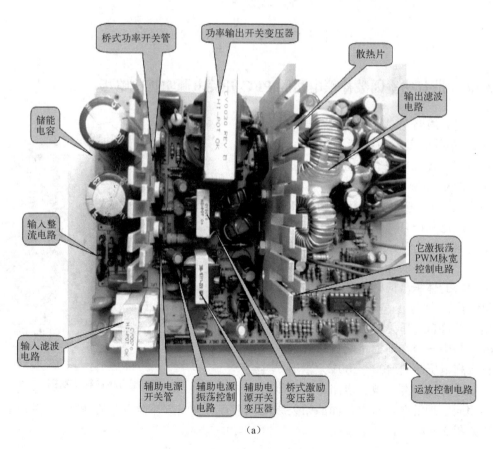

(a)

图3-5 计算机开关电源

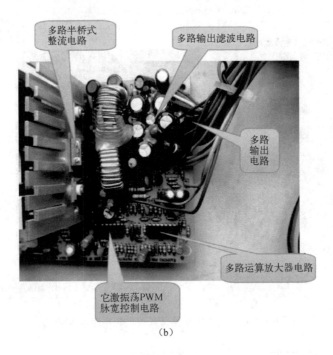

图 3-5 计算机开关电源（续）

3.1.6 带有功率因数补偿电路的 PFC 开关电源实物电路板

为了提高线路功率因数，抑制电流波形失真，必须使用功率因数补偿（PFC）电路，PFC 电路分为无源电路和有源电路两种。目前比较流行的是有源 PFC 技术，一般由一片功率控制芯片构成，安置于整流电路和高压滤波电容之间，也称作有源 PFC 电路。有源 PFC 电路变换器一般为升压形式，主要是在输出功率一定时，有较小的输出电流，从而可以减小输出电容器的体积，同时也减小输出升压电感的绕组线径。

实际的 PFC 开关电源可以假设为两个开关电源，其中一个在前面将交流整流滤波后变换为直流高电压（约 400～500V）输出，再给后面的普通开关电源供电。电路原理与前面电

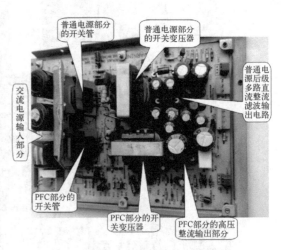

图 3-6 带有功率因数补偿电路的 PFC 开关电源电路板实物图

路基本相同，理解时可参看后面的相关原理。带有功率因数补偿电路的 PFC 开关电源电路板实物如图 3-6 所示。

3.2 连续调整型稳压电路

> 连续调整型稳压电源分析检修视频参见前言中的网址

3.2.1 连续调整型稳压电路的构成与原理

连续调整型稳压电路构成如图 3-7 所示。

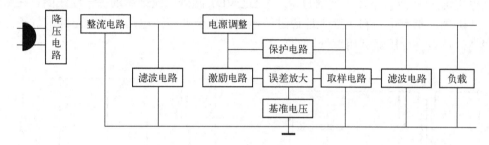

图 3-7 连续调整型稳压电路构成

1. 降压电路

我国市电供电电压为 220V,而电子产品中需要多种供电电压(多为直流电压),可利用变压电路将 220V 交流市电转换为所需要电压,变压电路主要有升压电路和降压电路两类。

1)变压器变压电路

常用的降压元件是变压器,将 220V 变压为低压时称为降压变压器,广泛应用于各种电子线路中;将 220V 变压为高压时,称为升压变压器。无论是降压变压器还是升压变压器,均是利用磁感应原理完成升降压的。

2)阻容降压电路

在一些小功率电路中,常用阻容降压电路(电阻器与电容器并联)来变压。适当选择元件参数,可以得到所需要的电压,其原理是用 RC 电路限流降压。R 不允许开路,因为电阻器限制电流。这种电路只适于小功率电路。

2. 整流电路

电子电路应用的多为直流电源,整流电路就是将交流电变成直流电的电路。

1)半波整流电路

半波整流电路如图 3-8 所示,由变压器 T、二极管 VD 和滤波电容器 C 构成。电阻 R_L 表示用电器,是整流电路的负载。

变压器 T 的作用是将市电进行转换,得到用电器所需电压。若市电电压与用电器电压的要求相符,就可以省掉变压器,既降低成本,又简化了电路。

当变压器二次电压 U_2 为正半周时,A 点电压为正,VD 导通,负载 R_L 有电流通过;当变压器二次电压 U_2 为负半周时,A 点电压为负,VD 截止,R_L 中就没有电流通过。即负载中只有正半周时才有电流。这个电流的方向不变,但大小仍随交流电压波形变化,称为脉动电流。

2）全波整流电路

全波整流电路有半桥式整流电路和全桥式整流电路两种。

图 3-9 为半桥式整流电路，电路变压器二次绕组两组匝数相等。在交流电正半周时，A 点的电位高于 B 点，而 B 点的电位又高于 C 点，则二极管 VD1 反偏截止，而 VD2 导通，电流由 B 点出发，自下而上地通过负载 R_L，再经 VD2，由 C 点流回二次绕组。在交流电负半周时，C 点的电位高于 B 点，而 B 点的电位又高于 A 点，故二极管 VD1 导通，而 VD2 截止，电流仍由 B 点自下而上地通过 R_L，经过 VD1 回到二次绕组的另一组线圈。在交流电的正、负半周，都有电流自下而上地通过的电路叫作全波整流电路。此种电路的优点是市电利用率高，缺点是变压器利用率低。

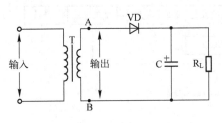

图 3-8 半波整流电路

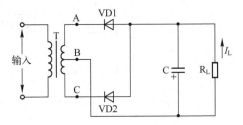

图 3-9 半桥式整流电路

图 3-10 为全桥式整流电路。在交流电正半周时，A 点的电位高于 B 点，二极管 VD1、VD3 导通，而二极管 VD2、VD4 截止，电流由 A 点经 VD1，自上而下地流过负载 R_L，再通过 VD3 回到变压器二次绕组；在交流电负半周时，B 点的电位高于 A 点，二极管 VD2、VD4 导通，而 VD1、VD3 截止，那么电流由 B 点经 VD2，仍然由上而下地流过负载 R_L，再经 VD4 到 A 点。

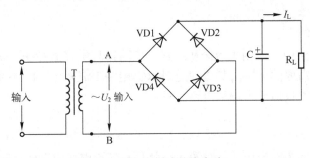

图 3-10 全桥式整流电路

可见，全桥式整流电路在交流电的正、负半周都有直流输出，整流效率相比半桥式整流电路提高一倍，输出电压的波动更小。

3. 滤波电路

整流电路虽然可将交流电变为直流电，但是这种直流电有着很大的脉动成分，不能满足电子电路的需要。因此，在整流电路后面必须再加上滤波电路，减小脉动电压的脉动成分，提高平滑程度。

1）无源滤波电路

常用的无源滤波电路主要有电容滤波电路、电感滤波电路及 LC 组合滤波电路，下面主要介绍 LC 组合滤波电路。

LC 组合滤波电路的基本形式如图 3-11 所示。它在电容滤波的基础上，加上了电感器线圈 L 或电阻器 R，以进一步加强滤波作用。因为这个电路的样子很像希腊字母"π"，所以也称为π型滤波器。

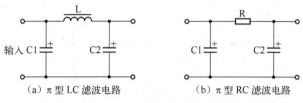

图 3-11　LC 组合滤波电路的基本形式

当电感器中通过变化的电流时，电感器两端便产生反电动势来阻碍电流的变化。当流过电感器的电流增大时，反电动势会阻碍电流的增大，并且将一部分电能转变为磁能存储在线圈里；当流过电感器线圈的电流减小时，反电动势又会阻碍电流的减小并释放出电感中所存储的能量，从而大幅度地减小了输出电流的变化，达到了滤波的目的。将两个电容器、一个电感器线圈结合起来，便构成了π型滤波器，能得到很好的滤波效果。

在负载电流不大的电路中，可以将体积笨重的电感器 L 换成电阻器 R，即构成了π型 RC 滤波电路，如图 3-11（b）所示。

2）有源滤波电路

有源滤波电路又称电子滤波器，在滤波电路中使用了有源器件晶体管。有源滤波电路如图 3-12 所示。在有源滤波电路中，三极管基极接有滤波电容 C，因三极管的放大作用，相当于在发射极接了一只大电容器。

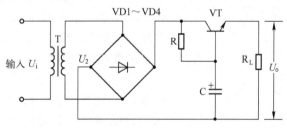

图 3-12　有源滤波电路

在有源滤波电路中，首先采用 RC 滤波电路，使三极管基极纹波相当小，因 I_B 很小，则 R 可以取较大，C 相对来讲可取得较小。又因三极管发射极电压总是低于基极电压，则发射极输出纹波更小，从而达到滤波作用。适当加大三极管功率，则负载可得到较大电流。

4．稳压电源

整流滤波后得到直流电压，若交流电网的供电电压有波动，则整流滤波后的直流电压也相应变动；而有些电路中整流负载是变化的，这对直流输出电压有影响；电路工作环境温度的变化也会引起输出电压的变化。

因电路中需要稳定的直流供电，所以整流滤波电路后设有"稳压电路"。常用的稳压电路有稳压二极管稳压电路、晶体管稳压电路和带有保护功能的稳压电路。

1）稳压二极管稳压电路

如图3-13所示，稳压二极管稳压电路由电阻器R和稳压二极管VDZ组成。图中，R为限流电阻；R_L为负载；U_o为整流滤波电路输出的直流电压。

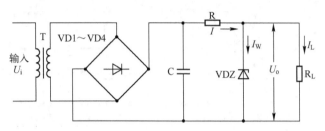

图3-13 稳压二极管稳压电路

稳压二极管的特点是在规定电流范围内反向击穿时并不损坏，虽然反向电流有很大的变化，反向电压的变化却很小。电路就是利用它的这个特性来稳压的。假设因电网电压的变化使整流输出电压增高，这时加在稳压二极管VDZ上的电压也会有微小的升高，但这会引起稳压管中电流的急剧上升。这个电流经过限流电阻R，使它两端的电压也急剧增大，从而可使加在稳压管（负载）两端的电压回到原来的U_o值。而在电网电压下降时，U_i的下降使U_o有所降低，而稳压管中电流会随之急剧减小，使R两端的电压减小，则U_o上升到原值。

2）晶体管稳压电路

晶体管稳压电路有串联型和并联型两种，其稳压精度高，输出电压可在一定范围内调节。晶体管稳压电路如图3-14所示。其中，VT1为调整管（与负载串联）；VT2为比较放大管；电阻器R与稳压管VDZ构成基准电路，提供基准电压；电阻器R1、R2构成输出电压取样电路；电阻器R3既是VT1的偏置电阻，又是VT2的集电极电阻。

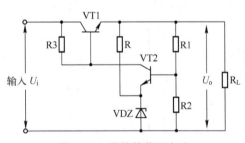

图3-14 晶体管稳压电路

当负载R_L的大小不变时，若电网电压的波动使输入电压升高，则会引起输出电压U_o增大。通过R1、R2的分压，会使VT2的基极电压也随之升高。因为VT2的发射极接有稳压二极管，所以电压保持不变。这时，VT2的基极电流会随着输出电压的升高而增大，引起VT2的集电极电流增大。VT2的集电极电流使R3上电流增大，R3上的压降也变大，导致VT1的基极电压下降。VT1的导通能力减弱，使集电极、发射极间电阻增大，压降增大，输出电压降低到原值。同理，当输入电压下降时，引起输出电压下降，而稳压电路能使VT1的集电极、发射极间电阻减小，压降变小，使输出电压上升，保证输出电压稳定不变。

3）带有保护功能的稳压电路

在串联型稳压电路中，负载与调整管串联。当输出过载或负载短路时，输入电压全部加在调整管上。这时流过调整管的电流很大，使得调整管过载而损坏。即使在电路中接入熔丝作为短路保护，因它的熔断时间较长，仍不能对晶体管起到良好的保护作用。因此，必须在电源中设有快速动作的过载保护电路，如图 3-15 所示。三极管 VT3 和电阻器 R 构成限流保护电路。电阻器 R 的取值比较小，因此当负载电流在正常范围时，它两端压降小于 0.5V，VT3 处于截止状态，稳压电路正常工作。当负载电流超过限定值时，R 两端电压降超过 0.5V，VT3 导通，其集电极电流流过负载 R1，使 R1 上的压降增大，导致 VT1 基极电压下降，内阻变大，控制 VT1 集电极电流不超过允许值。

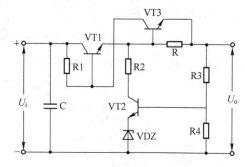

图 3-15 带有保护电路的稳压电路

3.2.2 实际连续调整型稳压电路的分析与检修

1. 电路分析

图 3-16 为实际稳压电路。其中，FU 为熔断器；VD1～VD4 为整流二极管；C1、C2 为保护电容；C3、C4 为滤波电容；R1、R2、C5、C6 构式 RC 滤波电路；R3 为稳定电阻；C8 为加速电容；VDZ 为稳压二极管；R4、R5、R6 构成分压取样电路；C7 为输出滤波电容；VT1 为调整管；VT2 为推动管；VT3 为误差放大管。

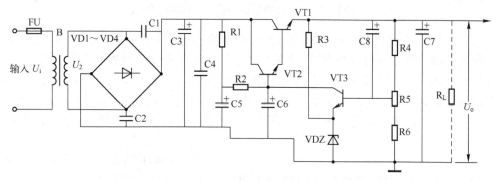

图 3-16 实际稳压电路

2. 电路工作原理

1）自动稳压原理

当某种原因 $U_o\uparrow \to$ R5 中点电压 $\uparrow \to$ VT3 的 $U_B\uparrow \to$ VT3 的 $U_{BE}\uparrow \to I_B\uparrow \to I_C\uparrow \to U_{R2}\uparrow \to U_C\downarrow \to$ VT2 的 $U_B\downarrow \to I_B\downarrow \to R_{CE}\uparrow \to U_E\downarrow \to$ VT1 的 $U_B\downarrow \to U_{BE}\downarrow \to I_B\downarrow \to I_C\downarrow \to R_{CE}\uparrow \to U_E\downarrow \to U_o\downarrow$ 原值。

2）手动调压原理

只要手动调整 R5 中心位置，即可改变输出电压 U_o。当 R5 中点上移时，使 VT3 的 U_B

电压上升,根据自动稳压过程可知 U_o 下降;当 R5 中点下移时,则 U_o 会上升。

3. 电路故障检修

图 3-16 所示电路常出现的故障主要有无输出、输出电压高、输出电压低、纹波大等。无输出或输出不正常的检修过程如图 3-17 所示。

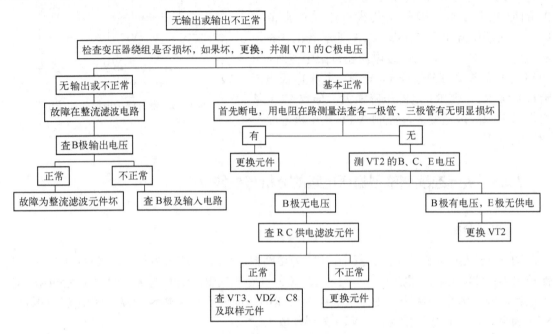

图 3-17 无输出或输出不正常的检修过程

除利用上述方法检修外,在检修稳压部分时(输出电压不正常),还可以利用电压跟踪法由后级向前级检修,同时调整 R5 中点位置,哪级电压无变化,则故障应在哪级。

如果输出电压偏高或偏低,首先测取样管基极电压,调 R5,若电压不变,则查取样电路;若电压变化,则测 VT3 的集电极电压。调 R5,若电压不变,则查 VT3 电路及 R1、R2、C1、C6、VDZ 等;如电压变化,再查 VT2、VT3 等各极电压,哪级不变化,故障应在哪级。

> 三端稳压器的测量视频参见前言中的网址

3.2.3 集成稳压连续型电源电路的分析

集成电路连续型稳压器主要是三端稳压器,有普通三端集成稳压器 78、79 系列,低压集成稳压器 29 系列,可调型 LM317、LM337 系列,以及三端并联可调型基准稳压器 TL431 系列。

1. 普通三端集成稳压器

为了使稳压器能在比较大的电压变化范围内正常工作,在基准电压形成和误差放大部分设置了恒流源电路,启动电路的作用就是为恒流源建立工作点。实际电路是由一个电阻网络构成的,在输出电压不同的稳压器中,使用不同的串、并联接法,形成不同的分压比。通过误差放大之后去控制调整管的工作状态，使其输出稳定的电压。图 3-18 为普通三端集成稳压器基本应用电路。

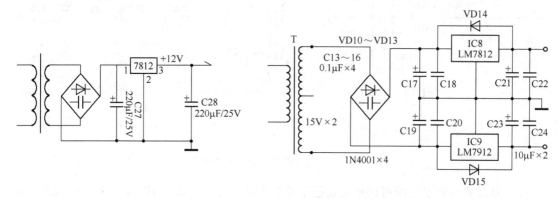

图 3-18 普通三端集成稳压器基本应用电路

2. 29 系列低压集成稳压器

29 系列低压集成稳压器与 78/79 系列集成稳压器结构相同，但它们的最大优点是输入/输出压差小。

3. 可调型集成稳压器

三端可调型集成稳压器分正压输出和负压输出两种，主要种类及其参数如表 3-1 所示。三端可调型集成稳压器使用起来非常方便，只需外接两个电阻器就可以在一定范围内确定输出电压。图 3-19（a）为 LM317 的应用电路，图 3-19（b）为正负可调应用电路。

表 3-1 可调型集成稳压器的种类及其参数

类 型	产品系列及型号	最大输出电流/A	输出电压/V
正压输出	LM117L/217L/317L	0.1	1.2～37
	LM117M/217M/317M	0.5	1.2～37
	LM117/217/317	1.5	1.2～37
	LM150/250/350	3	1.2～33
	LM138/238/338	5	1.2～32
	LM196/396	10	1.2～15
负压输出	LM137L/237L/337L	0.1	-1.2～-37
	LM137M/237M/337M	0.5	-1.2～-37
	LM137/237/337	1.5	-1.2～-37

以 LM317 为例，在图 3-19 中，U_i 为直流电压输入端；U_o 为稳压输出端；ADJ 为调整端。与 78 系列固定三端稳压器相比，LM317 把内部误差放大器、偏置电路的恒流源等的公共端改接到了输出端，因此它没有接地端。LM317 内部的 1.25V 基准电压设在误差放大器的同相输入端与稳压器的调整端之间，由电流源供给 50μA 的恒定 I_{ADJ} 调整电流，此电流从调整端（ADJ）流出。实际使用时，采用悬浮式工作，即由外接电阻 R1、R2 来设定输出电压，输出电压可用下式计算：

$$U_o = 1.25(1+R_2/R_1)$$

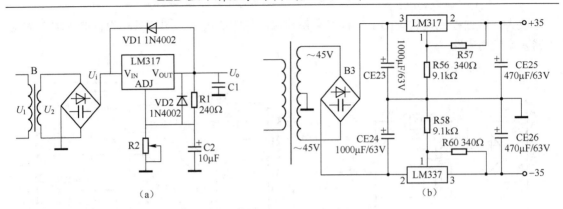

图 3-19 可调型集成稳压器基本应用电路

使用悬浮式电路是三端可调型集成稳压器工作时的特点。图 3-19（a）中，R1 接在输出端与调整端之间，承受稳压器的输出基准电压 1.25V；R2 接在调整端与地端之间，R_1 一般取 120Ω 或 240Ω，所需的输出电压由公式求出，若要连续可调输出，则 R2 可选用电位器；C1 用于防止输入瞬间过电压，C2 用于防止输出接容性负载时稳压器的自激，常用 1μF 钽电容器或 25μF 铝电解电容器，接入 VD1 为防止输入端短路时 C1 放电损坏稳压器，调整端至地端接入 C2，可明显改善稳压器的纹波抑制比，C_1 一般取 10μF；并接在 R1 上的 VD2 是为了防止输出短路时 C1 放电损坏稳压器。

实际应用中应注意 R1 要紧靠输出端连接，当输出端流出较大电流时，R2 的接地点应与负载电流返回的接地点相同；否则，负载电流在地线上的压降会附加在 R2 的压降上，造成输出电压不稳。R1 和 R2 应选择同种材料的电阻器，以保证输出电压的精度和稳定。

4．三端并联可调基准稳压器 TL431A/B

1）特性及工作原理

三端并联可调基准稳压器集成电路广泛应用于开关电源的稳压电路中，外形与三极管类似，但其内部结构和三极管不同。三端并联可调基准稳压器与简单的外电路相组合就可以构成一个稳压电路，其输出电压在 2.5～36V 之间可调。在开关电源电路中，三端并联可调基准稳压器还常用作三端误差信号取样电路，常用的为 TL431。

2）应用电路

典型应用电路如图 3-20 和图 3-21 所示。

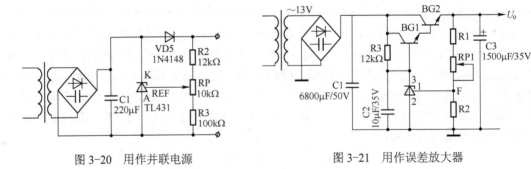

图 3-20 用作并联电源　　　　图 3-21 用作误差放大器

（1）用作并联电源。在图 3-20 中，市电经降压、桥式整流、电容滤波后输出脉动直流电压，通过负载，电流的大小和电压的高低由电位器 RP 决定，并可根据负载电流变化自动调整。

（2）用作误差放大器。在图 3-21 中，改变 RP1 中点位置可改变电压，改变 BG2 集电极与发射极间的电阻，从而改变 U_o。

3.3 开关型稳压电路的构成与检修

3.3.1 串联型开关型稳压电路的构成与检修

> 串联开关电源原理与检修视频参见前言中的网址

1. 电路构成

开关电源电路是利用单片双极型线性集成电路 U1（MC34063）及外围元件构成的一个大电流降压变换器电路。MC34063 由具有温度自动补偿功能的基准电压发生器、比较器、占空比可控的振荡器、R-S 触发器和大电流输出开关电路等组成。输入电压范围为 2.5～40V，输出电压可调范围为 1.25～40V，输出电流可达 1.5A，如图 3-22 所示。

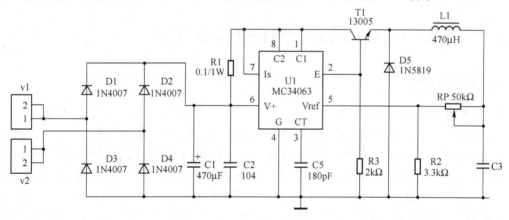

图 3-22 串联型开关型稳压电路

（1）U1 的 5 引脚通过外接分压电阻 R2、RP 监视输出电压。其中，输出电压 U_o=1.25[1+ R_2/R_P（接入电路中的部分）]，由公式可知，输出电压仅与 R_P、R_2 数值有关，因 1.25V 为基准电压，恒定不变。若 R_P、R_2 阻值稳定，U_o 亦稳定。

（2）U1 的 5 引脚电压与内部基准电压 1.25V 同时送入内部比较器进行电压比较。当 5 引脚的电压值低于内部基准电压（1.25V）时，控制内部电路导通，使输入电压 U_i 向输出滤波器电容 C3 充电以提高 U_o；当 5 引脚的电压值高于内部基准电压（1.25V）时，控制内部电路截止，从而达到自动控制输出电压 U_o 稳定的目的。

2. 电路组装调试与检修

元件焊好后检查元器件无误，即可通电实验。调试时要接 100W 灯泡做假负载调试，当灯泡不亮时，直接检查输入电压是否正常，不正常检查供电，正常检查开关管及集成电路，可以用代换法维修。组装好的电路板实物图如图 3-23 所示。

图 3-23　组装好的电路板实物图

3.3.2　多通道 LED 射灯电源电路的分析与故障检修

1. LT3598 简介

LT3598 内部拓扑结构如图 3-24 所示。

其内部采用固定频率、峰值电流模式控制方案，有出色的线路和负载调节能力，其中有 6 个电流源提供 6 个通道，可驱动 6 串 LED，每串多达 10 只白光 LED，每串驱动电流可高达 30mA，效率可达 90%，并且可以保证每串间电流精度在 1.5%以内，以确保每串 LED 亮度一致。内置升压型转换器使用一个自感应反馈环路来调节输出电压至稍微高于所需的 LED 电压，以确保最高效率。任意 LED 串出现了开路，并不影响其正常工作，LT3598 可继续调节现存 LED 串，并向 OPENLED 引脚发出报警信号。

2. 主电路

六通道 LED 射灯驱动电路如图 3-25 所示，总共 6 串，每串 10 只 LED，每串最大正常工作电流为 20mA，电源采用 IC 自带的升压型 DC/DC 转换电路，升压电感 L1，内置功率开关管，肖特基整流二极管 D7，设计高频开关频率为 1MHz，设计 LED 串最大供电电压为 41V，在此范围内的电压，都可让电路正常工作；否则，过压保护电路启动，以便让 LED 供电电压恢复正常。用幅值为 3.3V、上升沿和下降沿均为 10ns、频率为 1kHz 的 PWM 调光脉冲，可实现 3000∶1 的 PWM 真彩调光范围，并且在调光过程中，LED 串的最大电流一直稳定在 20mA，改变的只是 PWM 调光脉冲的占空比。这意味着改变了 LED 串的平均电流，从而达到 LED 调光的目的。任何不用的 LED 串不能空着，应接入 Vout 端，内部故障检测环路忽略该串，也不会影响其他串的开路 LED 检测。

第3章 LED显示屏电源电路

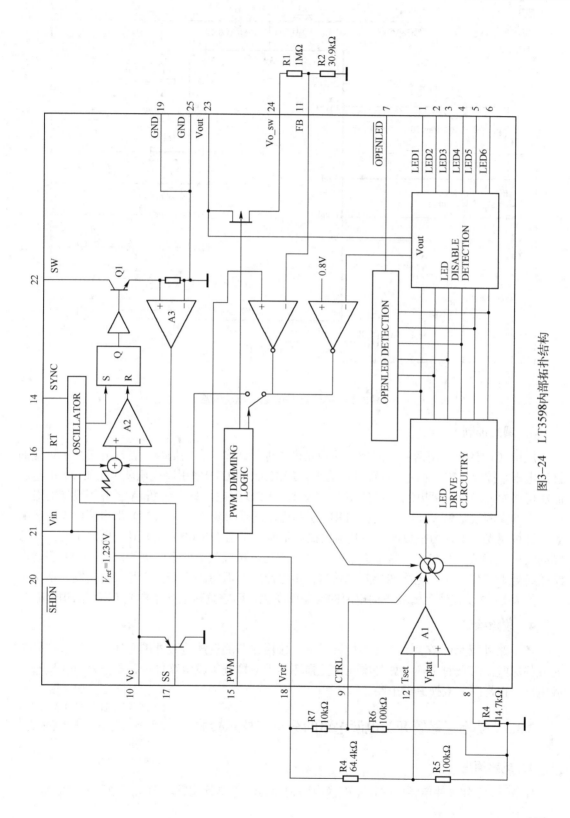

图3-24 LT3598内部拓扑结构

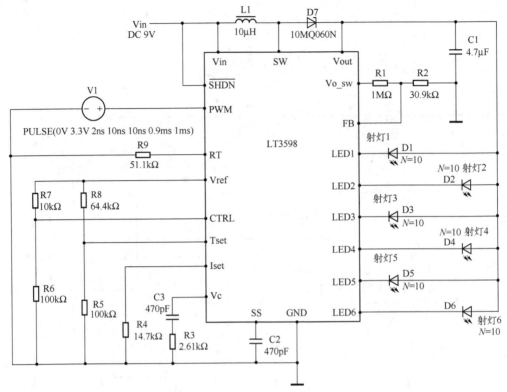

图 3-25 六通道 LED 射灯驱动电路

3．调光控制

应用 LT3598 可用两种不同类型的调光模式进行调光，有些场合，首选方案是用可变的直流电压来控制 LED 电流，进而控制亮度。LT3598 的 CTRL 引脚电压就可用 LED 串电流而实现调光，当该引脚电压从 0V 变化到 1V 时，LED 串电流就会从 0mA 上升到设定的最大电流（本实例设定为 20mA），当 CTRL 引脚电压超过 1V 时，对 LED 串电流就没有影响了。这种调光技术称为模拟调光，其最大优势是避免了由于 PWM 调光脉冲所产生的人耳可闻的噪声。其缺点有二：一是增大了整个系统能耗，系统效率低下，因为此时 LED 驱动电路始终处于工作模式，电能转换效率随着输出电流减小而急剧下降；二是 LED 发光质量不高，因为 LED 发光颜色随着正向电流的变化而变化，而它直接改变了白光 LED 串的电流。

4．故障检修

该电路外围元件较少，因此在检修时可直接用在路测量法检查外围元件，当发现有外围元件损坏时，应及时更换。如外围元件无损坏，则应检查集成电路供电，不正常时应检查电源电路，正常时应查换集成电路。

3.3.3 功率三极管开关电源电路的分析与故障检修

> 功率三极管并联开关电源原理与检修视频参见前言中的网址

1．电路原理

图 3-26 为分离件电源电路，主变换电路使用自激励单管调频、调宽式稳压控制电路。

第3章 LED显示屏电源电路

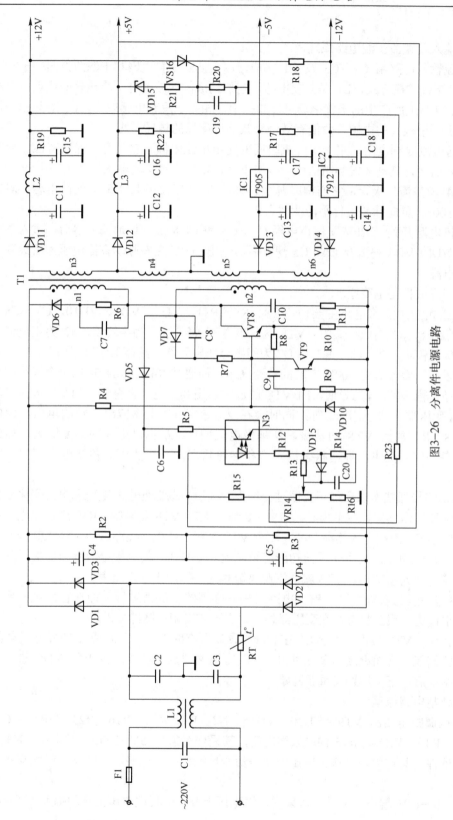

图3-26 分离件电源电路

电路分析。

(1) 交流输入及整流滤波电路原理

电源的交流输入电路由 C1~C3 及 L1 构成，用于滤除来自电网和电源两方面的干扰。其中，C2、C3 接成共模方式，L1 是共模电感，它们构成的滤波器有一个显著的优点：电源输入电流在电感 L1 上所产生的干扰磁场可互相抵消，相当于没有电感效应，L1 对共模干扰源来说，相当于一个很大的电感，故能有效地衰减共模磁场的传导干扰。

RT 为浪涌电流限制电阻，用于对开机瞬间的充电电流限幅。它具有负温度特性，冷态电阻较大，一旦通电，其基体发热阻值就会很快下降，以减小对交流电压所产生的压降。

VD1~VD4 为整流二极管，它们构成典型的桥式整流电路。C4、C5 为滤波电容，对桥式整流后所得 100Hz 单向脉冲进行平滑滤波。

当接通主机电源开关，220V 交流市电经 C1~C3 和 L1 构成的低通滤波器后，进入整流滤波电路，经 VD1~VD4 整流及 C4、C5 滤波后，输出 300V 左右脉动直流电压为后级开关振荡电路提供电源。

(2) 自激式开关振荡电路原理

电源的自激式开关振荡电路主要由 VT8、R6~R11、VD6、VD7、VD10、C7、C8、C10 及 T1 初级 n1、n2 构成。其中，VT8 为振荡兼开关管，n1 为主绕组，n2 为正反馈绕组，R4、VD10 为启动元件，C8、R7、VD7 为间歇充放电元件。具体工作过程如下。

电源接通以后，整流所得 300V 左右的直流高压，便通过 R4 为 VT8 提供一个很小的基极电流输入，晶体管 VT8 开始导通，因 VT8 的放大作用其集电极将有一个相对较大的电流 I_c，此电流流过变压器初级绕组 n1 时，同时会在反馈绕组 n2 上感应出一定的电压，此电压经 VD7、C8、R7 加到 VT8 的基极，使基极电流增加，I_c 也以更大的幅度增大，如此强烈的正反馈使 VT8 很快由导通状态进入饱和导通状态，并在变压器各绕组中产生一陡峭的脉冲前沿。

VT8 进入饱和导通状态以后，正反馈过程结束，间歇振荡器便进入电压和电流变化都比较缓慢的脉冲平顶工作过程。在平顶时，电容 C8 通过 R7、VT8 发射结、R10 进行充电，在充电过程中，电容 C8 两端电压逐渐升高，加于 VT8 基极上的电压逐渐减小，注入基极的电流也逐渐减小。与此同时，高频变压器初级绕组电流，即 VT8 集电极电流逐渐增加，高频变压器存储磁能。当 $I_b=I_c/\beta$ 时，VT8 就开始脱离饱和区，脉冲平顶期结束。

VT8 脱离饱和区进入放大区，整个电路又进入强烈的正反馈过程，即在正反馈的作用下，使晶体管很快进入截止状态，在变压器各线组中形成陡峭的脉冲后沿。

在脉冲休止期，VT8 截止。电容 C8 在脉冲平顶期所充的电压，此时通过 VD7 进行快速泄放。变压器的储能一方面继续向负载供电，另一方面又通过 n1 绕组和 R6、VD6 进行泄放，能量泄放结束后，下一周期又重新开始。

(3) 稳压调整电路原理

电源的稳压调整电路由 VT9、VD10、VD15、N3、R9、R12~R16、R23、VR14、C20 等构成。其中，R15、VR14、R16 构成采样电路，其采样对象为+5V 和+12V 端电压；N3 为光电隔离耦合器件，其作用是将输出电压的误差信号反馈到控制电路，同时又将强电与弱电隔离。

① 当+5V 和+12V 端电压上升时，采样反馈电压上升，但反馈电压上升的幅度小于+5V

端电压上升的幅度，则 N3 耦合更紧，其上的压降减小，VT9 基极电流增加，VT9 集电极电流也增大。此电流对 VT8 基极电流分流增大使 VT8 提前截止，变压器的储能减少，各路平均输出电压也减小，经反复调整，各路电压逐渐稳定于额定值。

② 当+5V 和+12V 端电压因某种原因下降时，采样反馈电压也下降，但反馈电压下降的幅度小于+5V 端电压下降的幅度，则 N3 耦合减弱，其上的压降增大，VT9 基极电流减小，集电极电流也减小。此电流对 VT8 基极电流分流减小，结果使 VT8 延迟截止，变压器的储能增加。各路平均输出电压相应增加，经反复调整，各路电压逐渐稳定于额定值。

电路中 VD5 在 VT8 导通时导通，并为 N3 和 VT9 基极提供偏压，使 VT9 工作在放大状态。C6 为滤波电容。

（4）自动保护电路原理

电源的自动保护单元主要设有+5V 输出过压保护电路，此电路由 VS16、VD15、R18、R20、R21、C19 等构成。当+5V 端电压在 5.5V 以下时，VD15 处于截止状态，VS16 因无触发信号处于关断状态，此时保护电路不起作用。

当+5V 端电压过高时，VD15 被击穿，VS16 因控制端被触发而导通，并将+12V 端与-12V 端短接。此过程一方面引起采样反馈电压下降、N3 耦合加强、VT9 导通从而使 VT8 提前截止；另一方面，因+12V 端与-12V 端短接而破坏了自激振荡的正反馈条件，使振荡停止，各路电压停止输出，保护电路动作。

（5）高频脉冲整流与直流输出电路原理

电源的高频脉冲整流与直流输出电路主要由开关变压器 T1 次级绕组及相应的整流与滤波电路构成。

由 T1 次级的 n3 绕组输出的脉冲通过 VD11 整流、C11 和 L2、C15 构成的π型滤波器滤波后，为主机提供+12V 直流电源。

由 T1 次级的 n4 绕组输出的高频脉冲经 VD12 整流、C12 与 L3、C16 等构成的π型滤波器滤波后，为主机提供+5V 电源。

由 T1 次级的 n5 绕组输出的脉冲电压经 VD13 整流及 C13 滤波，再经 IC1（7905）三端稳压器的稳压调整后，为主机提供-5V 电源。

由 T1 次级的 n6 绕组输出的高频脉冲电压经 VD14 整流、C14 滤波，再经 IC2（7912）三端稳压器的稳压调整后，为主机提供-12V 电源。

2. 故障检修实例（参见图 3-26）

（1）某台电源，一开机就烧熔丝。

这种现象多为电源内部相关电路及元器件短路所致。其中大部分是由桥式整流堆一桥臂的整流二极管击穿引起的。经检查发现 VD1 短路。代换 VD1 后，加电后仍烧熔丝，进一步检查，发现一个高压滤波电容 C5 顶部变形，经测量发现也已击穿短路，而另一个电容 C6 内阻也变小，代换 C5、C6 电容后，恢复正常。

（2）某电源无输出，但熔丝完好。

上述现象一般是电源故障所致。检查发现熔丝完好，说明电源无短路性故障。通电测得 VT8 集电极电压为 300V，属正常值，说明整流滤波以前电路、开关变压器 T1 的初级绕组正常，而测得负载电压无输出。怀疑负载有短路，电阻法检查各负载输出端和整流二极管负端对地电阻，没发现短路，说明故障在自激式开关电路。检查启动电路和正反馈电路元件R7、VD7、C8等，均正常，继续检查开关管周围元件VT9、C9、VD10，发现VD10已被击穿。因VD10被击穿，使VT8基极对地短路，电源不能工作，因此出现了上述故障。代换VD10后，试机，一切正常。

（3）某台电源开机后主机无任何动作，打开主机箱加电，发现电源风扇启转后停止。

用户反映此机型之前工作正常，使用过程中主机突然自行掉电，重新开机时就出现上述故障，初步断定此故障属主机元器件老化毁坏所致。这类故障应首先从电源检查。

先不外加任何负载给主机电源加电，测量±5V、±12V直流电压，均无输出。然后打开电源盒，没有发现明显的烧毁痕迹，电源熔丝完好。

在电源给主机板供电的+5V输出端加上6Ω负载，加电后各端直流输出电压均正常；给电源+12V端加上6Ω负载，结果同样正常。

由上述分析可知，开关电源无故障，之所以没有输出，可能是没有负载或负载过大产生自保护引起的。

接着检查主机板，用万用表测量电源输出各端的负载，发现+12V端负载有短路现象，其他各端负载正常。为了确诊故障，在±12V端不加负载，其他各端按正常连接的情况下给主机加电，发现能启动ROMBASIC。而±12V端接到主机板后，加电出现上述故障，电源无输出，从而证实了前面的判断。

经反复检查主机板电路发现，在+12V输出端有两个滤波电容C11、C15，焊下后用万用表测量，测得C15滤波电容已被击穿，换上同型号电容后，机器正常启动，工作正常。

3.3.4 场效应功放管并联开关电源电路的分析与故障检修

1. 电路分析

> 场效应管的检测视频参见前言中的网址

图3-27为场效应管构成的开关电源电路，主要由自激振荡电路、稳压调节电路及自动保护电路构成。

1）开关电源的自激振荡电路原理

在图3-27中，220V市电电压经整流滤波电路产生的300V直流电压分两路输出：一路通过开关变压器T1初级①-②绕组加到开关管VT2的漏极（D极）；另一路通过启动电阻R1加到开关管VT2栅极（G极），使VT2导通。

开关管VT2导通后，其集电极电流在开关变压器T1初级绕组上产生①端为正、②端为负的感应电动势。因互感效应，T1正反馈绕组相应产生③端为正、④端为负的感应电动势，T1的③端上的正脉冲电压通过C5、R8加到VT2的G极与源极（S极）之间，使VT2漏极电流进一步增大，则开关管VT2在正反馈过程的作用下，很快进入饱和状态。

开关管VT2在饱和时，开关变压器T1次级绕组所接的整流滤波电路因感应电动势反相而截止，则电能便以磁能的方式存储在T1初级绕组内部。因正反馈雪崩过程时间极短，定时电容C5来不及充电。在VT2进入饱和状态后，正反馈绕组上的感应电压对C5充电，随着C5充电的不断进行，其两端电位差升高，则VT2的导通回路被切断，使VT2退出饱和状态。

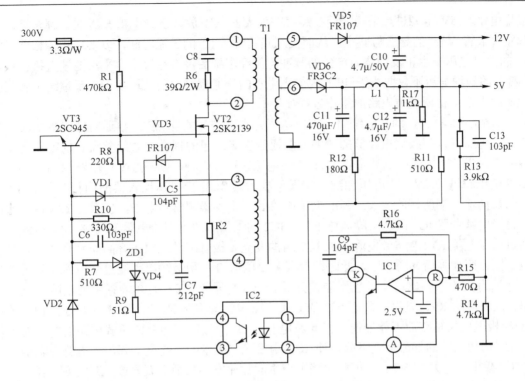

图 3-27　场效应管构成的开关电源电路

开关管 VT2 退出饱和状态后，其内阻增大，导致漏极电流进一步下降。因电感中的电流不能突变，则开关变压器 T1 各个绕组的感应电动势反相，正反馈绕组③端为负的脉冲电压与定时电容 C5 所充的电压叠加后，使 VT2 很快截止。

开关管 VT2 在截止时，定时电容 C5 两端电压通过 VD3 构成放电回路，以便为下一个正反馈电压（驱动电压）提供通路，保证开关管 VT2 能够再次进入饱和状态。同时，开关变压器 T1 初级绕组存储的能量耦合到次级绕组，并通过整流管整流后，向滤波电容提供能量。

当初级绕组的能量下降到一定值时，根据电感中的电流不能突变的原理，初级绕组便产生一个反向电动势，以抵抗电流的下降，此电流在 T1 初级绕组产生①端为正、②端为负的感应电动势。T1 的③端感生的正脉冲电压通过正反馈回路，使开关管 VT2 又重新导通。因此，开关电源电路便工作在自激振荡状态。

通过以上介绍可知：在自激振荡状态，开关管的导通时间，由定时电容 C5 的充电时间决定；开关管的截止时间，由 C5 的放电时间决定。

在开关管 VT2 截止时，开关变压器 T1 初级绕组存储的能量经次级绕组的耦合，次级绕组⑤端的脉冲电压经整流管 VD5 整流，在滤波电容 C10 两端产生 12V 直流电压。T1 次级绕组⑥端的脉冲电压经 VD6 整流、电容 C11、C12 及电感 L1 构成的 π 型滤波器滤波后，限压电阻 R17 两端产生 5V 电压，此电压经连接器输入计算机的主板，为微处理器供电。

2）稳压调节电路原理

为了稳定电源电路输出端电压，必须使电源电路由自由振荡状态变为受控状态。通过误差采样电路对 5V 电源进行采样，经三端误差放大器 IC1 放大及光电耦合器 IC2 耦合后，控制脉宽调节管 VT3 的导通与截止，从而控制开关管 VT2 的导通时间，以实现受控振荡。因 VT3 的供电电压是由正反馈绕组产生的脉冲电压经限幅后没有经过电容平滑滤波直接提供，则 VT3 的导通与否不仅取决于 IC2 内的光电管的导通程度，而且取决于正反馈绕组感应脉冲电压的大小。稳压调节电路的工作过程如下。

当开关变压器 T1 的初级绕组因市电电压升高而在开关管 VT2 导通时储能增加时，在 VT2 截止时，T1 初级绕组存储的较多能量通过次级绕组的耦合，并经整流管的整流向滤波电容释放，当 5V 电源的滤波电容 C11 两端电压超过 5V 时，则经过采样电路 R13、R14 采样后的电压超过 2.5V。此电压加到三端误差放大器 IC1 内电压比较器的同相输入端 R 引脚，与反向输入端所接的 2.5V 基准电压比较后，比较器输出高电平，使误差放大管导通加强，使光电耦合器 IC2 的②引脚电位下降，IC2 的①引脚通过限流电阻 R11 接 12V 电源，同时通过限流电阻 R12 接 5V 电源，则 IC2 内的发光二极管因导通电压升高而发光加强，导致光电管因光照加强而导通加强，此时即使开关变压器 T1 初级绕组因能量释放而产生①端为正、②端为负的感应电动势，也不能使开关管 VT2 导通，T1 的③端感生的正脉冲电压经 VD4、限流电阻 R9、光电三极管 IC2 的 C-E 极、VD2，使脉宽调节管 VT3 导通，使开关管 VT2 栅极电压被短路而不能导通。当滤波电容 C11 两端电压随着向负载电路的释放而下降时，IC1 内放大管的导通程度下降，使 IC2 内发光二极管的光亮度下降，光电管内阻增大，使 VT3 截止，开关管 VT2 在正反馈绕组产生的脉冲电压激励下而导通，开关变压器 T1 初级绕组再次存储能量。这样，当市电电压升高时，开关电源电路因开关管导通时间缩短可使输出端电压保持稳定的电压值。

反之，当市电电压降低时，则控制过程相反，也能使输出端电压保持稳定。

3）自动保护电路原理

① 开关管过流保护电路。当负载电路不良引起开关管 VT2 过流达到 0.7A 时，电流在 R2（电路板上标注的是 R7，这与过压保护电路的 R7 重复，笔者将其改为 R2）两端的压降达到 0.7V，则通过 R10 使 VT3 导通。VT3 导通后，开关管 VT2 栅极被短路，使之截止，避免了故障范围的扩大。

② 过压保护电路。当稳压调节电路中误差采样电路不良而不能为开关管 VT2 提供负反馈时，VT2 导通时间被延长，引起开关变压器 T1 各个绕组的脉冲电压升高，则正反馈绕组升高的脉冲电压使 5.6V 稳压管 ZD1 击穿导通，导通电压经 R7 限流后，使脉宽调节管 VT3 导通，则 VT2 栅极被短路，使 VT2 截止。但是，随着正反馈绕组产生的脉冲电压的消失，稳压管 ZD1 截止，VT2 再次导通，此时开关电源产生的现象不是停振，而是输出端电压升高。这样，升高的供电电压极易导致微处理器过压损坏。为了避免这种危害，在稳压调节电路不良时，输出端电压升高，会导致开关管 VT2 尖峰电压也升高，使 VT2 过压损坏，从而达到避免微处理器过压损坏的目的。

2. 故障检修实例（参见图 3-27）

某台电源，开机无直流电压输出。

这类故障应重点检查其电源电路。此开关电源电路不良时，主要故障是输出端没有电压。通过外观观察有两种情况出现：一种是开关管炸裂；另一种是开关管没有炸裂。

1) 开关管炸裂

电源电路 300V 输入端没有设置熔丝或熔丝电阻，则开关管 VT2 击穿短路后，大多产生 VT2、VT3、R2 被炸裂及 ZD1、R7、VD1 等损坏的现象，但主电源电路板上的熔丝一般不熔断。

对于此故障，首先应焊下副电源电路与主电源电路之间的连线，取下副电源电路后，检查开关变压器 T1 的初级绕组是否开路。若 T1 初级绕组开路，因不能购买到此型号的开关变压器，则需要代换副电源电路板，才能完成检修工作。若 T1 初级绕组正常，可对副电源电路进行检修。开关管炸裂的第一种原因是稳压调节电路不良，使开关管过压损坏；第二种原因是市电电压升高的瞬间，稳压调节电路没有及时控制开关管的导通时间，使其被过高的尖峰电压损坏；第三种原因是开关管没有安装散热片，则开关管在工作时间过长或负载电流过大时，开关管温度升高，使其击穿电压下降而被击穿。可按以下步骤进行检查。

检查稳压调节电路。因稳压调节电路的误差放大电路使用了 IC1（R431），并且稳压调节电路的误差采样放大电路与脉宽调节电路使用光电耦合器 IC2（L9827-817C）隔离，则应防止在检修时出现误判的现象，可使用下面的方法检测稳压调节电路是否正常。首先将一个 12V 直流电源接到副电源电路板 12V 输出的滤波电容 C10 两端，并将三端稳压器的输入端接 C10 正极，输出端接 5V 电源滤波电容 C11 的正极，然后给直流稳压电源通电，若三端误差放大器 IC1 的采样端 R 引脚电压为 2.5V，说明误差采样电路正常。测得光电耦合器 IC2 的①引脚电位为 7.68V，IC2 的②引脚电位为 6.2V，说明三端误差放大器 IC1 正常。用 DT9205 数字万用表 2kΩ 挡测 IC2 的③引脚、④引脚之间的正、反向电阻，分别为 39Ω、65Ω，说明光电耦合器 IC2 正常。在 5V 电源引线两端接一只 270Ω/5W 电阻做电源稳压电路的假负载，则 IC1 采样端 R 引脚电压为 2.48V，IC2 的①引脚电压为 10.59V，②引脚电压为 9.57V。用 DT9205 数字万用表 2kΩ 挡测 IC2 的③引脚、④引脚之间的正、反向电阻，分别为 674Ω 与 ∞（万用表显示屏显示"1"）。经以上测试，若发现有数据相差过大的，说明稳压调节电路的误差采样放大电路有元件异常。

开关管 VT2（2SK2139）的检查。因 2SK2139 是大功率场效应管，属于压控元件，检修中可使用电压感应的方法：将指针万用表置于 ×10kΩ 挡，表笔接 S 极、D 极，用手指触摸 G 极，此时 D 极、S 极正、反向电阻均为 0Ω；当用手指将其 3 个极同时短接，D 极、S 极之间正向电阻接近于 0Ω，反向电阻为 ∞，则说明场效应管正常。

元件的代换。开关管 VT2（2SK2139）在无原型号大功率场效应管代换时，可用 2SK2141、2SK1198 代换，并加装体积适合的铜质散热片。脉宽调节管 VT3 原使用 2SC945，考虑它的 I_{cm} 过小，则维修时使用 I_{cm} 电流大的 2SD400、2SC2060 或 CS8050 代换。当使用 CS8050 代换时，应改变基极、集电极的引脚位置，同时为了提高 VT3 的动态范围，应将限压二极管 VD1 拆除。光电耦合器 IC2（L9827-817C）在无原型号元件时可用 TLP621 或 PC817 代换，三端误差放大器 IC1（R431）可用 TL431 代换。

2) 开关管没有炸裂

若检查发现开关管没有炸裂，但输出端仍没有电压，大多说明开关电源电路没有启动或启动后因某种原因而不能进入正常振荡状态。

首先测量开关管 VT2 栅极对地电压，若电压为 0V，大多说明启动电阻 R1 开路。

测量 VT2 栅极对地电压，若为 0.7V，大多说明自激振荡电路不良。应检查是否因输出端整流管 VD5、VD6 击穿，使开关变压器 T1 呈现低阻，破坏了自激振荡的工作条件；检查是否正反馈回路的电容 C5 失容、电阻 R7 开路，使 VT2 没有得到正反馈激励电压而不能进入自激振荡状态；检查保护电路的 5.6V 稳压管 ZD1 是否不良，导致脉宽调节管 VT3 与开关管 VT2 同步导通，使之不能进入振荡状态；检查限流电阻 R2 是否阻值增大，使初级绕组流过的电流过小，使感应电动势电压幅度不够，VT2 得不到足够幅度的激励电压而不能进入自激振荡状态。

3.3.5 由 KA3842 和比较器 LM358 构成的并联开关电源电路的分析与故障检修

1. 工作原理

开关电源电路分析视频参见前言中的网址

LED 电源实际就是一个开关电源加上一个检测电路，采用 KA3842 和比较器 LM358 来完成稳压供电工作，是电源、LED 照明等多种电器的通用电路。通用 LED 电源原理图如图 3-28 所示。

220V 交流电经 LF1 双向滤波 VD1～VD4 整流为脉动直流电压，再经 C3 滤波后形成约 300V 的直流电压。300V 直流电压经过启动电阻 R4 为脉宽调制集成电路 IC1 的 7 引脚提供启动电压，IC1 的 7 引脚得到启动电压后（7 引脚电压高于 14V 时，集成电路开始工作），6 引脚输出 PWM 脉冲，驱动电源开关管（场效应管）VT1 工作在开关状态，电流通过 VT1 的 S 极—D 极—R7—接地端。此时开关变压器 T1 的 8-9 绕组产生感应电压经 VD6、R2 为 IC1 的 7 引脚提供稳定的工作电压。4 引脚外接振荡阻 R10 和振荡电容 C7，决定 IC1 的振荡频率，IC2（TL431）为精密基准电压源；IC4（光耦合器 4N35）配合用来稳定充电电压；调整 RP1（510Ω半可调电位器）可以细调电源的电压，LED1 是电源指示灯，接通电源后该指示灯就会发出红色的光。VT1 开始工作后，变压器的次级 6-5 绕组输出的电压经快恢复二极管 VD60 整流，C18 滤波得到稳定的电压。此电压一路经二极管 VD70（该二极管起防止电池的电流倒灌给电源的作用）给电池充电；另一路经限流电阻 R38、稳压二极管 VZD1、滤波电容 C60，为比较器 IC3（LM358）提供 12V 工作电源。VD12 为 IC3 提供的基准电压经 R25、R26、R27 分压后送到 IC3 的 2 引脚和 5 引脚。

正常充电时，R33 上端有 0.18～0.2V 的电压，此电压经 R10 加到 IC3 的 3 引脚，从 1 引脚输出高电平，1 引脚输出的高信号分三路输出，第一路驱动 VT2 导通，散热风扇开始工作；第二路经过电阻 R34 点亮双色二极管 LED2 中的红色发光二极管；第三路输入 IC3 的 6 引脚，此时 7 引脚输出低电平，双色发光二极管 LED2 中的绿色发光二极管熄灭，电源进入恒流充电阶段。当电池压升到 44.2V 左右时，电源进入恒压充电阶段，电流逐渐减小。当充电电流减小到 300mA 时，R33 上端电压下降，IC3 的 3 引脚电压低于 2 引脚，1 引脚输出低电平，双色发光二极管 LED2 中的红色发光二极管熄灭，三极管 VT2 截止，风扇停止运转，同时 IC3 的 7 引脚输出高电平，此高电平一路经过电阻 R35 点亮双色发光二极管 LED2 中的绿色发光二极管（指示电已经充满，此时并没有真正充满，实际上还得一两小时才能真正充满）；另一路经 R52、VD18、R40、RP2 到达 IC2 的 1 引脚，使输出电压降低，电源进入的涓流充电阶段（浮充），改变 RP2 的电阻值可以调整电源由恒流充电状态转到涓流充电状态的转折电流。

第3章 LED显示屏电源电路

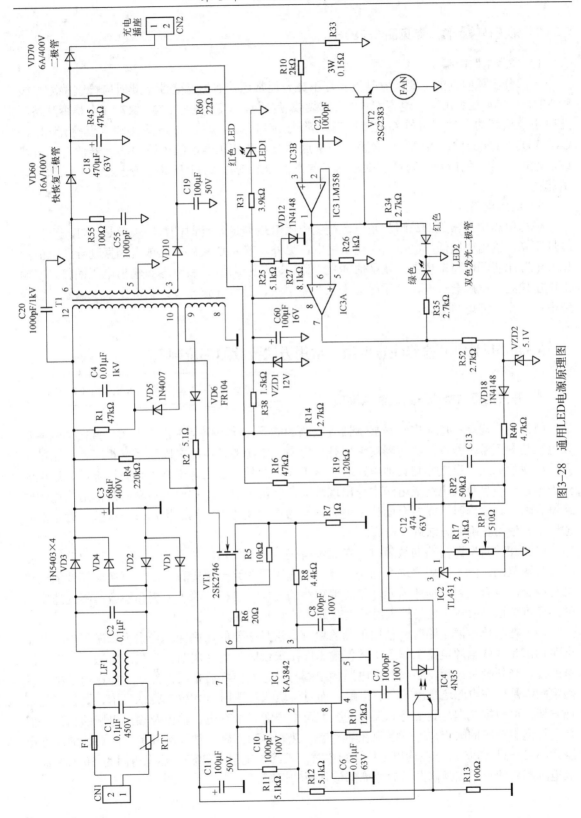

图3-28 通用LED电源原理图

2. 常见故障检修（参见图 3-28）

1）高压电路故障

该部分出现问题的主要现象是指示灯不亮。通常还伴有熔丝烧断，此时应检查整流二极管 VD1~VD4 是否击穿，电容 C3 是否炸裂或者鼓包，VT2 是否击穿，R7、R4 是否开路，此时更换损坏的元件即可排除故障。若经常烧 VT1、且 VT1 不烫手，则重点检查 R1、C4、VD5 等元器件；若 VT1 烫手，则重点检查开关变压器次级电路中的元器件有无短路或者漏电。若红色指示灯闪烁，则故障多数是由 R2 或者 VD6 开路、变压器 T1 线脚虚焊引起的。

2）低压电路故障

低压电路中最常见的故障就是电流检测电阻 R33 烧断，此时的故障现象是红灯一直亮，绿灯不亮，输出电压低，电瓶始终充不进电。另外，若 RP2 接触不良或者因振动导致阻值变化（电源注明不可随车携带，就是怕 RP2 因振动改变阻值），就会导致输出电压偏移。若输出电压偏高，电瓶会过充，严重时会失水产生蒸汽，最终导致充爆；若输出电压偏低，会导致电瓶欠充，缩短其寿命。

3.3.6 开关电源检修注意事项、常用方法及故障部位判断

1. 开关电源的检修思路及注意事项

> 开关电源检修注意事项视频参见前言中的网址

（1）检修思路：电源电路是显示器各电路的能源，此电路是否正常工作，直接影响各负载电路是否正常工作，因显示器均使用开关电源，电源的各电路之间联系又很紧密，当某个元件出现故障后，直接影响其他电路的正常工作。此外，在电源电路中设有过电压、过电流保护电路，一旦负载电路或电源本身出现故障，常常会引起保护电路启动，从而造成电源电路没有输出。检修时，需要全面认识电源电路的结构及特点，然后根据故障现象，确定故障位置，并使用正确的方法进行检修。

（2）在检查电源电路的故障时，在还没有确定故障部位的情况下，为防止通电后进一步扩大故障范围，除了对用户进行询问之外，首先应用在路电阻检查方法，直接对怀疑的电路进行检查，查看是否有损坏的元件和对地短路的现象。这样，除了能提高检查故障的速度之外，还可防止因故障部位的扩大而增大对故障检修的难度。

（3）在检修电源电路时，使用正确的检查方法是必要的。例如，当出现电源不启动使主电源输出为零或电源电路工作不正常使输出电压很低时，可使用断掉负载的方法。但需要注意的是，当断掉负载后，必须在主电源输出端与地之间接好假负载，然后才能通电试机，以确定故障是出在电源还是出在负载电路。而对假负载可选用 40W/60W 的灯泡，其优点是直观方便，可根据灯泡是否发光和发光的亮度可知电源是否有电压输出及输出电压的高低。但是用灯泡也有它的缺点，即灯泡存在着冷态、热态电阻问题，往往刚开机时因灯泡的冷态电阻太小（一只 60W 灯泡在输出电压 100V 时，其冷态电阻为 50Ω；热态电阻为 500Ω）而导致电源不启动，造成维修人员对故障部位判断的误解。

为了减小启动电流，在检修时，除了使用灯泡作假负载之外，还可以使用 50W 电烙铁作假负载，使用也很方便（其冷、热电阻均为 900Ω）。

(4) 维修无输出的电源时，应通电后再断电，因开关电源不振荡，300V 滤波电容两端的电压放电会极其缓慢，电容两端的高压会保持很长时间。此时，若用万用表的电阻挡测量电源，应先对 300V 滤波电容进行放电（可用一大功率的小电阻进行放电），然后才能测量；否则，不但会损坏万用表，还会危及维修人员的安全。

(5) 在测量电压时，一定要注意地线的正确选取，否则测试值是错误的，甚至还可能造成仪器的损坏。在测量开关电源一次（开关变压器初级前电路）电路时，应以"热地"为参考点，地线（"热地"）可选取市电整流滤波电路 300V 滤波电容的负极，若 300V 滤波电容是开关电源一次电路的"标志物"，则测量开关电源二次电压时，应以"冷地"为参考点。另外，在进行波形测试时，也应进行相应地线的选取，且最好在被测电路附近选取地线，若离波形测试点过远，在测试波形上容易出现干扰。

(6) 在维修开关电源时，使用隔离变压器并不能保证绝对的安全，导致触电的充要条件是：与身体接触的两处或以上的导体间存在超过安全的电位差，并有一定强度的电流流经人体，隔离变压器可以消除"热地"与电网之间的电位差，一定程度上可以防止触电，但它无法消除电路中各点间固有的电位差。也就是说，如两只手同时接触了开关电源电路中具有电位差的部位，同样会导致触电。因此，维修人员在维修时，若必须带电操作，首先应使身体与大地可靠绝缘，例如，坐在木质座位上，脚下踩一块干燥木板或包装用泡沫塑料等绝缘物；其次，要养成单手操作的习惯，当必须接触带电部位时，应防止经另一只手或身体的其他部位形成回路等，这些都是避免电击的有效措施。

2. 开关电源检修的常用方法

(1) 假负载

在维修开关电源时，为区分故障出在负载电路还是电源本身，经常需要断开负载，并在电源输出端（一般为 12V）加上假负载进行试机。之所以要接假负载，是因为开关管在截止时，存储在开关变压器一次绕组的能量要向二次侧释放，若不接假负载，则开关变压器存储的能量无处释放，极易导致开关管击穿损坏。一般选取 (30～60)W/12V 的灯泡（汽车或摩托车上使用）作为假负载，优点是直观方便，根据灯泡是否发光和发光的亮度可知电源是否有电压输出及输出电压的高低。为了减小启动电流，也可使用 30W 的电烙铁或大功率 600Ω～1kΩ 电阻作为假负载。

对于大部分液晶显示器，其开关电源的直流电压输出端大都通过一个电阻接地，相当于接了一个假负载。因此，对此种结构的开关电源，维修时不需要再接假负载。

(2) 短路法

液晶显示器的开关电源，较多地使用了带光电耦合器的直接取样稳压调节电路，当输出电压高时，可使用短路来判断故障范围。

短路法的过程是：先短路光电耦合器的光敏接收管的两脚，相当于减小了光敏接收管的内阻，测量主电压仍没有变化，则说明故障在光电耦合器之后（开关变压器的一次侧）；反之，故障在光电耦合器之前的电路。

需要说明的是，短路法应在熟悉电路的基础上有针对性地进行，不能盲目短路以免将故障扩大。另外，从安全角度考虑，短路之前，应断开负载电路。

（3）串联灯泡法

所谓串联灯泡法，就是先取下输入回路的熔丝，用一个 60W/220V 的灯泡串联在原熔丝两端。当通入交流电后，如灯泡很亮，则说明电路有短路现象，因灯泡有一定的阻值，如 60W/220V 的灯泡，其阻值约为 500Ω（指热阻），能起到一定的限流作用。这样，一方面能直观地通过灯泡的明亮度大致判断电路的故障；另一方面，因灯泡的限流作用，不至于立即使已有短路的电路烧坏元器件。排除短路故障后，灯泡的亮度自然会变暗。最后再取下灯泡，换上熔丝。

（4）输入端串入降压变压器法

对于待修的电源，因电路已存在故障，若直接输入正常的较高的电压，通电后会短时间烧毁电路中的元件，甚至将故障部位扩大。此时，可用一只可调变压器，给电路提供较低的交流电压，然后对故障进行检查，逐渐将电源电压提高到正常值，以免在检修故障时将故障面扩大，给检修带来不便。

（5）代换法

在液晶显示器开关电源中，一般使用一块电源控制芯片，此类芯片现在已经非常便宜。因此，怀疑控制芯片有问题时，建议使用正常的芯片进行代换，以提高维修效率。

3．常见故障部位判断

（1）主电源无输出

在检修时首先要检查熔丝是否熔断。若已断，说明电路中有严重的短路现象，应检查向开关管漏极供电的 300V 电压是否正常。若无 300V 电压，应检查：开关管是否击穿、滤波电容是否漏电或击穿、整流二极管是否有一只以上击穿及与二极管并联的电容是否击穿、消磁电阻是否损坏、电网滤波线圈是否短路、电源线是否短路等。如熔丝没有断且无 300V 电压，说明整流滤波前级有开路现象，如整流二极管有两只以上开路、滤波线圈短路、电源线短路、开关变压器初级短路等。

若整流电路有 300V 电压，说明整流滤波电路无问题；如无主直流电压输出，则故障应在开关振荡电路，如开关管开路、启动电路有开路现象、振荡电路的供电电路有故障等。

（2）开机瞬间主电压有输出但随后下降很多或下降到零

此故障一般是因保护电路启动或是因负载电路有短路现象造成的。

检查开关电源输出部分及负载电路有无短路现象，方法是关机测量各输出端电压的对地电阻，如很小或为零，则顺藤摸瓜，检查各负载电路的短路性故障，如滤波电容漏电或击穿、负载集成电路有短路现象等。

检查过流保护电路。检修时除了检查过流被控电路的问题之外，还应检查过流电路本身的问题。

检查过压保护电路。在确认负载电路不存在过流现象时，就应检查过压保护电路是否正常，如属于此电路的问题，一般为晶闸管损坏。

（3）主电压过高的判断检修

在电源电路中，均设有过压保护电路，如输出电压过高首先会使过压保护电路动作。此时，可将保护电路断开，测开机瞬间的主电压输出，若测出的电压值比正常的电压值高 10V 以上，说明输出电压过高，故障存在于电源稳压电路及正反馈振荡电路。应重点检查如取样电位器、取样电阻、光电耦合器及稳压集成电路等的故障。

（4）输出电压过低

根据维修经验，除稳压控制电路会引起输出电压过低外，还有一些原因会引起输出电压过低，主要有以下几点：

① 开关电源负载有短路故障（特别是 DC/DC 变换器短路或性能不良等）。此时，应断开开关电源电路的所有负载，以区分是开关电源电路还是负载电路有故障。若断开负载电路，电压输出正常，则说明是负载过重；若仍不正常，则说明开关电源电路有故障。

② 输出电压端整流半导体二极管、滤波电容失效等，可以通过代换法进行判断。

③ 开关管的性能下降，必然导致开关管不能正常导通，使电源的内阻增加，带负载能力下降。

④ 开关变压器不良，不但造成输出电压下降，还会造成开关管激励不足从而屡损开关管。

⑤ 300V 滤波电容不良，造成电源带负载能力差，一接负载输出电压便下降。

（5）屡损开关管故障原因与维修

屡损开关管是开关电源电路维修的重点和难点，下面进行系统分析。

开关管是开关电源的核心部件，工作在大电流、高电压的环境下，其损坏的比例比较高。一旦损坏，往往并不是换上新管子就可以排除故障，甚至还会损坏新管子。这种屡损开关管的故障排除起来是较为麻烦的，往往令初学者无从下手，下面简要分析一下常见原因。

① 开关管过电压损坏。

a．市电电压过高，对开关管提供的漏极工作电压过高，开关管漏极产生的开关脉冲幅度自然升高许多，会突破开关管 D-S 的耐压值而造成开关管击穿。

b．稳压电路有问题，使开关电源输出电压升高的同时，开关变压器各绕组产生的感应电压幅度增大，其一次绕组产生的感应电压与开关管漏极得到的直流工作电压叠加，若这个叠加值超过开关管 D-S 的耐压值，则会损坏开关管。

c．开关管漏极保护电路（尖峰脉冲吸收电路）有问题，不能将开关管漏极幅度颇高的尖峰脉冲吸收掉而造成开关管漏极电压过高击穿。

d．300V 滤波电容失效，使其两端含有大量的高频脉冲，在开关管截止时与反峰电压叠加后，导致开关管过电压而损坏。

② 开关管过电流损坏。

a．开关电源负载过重，造成开关管导通时间延长而损坏开关管，常见原因是输出电压的整流、滤波电路不良或负载电路有故障。

b．开关变压器匝间短路。

③ 开关管功耗大而损坏。常见的有开启损耗大和关断损耗大两种。开启损耗大主要是因为开关管在规定的时间内不能由放大状态进入饱和状态，多是开关管激励不足造成的；关断损耗大主要是开关管在规定动作时间内不能由放大状态进入截止状态，多是开关管栅极的波形因某种原因发生畸变造成的。

④ 开关管本身有质量问题。市售电源开关管质量良莠不齐，若开关管存在质量问题，屡损开关管也就在所难免。

⑤ 开关管代换不当。开关电源的场效应开关管功率一般较大，不能用功率小、耐压低的场效应管进行代换，否则极易损坏；也不能用彩电电源常用的 BC508A、2SD1403 等半导体管进行代换。实验证明，代换后电源虽可工作，但通电几分钟后半导体管即过热，会引起屡损开关管的故障。

第4章 LED驱动电路及扫描控制

4.1 LED驱动电路分类

4.1.1 按输入电源电压分类

原始电源给 LED 供电有四种情况：低电压驱动、过渡电压驱动、高电压驱动及市电驱动。不同的情况在电源变压器的技术实现上有不同的方案，下面介绍这几种情况下的电源驱动方法。

1．低电压驱动

低电压驱动是指用低于 LED 正向导通压降的电压驱动 LED，如一节普通干电池或镍镉-镍氢电池，其正常供电电压为 0.8~1.65V。低电压驱动 LED 需要把电压升到足以使 LED 导通的电压值。对于 LED 这样的低功耗照明器件，这是一种常见的使用情况，如 LED 手电筒、LED 应急灯、节能台灯等。由于受单节电池容量的限制，一般不需要很大功率，但要求有最低的成本和比较高的变换效率。另外，考虑到有可能配合一节 5 号电池工作，还要有最小的体积，它主要采用升压式 DC/DC 转换器或升压式（或升降压式）电荷泵转换器，少数采用 LDO（低压差线性稳压器）电路的驱动器，最佳技术方案是电荷泵式升压转换器。

2．过渡电压驱动

过渡电压驱动是指给 LED 供电的电源电压值在 LED 管压降附近变动，这个电压有时可能略高于 LED 管压降，有时可能略低于 LED 管压降，如一节锂电池或者两节串联的铅酸电池，满电时电压在 4V 以上，电快用完时电压在 3V 以下，用这类电源供电的典型应用有 LED 矿灯等。过渡电压驱动 LED 的电源变换电路既要解决升压问题又要解决降压问题，为了配合一节锂电池工作，也需要有尽可能小的体积和尽量低的成本，一般情况下功率也不大，其最高性价比的电路结构是反极性电荷泵式转换器。

3．高电压驱动

高电压驱动是指给 LED 供电的电压值始终高于 LED 管压降，如 6V、9V、12V、24V 蓄电池。典型应用有太阳能草坪灯、太阳能庭院灯、机动车的灯光系统等。高电压驱动 LED 要解决降压问题，由于高电压驱动一般由普通蓄电池供电，会使用比较大的功率（如机动车照明和信号灯光），因此应该尽量降低成本，转换器的最佳电路结构是串联开关降压电路。

4. 市电驱动

这是一种对 LED 照明应用最有价值的供电方式，是 LED 照明普及应用必须要解决好的问题，用市电驱动 LED 要解决降压和整流问题，还要有比较高的转换效率、有较小的体积和较低的成本。另外，还应该解决安全隔离问题，考虑到对电网的影响，还要解决好电磁干扰和功率因数问题。对中小效率的 LED，其最佳电路结构是隔离室单端反激转换器；对于大功率的应用，应该使用桥式转换电路。

4.1.2 按负载连接方式分类

驱动 LED 面临着不少挑战，如正向电压会随着温度、电流的变化而变化，而不同个体、不同批次、不同供应商的 LED 正向电压也会有差异；另外，LED 的色温也会随着电流及温度的变化而发生漂移。

LED 的排列方式及 LED 光源的规范决定着基本的驱动器要求。

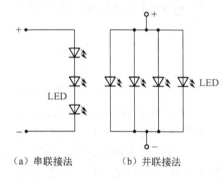

(a) 串联接法　　(b) 并联接法

图 4-1　LED 的简单串联和并联

1. 串联方式

串联接法如图 4-1（a）所示。恒压驱动时要求驱动电压较高，任意 LED 短路将导致余下 LED 容易损坏。当某一 LED 断路时，则无论恒压驱动还是恒流驱动，串联在一起的 LED 将全部不亮。解决的办法是在每个 LED 两端并联一个导通电压比 LED 高的齐纳管即可。

2. 并联方式

并联接法如图 4-1（b）所示。恒流驱动时要求电流较大，任意 LED 断路将导致余下 LED 容易损坏。解决办法是尽量多并联 LED，当断开某一 LED 时，分配在余下 LED 的电流不大，不影响其正常工作。所以，在功率型 LED 作并联负载时，不宜选用恒流式驱动器。当某一 LED 短路时，无论是恒压驱动还是恒流驱动，则所有的 LED 将不亮。

3. 混联方式

混联接法有两种：一种如图 4-2（a）所示，串并联的 LED 数量平均分配，分配在一串 LED 上的电压相同，通过同一串每只 LED 上的电流也基本相同，LED 亮度一致，同时通过每串 LED 的电流也相近；另一种接法是将 LED 平均分配后，分组并联，再将各组串联，如图 2-2（b）所示，要求与单组串联或并联相同。

另外，应用中通常会使用多只 LED，这就涉及多只 LED 的排列方式问题，各种排列方式中，首先驱动串联的单串 LED，因为这种方式不论正向电压如何变化，输出电压（V_{out}）如何"漂移"，均提供极佳的电流匹配性能。当然，用户也可以采用并联、串联-并联组合及交叉连接等其他排列方式，用于需要"相互匹配的"LED 正向电压的应用，并获得其他优势。在交叉连接中，如果其中某个 LED 因故障开路，则电路中仅有 1 个 LED 的驱动电流会加倍，从而尽量减少对整个电路的影响。

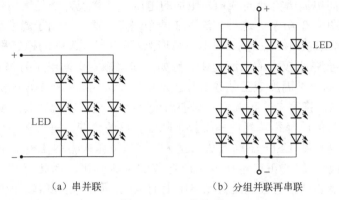

（a）串并联　　　　　　　　　（b）分组并联再串联

图 4-2　LED 的混联

4.1.3　按驱动方式分类

若按 LED 驱动方式来分类，可分为恒流驱动和恒压驱动两种。

1．恒流驱动

（1）恒流驱动电路输出的电流是恒定的，而输出的直流电压却随着负载阻值的大小不同在一定范围内变化，负载阻值小，输出电压就低，负载阻值越大，输出电压也就越高。

（2）恒流电路不怕负载短路，但严禁负载完全开路，实际使用的 LED 恒流驱动电源一般均具有恒压、恒流功能，因此负载完全开路对驱动电源没影响。

（3）恒流驱动电路驱动 LED 是较为理想的，但相对而言价格较高。

（4）应注意所使用的最大承受电流及电压值，它限制了 LED 的使用数量。

2．恒压驱动

（1）恒压驱动电路输出的电压是恒定的，而输出的直流电流却随着负载阻值的大小不同在一定范围内变化，负载阻值越小，输出电流越低；负载阻值越大，输出电流也越高。

（2）恒压电路不怕负载开路，但严禁负载完全短路。

（3）以恒压驱动电路驱动 LED，每串需要加上合适的电阻才能使显示亮度均匀。

（4）亮度会受整流后的电压变化影响。

4.2　LED 驱动电路的实现

4.2.1　直流驱动电路

高亮度 LED 是由电流驱动的器件，其亮度与正向电流呈比例关系。因此，驱动高亮度 LED 的主要目标是产生正向电流通过器件，这可采用恒压源或恒流源来实现。有两种常用的驱动方法可以控制高亮度 ELD 的正向电流。第一种方法是根据高亮度 LED 的 I-V 特性曲线来确定产生预期正向电流所需要向 LED 施加的电压，其实现方法是采用带限流电阻器的恒压电源，其电路如图 4-3 所示。这种方法存在两个缺点：第一，由于温度和工艺的原因，难以保证每个 LED 的正向压降 V_F 绝对相同，因此尽管可以保证 VD 的稳定和 R_a 的一致性，但 V_F 的微小变化仍然会带来较大的电流变化。比如，如果额定正向电压为 3.6V，则图 4-3 中 LED 的电流为 20mA，若温度或工艺改变让正向电压变为 4.0V（仍在正常的范围内），正向电流将下降至 14mA。换言之，正向电压只要改变 11%，正向电流就会出现 30%的大幅度变动。第二，限流电阻的压降和功耗使系统效率降低。这两个缺点是许多应用无法接受的。第二种方法也是首选高亮度 LED 驱动方法，就是利用恒流源来驱动 LED。恒流源驱动可消除因温度和工艺等因素引起的正向电压变化所导致的电流变化，因此可产生恒定的 LED 亮度。产生恒流电源需要调整通过电流检测电阻上的电压，而不是调整输出电压。如图 4-4 所示，参考电压 V（OUT 对地电压）和电流检测电阻的 R 值决定了 LED 电流的大小。在驱动多个 LED 时，只需把它们串联起来就可以在每只 LED 上实现恒定电流；驱动并联 LED 时，需要在每串 LED 中放置一个限流电阻。

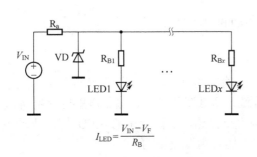

图 4-3　带限流电阻器的恒压源驱动电路

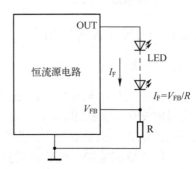

图 4-4　驱动 LED 的恒流源电路

高亮度 LED 的驱动设计必须充分考虑系统的需求。一方面，高亮度 LED 大多采用电池供电，如手机中的 3.6V 锂电池，汽车中的 12V 蓄电池等，它们提供的电压不适合直接驱动高亮度 LED；另一方面，高亮度 LED 应该工作在稳定的电流下。因此，现代高亮度 LED 驱动电路从原理上来说应具备两个基本要素：一是直流变换；二是恒流。高亮度 LED 驱动电路的一般原理如图 4-5 所示。

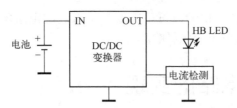

图 4-5　高亮度 LED 驱动电路的一般原理

从图 4-5 可以看到，驱动电路主要由 DC/DC 变换器、电流检测电路组成。DC/DC 变换器将电池电压变换成适合驱动高亮度 LED 的直流电压；电流检测电路检测输出电流，通过反馈环路控制 DC/DC 变换器输出电压，将 LED 电流稳定在一个预设值。

采用 DC/DC 电源的 LED 照明应用中，高亮度 LED 常用的恒流驱动方式有电阻限流 LED 驱动电路、线性恒流型 LED 驱动电路、开关型 LED 驱动电路和电荷泵型 LED 驱动电路。

1. 电阻限流 LED 驱动电路

如图 4-6 所示，电阻限流驱动电路是最简单的驱动方式，其阻值为

$$R = \frac{V_{IN} - yV_F - V_D}{xI_F}$$

式中，V_{IN} 为电路的输入电压；I_F 为 LED 的正向电流；V_F 为 LED 在正向电流 I_F 时的压降；V_D 为防反二极管的压降（可选）；y 为每串 LED 的数目；x 为并联 LED 的串数。

由图 4-6 和上式可知，电阻限流驱动电路虽然简单，但是在输入电压波动时，通过 LED 的电流也会随之变化，因此使调节性能变差。另外，由于电阻 R 的接入，损失的功率较大，因此效率较低。

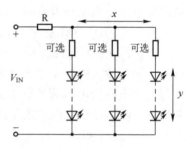

图 4-6 电阻限流驱动电路

2. 线性恒流型 LED 驱动电路

线性恒流型 LED 驱动电路是一种降压驱动电路，如图 4-7 所示。该电路由串联调整管 PE、采样电阻 R_{sense}、带隙基准电路和误差放大器 EA 组成。采样电压加在误差放大器 EA 的同相输入端，与加在反相输入端的基准电压 V_{REF} 相比较，两者的差值经误差放大器 EA 放大后，控制串联调整管的栅极电压，从而稳定输出电流。线性恒流型 LED 驱动电路的优点是结构简单、电磁干扰小、低噪声特性、对负载电源的变化响应迅速、较小的尺寸及成本低廉。缺点是：第一，驱动电压必须小于电源电压，因此在锂电池供电系统中的应用受到限制；第二，调整管串联在输入、输出之间，效率相对较低。

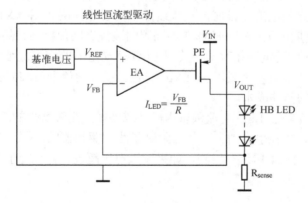

图 4-7 线性恒流型 LED 驱动电路

线性恒流型 LED 驱动电路（线性恒流调节器）的核心是利用工作在线性区的功率三极管或 MOSFET 作为一个动态电阻来控制负载，线性恒流调节器有并联型和串联型两种。

图 4-8（a）为并联型线性调节器，又称为分流调节器，它采用功率三极管与 LED 并联的形式，可以分流负载的一部分电流。分流调节器也同样需要串联一个限流电阻 R_{sense}，与电阻限流驱动电路相似。当输入电压增大时，流过负载 LED 上的电流增加，反馈电压增大使得功率三极管的动态电阻减小，流过功率三极管的电流增大，这样就增大了在限流电阻 R_{sense} 上的压降，从而使得 LED 上的电流和电压保持恒定。

由于分流调节器需要串联一个电阻，所以效率不高，并且在输入电压变化范围比较宽的情况下很难做到保持电流恒定。

图 4-8（b）为串联型线性调节器，当输入电压增大时，使功率三极管的调节动态电阻增大，以保持 LED 上的电压（电流）恒定，由于功率三极管或 MOSFET 管都有一个饱和导通电压，因此输入的最小电压必须大于该饱和电压与负载电压之和，电路才能正常工作，这样使得整个电路的电压调节范围受限。这种控制方式与并联型线性调节器相比，由于少了串联的线性电阻，使得系统的效率较高。

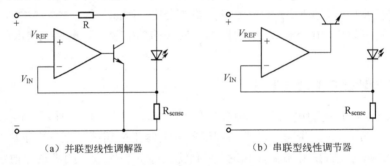

（a）并联型线性调解器　　　（b）串联型线性调节器

图 4-8　线性调节器电路图

驱动 HB LED 的最佳方案是使用恒流源，实现恒流源的简单电路是用一个 MOSFET 与 HB LED 串联，对 HB LED 的电流进行检测并将其与基准电压比较，比较信号反馈到运算放大器，进而控制 MOSFET 的栅极。这种电路如同一个理想的电流源，可以在正向电压、电源电压变化时保持固定的电流。目前，一些线性驱动芯片，例如 MAX16806 在芯片内部集成了 MOSFET 和高精度电压基准，能够在不同照明装置之间保持一致的亮度。

线性恒流型 LED 驱动电路相对于开关型 LED 驱动电路的优点是结构简单、易于实现，因为没有高频开关，所以也不需要考虑 EMI 问题。线性恒流型 LED 驱动电路的外围元件少，可有效降低系统的整体成本。

线性驱动器的功耗等于 LED 电流乘以内部（或外部）无源器件的压降。当 LED 电流或输入电源电压增大时，功耗也会增大，从而限制了线性驱动器的应用。为了减少照明装置的功耗，MAX16806 对输入电压进行监测，如果输入电压超过预先设定值，它将减小驱动电流以降低功耗。

3. 开关型 LED 驱动电路

线性恒流驱动技术不但受输入电压范围的限制，而且效率低，在用于低功率的普通 LED 驱动时，由于电流只有几毫安，因此损耗不明显；而当作用电流有几百毫安甚至更高时，功率的损耗就成为比较严重的问题。

开关电源作为能量变换中效率最高的一种方式,效率可以达到 90%以上,其明显的缺点是输出纹波电压大,瞬时恢复时间较长,会产生电磁干扰(EMI)。

开关电源作为 LED 驱动电源,从结构上看,有降压型、升压型、降压-升压型、SEPIC 和反激式拓扑等多种形式,可用于 LED 驱动电路的设计。为了满足 LED 的恒流驱动,打破传统的反馈输出电压的形式,采用检测输出电流进行反馈控制,并且可以实现降压、升压和降压-升压的功能。另外,价格偏高和外围器件复杂是开关型 LED 驱动电路相对其他 LED 驱动电路的缺点。

在驱动 LED 时常用的三种开关型基本电路拓扑为:降压拓扑结构、升压拓扑结构、降压-升压拓扑结构。采用何种拓扑结构取决于输入电压和输出电压的关系。

开关型 LED 驱动电路是利用开关电源原理进行 DC/DC 直流变换的,如图 4-9 所示。图中,L_1 和 C_{out} 为储能元件,MOSFET 和整流二极管 D_1 为开关元件,MOSFET 不断开启和关闭,使输入电压 V_{IN} 升高至输出电压 V_{out},从而驱动 LED,升压比由开关管占空比决定。

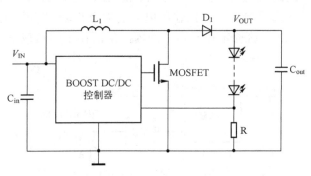

图 4-9 开关型 LED 驱动电路

升压(BOOST)DC/DC 控制器能根据 R 反馈的电压自动调节开关的占空比,从而调节输出电压的高低,使 LED 电流稳定在预设值。

图 4-10(a)为采用 BUCK 转换器的 LED 驱动电路。与传统的 BUCK 变换器不同,开关管 S 移到电感 L 的后面,使得 S 源极接地,从而便于场效应晶体管与 LED 及 L 串联,而续流二极管 D 与该串联电路反并联。该驱动电路不但简单而且不需要输出滤波电容,降低了成本。但是,BUCK 变换器是降压变换器,不适合输入电压低或者多个 LED 串联的场合。降压稳压器 BUCK#2 如图 4-10(b)所示。在此电路中,MOSFET 对接地进行驱动,从而大大降低了驱动电路要求。该电路可选择通过监测 FET 电流或与 LED 串联的电流感应电阻来感应 LED 电流。后者需要一个电平移位电路来获得电源接地信息,但这会使简单的设计复杂化。

图 4-10(c)为 BOOST 变换器的 LED 驱动电路,通过电感储能将输出电压泵至比输入电压更高的值,实现在低输入电压下给 LED 稳定的驱动。在结构上,与传统的 BOOST 变换器结构基本相似,只采用 LED 负载的反馈电流信号,以确保恒流输出。其缺点是由于输出电容通常取得较小,LED 上的电流会出现断续。通过调节电流峰值和占空比来控制 LED 的平均电流,从而实现在低输入电压下对 LED 的恒流驱动。

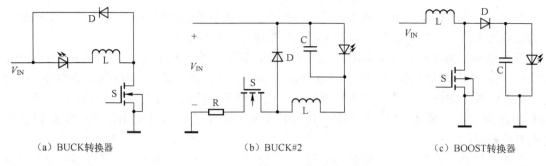

(a) BUCK 转换器　　　　　　(b) BUCK#2　　　　　　(c) BOOST 转换器

图 4-10　几种不同类型开关电源电路

4．电荷泵型 LED 驱动电路

电荷泵型 LED 驱动是一种直流升压驱动方式，其驱动电路如图 4-11 所示。通过电荷泵将输入直流电压 V_{DN} 按固定升压比升压至 V_{OUT}，用来驱动 LED。LED 电流通过检测电阻 R 取样后反馈给模式选择电路，根据输出电流的大小自动调节电荷泵工作在 1X、1.5X 或 2X 等模式下，使 LED 电流稳定在一定范围内，从而在不同负载下均能达到较高的转换效率。

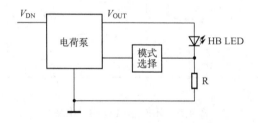

图 4-11　电荷泵型 LED 驱动电路

电荷泵通过开关电容阵列、振荡器、逻辑电路和比较器实现升压，其优点是采用电容储能，不需要电感，只需要外接电容，开关工作频率高（约 1MHz），可使用小型陶瓷电容（1μF）等。电荷泵解决方案的主要缺点有两个：第一，升压比只能取几个固定值，因此调节电流能力有限；第二，绝大多数电荷泵的电压转换率最多只能达到输入电压的 2 倍，这表示输出电压不可能高于输入电压的 2 倍，因此若想在锂电池供电的系统中利用电荷泵驱动一个以上的高亮度 LED，就必须采用并联驱动方式，这时必须使用限流电阻来防止电流分配不均，但这样会缩短电池的寿命。

如电流大于 500mA 的大电流应用，通常采用开关稳压器，因为线性驱动器限于自身结构原因，无法提供这样大的电流；而在电流低于 200mA 的低电流应用中，通常采用线性稳压器及电阻型驱动器；而在 200～500mA 的中等电流应用中，既可以采用线性稳压器，也可以采用开关稳压器。

4.2.2　交流供电驱动电路结构（AC/DC 驱动）

目前 LED 在应用中大多利用交流市电电源供电，由于 LED 要求在直流低电压下工作，如果采用市电电源供电,则需要通过适当的电路拓扑将其转换为符合 LED 工作要求的直流电源。LED 驱动器的主要功能就是在一定的工作条件范围下限制流过 LED 的电流。AC/DC 驱动结构框图如图 4-12 所示。其中,所谓的"隔离"表示交流线路电压与 LED(即输入与输出)之间没有物理上的电气连接,最常用的是采用变压器来进行电气隔离,而"非隔离"是指负载端与输入端直接连接,即没有采用高频变压器来进行电气隔离,触摸负载有触电的危险。

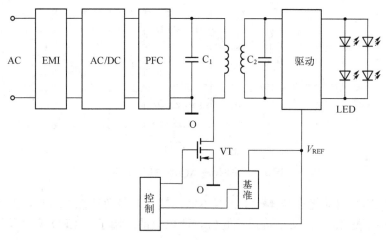

图 4-12　AC/DC 驱动结构框图

1. AC/DC 驱动器基本结构

LED 驱动器的基本工作电路示意图如图 4-13 所示。在 LED 照明设计中,AC/DC 电源转换与恒流驱动这两部分电路可以采用不同配置:

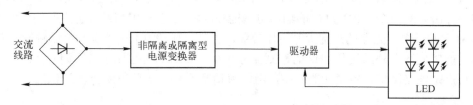

图 4-13　LED 驱动器的基本工作电路示意图

(1) 整体式(integral)配置,即两者融合在一起,均位于照明灯具内,这种配置的优势包括优化能效及简化安装等。

(2) 分布式(distributed)配置,即两者单独存在,这种配置安全程度较高,并增加灵活性。

2. 非隔离 AC/DC LED 驱动器

非隔离 LED 驱动器有两种设计方法:一种是采用高耐压电容降压,另一种是采用高压芯片直接和市电连接。

非隔离 AC/DC 转换电路如图 4-14 所示。C_1 为降压电容器,同时具有限流作用,D_5 是稳压二极管，R_1 为关断电源后 C_1 的电荷泄放电阻。

通过 C_1 的电流 I_{C_1} 为

$$I_{C_1} = V_{AC} / 2\pi f_{AC} C_1$$

交流电压为 220V、50Hz 条件下：

$$I_{C_1} \approx 70\text{mA}$$

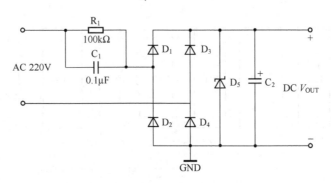

图 4-14 非隔离 AC/DC 转换电路

电容降压 LED 驱动优点是体积小、成本低；缺点是带负载能力有限，效率不高，输出电压随电网波动而变化，使 LED 亮度不稳定，所以只能应用于对 LED 亮度及精度要求不高的场合。

图 4-15 为非隔离 LED 驱动器电路原理图。HV9910 是一款 PWM 高效率 LED 驱动 IC。它允许电压从 DC8V 一直到 DC450V 而对 HB LED 有效控制。

通过一个可升至 300kHz 的频率来控制外部的 MOSFET，该频率可用一个电阻调整。LED 灯串受恒定电流的控制，这样可提供持续稳定的光输出和提高可靠度。输出电流调整范围可从 mA 级到 1.0A。HV9910 使用了一种高压隔离连接工艺，可经受高达 450V 的浪涌输入电压的冲击。对一个 LED 灯串的输出电流能被编程设定在 0 与最大值之间的任何值，它由输入 HV 的线性调光器的外部控制电压控制。另外，HV9910 也提供一个低频的 PWM 调光功能，能接受一个外部达几 kHz 的控制信号在 0~100%的占空比下进行调光。高压芯片恒流电路特点是电路简单，所需元器件少，但恒流精度不高，一旦失控会烧毁 LED 灯串。

3. 市电隔离 AC/DC LED 驱动器

市电隔离 AC/DC LED 驱动器有两种结构：一种是变压器降压 LED 驱动电路，另一种是采用 PWM 控制方式开关电源。

采用变压器降压 LED 驱动电路的结构是由降压变压器、全波整流、电容滤波和 LED 驱动电路构成。变压器降压 LED 驱动电路的特点是采用工频变压器，转换效率低，另外限流电阻上消耗功率较大，电源效率很低。

PWM 控制方式开关电源主要由四个部分组成，即输入整流滤波、输出整流滤波、PWM 控制单元和开关能量转换。PWM 控制方式开关电源的特点是效率高，一般可在 80%~90%，输出电压和电流稳定，可加入各种保护，属于可靠性电源，是比较理想的 LED 电源，如图 4-16 所示。

第4章 LED驱动电路及扫描控制

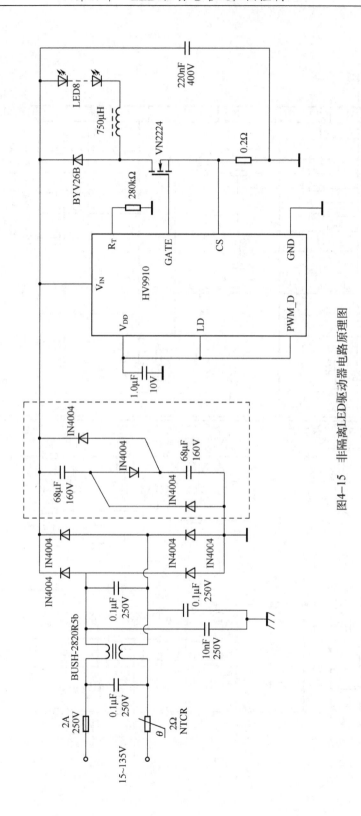

图4-15 非隔离LED驱动器电路原理图

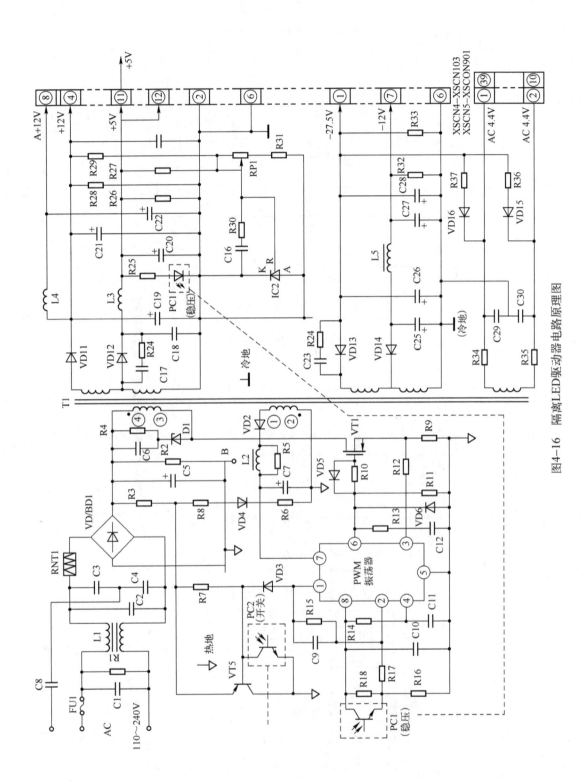

图4-16 隔离LED驱动器电路原理图

4.3 LED 驱动器的设计流程

LED 应用的关键技术之一是提供与其特性相适应的电源或驱动电路。因此，LED 驱动器的科学设计对 LED 照明灯尤为重要。又因为 LED 驱动器的结构与 LED 的数量和连接方式密切相关，因此在驱动器设计前应该完成下列工作。

1. 确定照明目的

LED 照明必须满足或超过目标应用的照明要求。因此，在实际设计目标之前就必须确定照明要求。对于某些应用，存在现成的照明标准，可以直接确定要求。对其他应用，确定现有照明的特性是一个好方法。具体来说，包括以下内容：照明功用、光输出、光分布、CCT、CRI、操作温度、灯具尺寸和电源功率等。

2. 确定设计目标

照明要求确定之后，就可以确定 LED 照明的设计目标。与实际照明要求时一样，关键设计目标与光输出和功耗有关。确保包含了对目标应用可能重要的其他设计目标，包括工作环境、材料清单（BOM）成本和使用寿命。首先要确定照明面积，即确定需要照明区域的各边长或半径；然后确定照明距离，确定需要照明区域的用光量和光的照射角度，这是决定照明系统的关键；最后确定照明角度，即确定需要照明的区域要多宽角度的光，选择光源的照射角度。

3. 估计光学系统、热系统和电气系统的效率

设计过程中最重要的参数之一是需要多少只 LED 才能满足设计目标，其他的设计决策都是围绕 LED 数量展开的，因为 LED 数量直接影响光输出、功耗以及照明成本。

查看 LED 数据手册列出的典型光通量，用该数除以设计目标流明，这种方法方便，然而太简化了，依此设计将满足不了应用的照明要求，LED 的光通量依赖于多种因素，包括驱动电流和结温。要准确计算所需要的数量，必须首先估计光学、热和电气系统的效率，以之前的个人经验或者本文提供的例子，都可以作为指南来估计这些参数。

4. 计算需要的 LED 数量和工作电流

根据 LED 数量、连接方式和工作电流，选择驱动器类型和拓扑结构。

在完成上述工作后，就可以着手设计驱动器了。下面以非隔离型反激型 LED 驱动器设计为例，叙述 LED 驱动器的设计过程。

第一步，根据设计目标确定 LED 驱动器拓扑结构，并选择驱动芯片。

在本例中设计的 LED 照明灯具主要用于 LED 轨道照明和通用 LED 照明设备等。因为反激型 LED 驱动器结构要用于输入电压高于或低于所要求的输出电压。此外，当反激电路工作在非连续电感电流模式时，能够保持 LED 电流恒定，无须额外的控制回路。选择反激型 LED 驱动器，这里选择高度集成的 MAX16802 PWM LED 驱动器 IC。

该 MAX16802 PWM LED 驱动器 IC 有以下特征：
- 10.8~24V 输入电压范围；
- 为单个 3.3V LED 供电，提供 350mA（典型）电流；

- 29V（典型值），阳极对地的最大开路电压；
- 262kHz 开关频率；
- 逐周期限流；
- 通/断控制输入；
- 允许使用低频 PWM 信号调节亮度；
- 可以调整电路以适应多种形式的串联、并联 LED 配置；
- 高集成度，所需的外围元件很少；
- 微小的 8 引脚，MAX 封装；
- 较小的检流门限，降低损耗；
- 相当精确的振荡频率，有助于减小 LED 电流变化；
- 片上电压反馈放大器，可用于限制输出开路电压。

MAX16802 典型应用电路如图 4-17 所示。

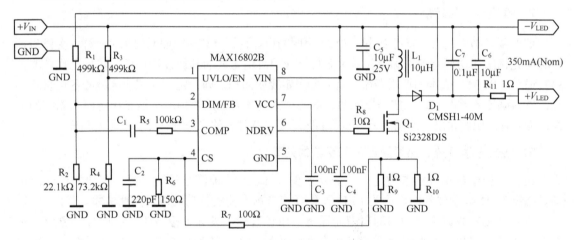

图 4-17 MAX16802 典型应用电路

注意：当 $+V_{LED}$ 和 $-V_{LED}$ 不与 LED 连接时，请勿给电路供电。

驱动电路拓扑的优点：
- 无须外部控制环路即可调节 LED 电流；
- 非连续电感电流传输降低 EMI 辐射；
- 较低的开关导通损耗；
- 简单的电路设计流程；
- LED 电压可高于或低于输入电压；
- 较宽的输入电压范围；
- 可以方便地接入 PWM 亮度调节信号。

该拓扑电路最大的优点是简单，但也存在以下缺点：

LED 电流受元件容限的影响，如电感和检流比较器传输延迟；非连续电感电流工作模式，使该拓扑结构更适合于低功耗应用。

给定 LED 参数为 $I_{LED}=350mA$，$V_{LED}=3.3V$，$V_{in\ min}=10.8V$，$V_{in\ max}=24V$。

第二步，计算最小输入电压下最佳占空比的近似值：

$$d_{on} = \frac{V_{LED} + R_b I_{LED} + V_D}{V_{in\,min} + V_{LED} + R_b I_{LED} + V}$$

式中，R_b 为整流器电阻，与应用电路中的 R_{11} 相同，在本应用中设定为 1Ω；V_D 为整流二极管 D_1 的正向压降。

将已知数值代入式得到：d_{on}=0.291。

第三步，计算峰值电感电流的近似值：

$$I_p = \frac{k_f \cdot 2 \cdot I_{LED}}{1 - d_{on}}$$

式中，k_f 为临界误差系数，这里设为 1.1。

将已知值代入式得到，I_p=1.086A。

第四步，计算所需电感的近似值，并选择小于并最接近于计算值的标准电感：

$$L = \frac{d_{on} V_{in\,min}}{f I_p}$$

式中，L 为应用电路中的 L_1；f 为开关频率，f=262kHz。

将已知值代入上式得到：L=11.4μH。低于该值且接近的标准值为 11μH。

第五步，通过反激工作过程传递到输出端的功率为

$$P_{in} = \frac{1}{2} L I_p^2 f$$

输出电路的损耗功率为

$$P_{out} = V_{LED} I_{LED} + V_D L_{LED} + R_b I_{LED}^2$$

根据能量守恒原理，即可得到一个更精确的峰值电感电流：

$$I_p = \sqrt{\frac{2 I_{LED}(R_b I_{LED} + V_{LED} + V_D)}{L f}}$$

式中，L 为实际选择的标准电感值。

将已知数值代入可得：I_p=1.028A。

第六步，计算检流电阻，由 R_9 和 R_{10} 并联而得；计算电压检测电阻（如果需要），由 R_6 和 R_7 组成。

MAX16802 的限流门限为 291mV。因此选择 R_9、R_{10}、R_6 和 R_7，满足步骤三所计算的电感峰值电流。这步完成后，即可得到应用电路中的各个元件值，该电路可提供 12V、350mA 输出。因为存在寄生效应，因此电阻值（R_r）需要进行适当调整，以得到所期望的电流。

第七步，R_1 和 R_2 可选。它们用于调整+V_{LED} 至 29V。这在输出端出现意外开路时非常有用。如果没有上述元件的分压，输出电压有可能上升，导致器件损坏。元件 C_1 和 R_5 也为可选，用于稳定电压反馈环路，对于当前应用，可以不使用这些元件。

第八步，低频 PWM 亮度调节。控制 LED 灯光源亮度的最好办法是通过一个低频 PWM 脉冲调制 LED 电流，使用这种方法，LED 电流根据占空比的变化触发脉冲，同时保持电流幅度恒定。这样，器件发出的光波波长在整个调节范围内保持不变，利用如图 4-18 所示电路可实现 PWM 亮度调节。

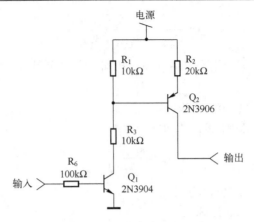

图 4-18　PWM 亮度调节电路

4.4　LED 灯箱与显示屏用电子扫描控制器

4.4.1　LED 灯箱用电子扫描控制器

电子扫描控制器广泛应用于各种彩灯控制电路，通过内部编程，可使彩灯产生各种花样变化。下面介绍广告设备中常用的电子扫描控制器。

1. 多循环多花样电子扫描器

一般的彩灯控制器只有全亮和全闪两种模式。多循环多花样电子扫描器是用 AT89C2051 单片机制作的 15 路彩灯控制器，可以实现单路右循环、单路左循环、中间开幕式、关幕式、双路右循环、双路左循环、从左向右渐亮循环、从右向左渐亮循环、渐亮关幕渐暗开幕、渐暗关幕渐亮开幕、全亮全暗等模式，更能增添欢乐和喜庆的气氛。

电子扫描器实物及电路原理图如图 4-19 所示。

并联的 15 组发光二极管灯带由变压器降压后供电，单片机 AT89C2051 控制模式。其 P1 和 P3 的 15 个 I/O 口作为输出口，通过芯片内部固化的软件产生控制信号，分别控制与 15 个 I/O 口连接的 15 只光耦合器 MOC3041，进而控制双向晶闸管的导通与截止。晶闸管的功率大小决定了扫描器功率，实现控制 15 只灯泡的目的。

R1～R15 为上拉电阻和限流电阻，光耦合器起到隔离防干扰的作用，T1 变压器作降压用。若觉得亮度不够，可以适当调高变压器的输出电压。

2. 大功率彩灯控制器

如图 4-20 所示，SB2 是设定声控和循环状态开关；SB3 是设定左右循环流水及跳跃点亮开关。当 SB2 设定在声控状态时，通过调节 RP1 声控灵敏度电位器与 SB3 转换开关，使四盏彩灯完成左右循环流水及跳跃点亮，达到由声控带来的动态效果；当 SB2 设定在循环状态时，通过调节闪光频率电位器 RP 与 SB3 转换开关，同样可达到四盏彩灯的左右循环流水及跳跃点亮。四只双向晶闸管的额定电流为12A，每只晶闸管可带多只彩灯。

(a) 电子扫描器实物

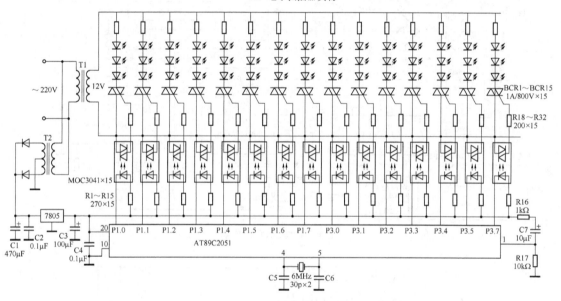

(b) 电路原理图

图 4-19 电子扫描器实物及电路原理图

3. 功能彩灯控制集成电路 S9801 构成的扫描器

S9801 是十六功能彩灯控制集成电路，工作电压为 2.0～7.0V，4 路输出，有 16 种变化模式。

S9801 彩灯控制 IC 采用 DIP 14 引脚塑封，其引脚功能：①引脚：OFF，接 VSS 时 4 灯全灭，可接 CDS 控制；②引脚：OPT，彩灯控制 16 段，接 VSS 后 8 段，接 VDD 前 8 段；③引脚：VSS，负极；④引脚：ZC，交流 50Hz/60Hz 输入；⑤引脚：VDD，正极；⑥引脚：T1，内部测试端输入；⑦引脚～⑩引脚：L1～L4 灯串输出；⑪引脚：OSC1，振荡器输入；⑫引脚：OSC0，振荡器输出；⑬引脚：KEY，功能键输入；⑭引脚：T2，内部测试端输出。

简易多功能使用控制集成电路的扫描器如图 4-21 所示。其 16 种变化模式如下：(1) 第 4、第 2～16 段自变化；(2) 灯串固定不闪；(3) 灯同时渐明、渐暗变化后变慢；(4) 灯串渐明渐暗变化后回闪；(5) 灯串跑马顺闪、变快；(6) 单灯连亮至全亮后全灭；(7) 两灯自闪并跑马前进;(8)双灯跑马;(9)单灯渐明渐暗;(10)单灯跑马、双灯跑马、三灯跑马;(11)连亮、连灭、连续;(12)单灯渐明渐暗并跑马前进;(13)差闪、调闪;(14)三灯跑马;(15)单灯渐亮至4灯全亮后齐灭;(16)全亮全灭。

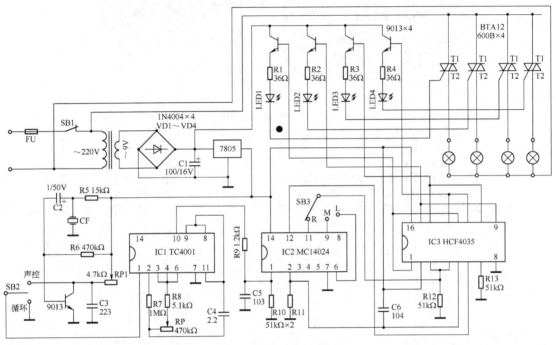

图 4-20　大功率扫描器

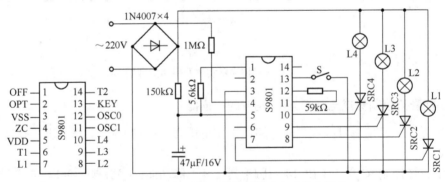

图 4-21　简易多功能使用控制集成电路的扫描器

4. 多路多变化电子扫描控制器

多路多变化电子扫描控制器是公共场合上安装的一种常见的灯光设备,它的特点是动感极强、绚丽多彩、灯光花样多,很能引起大家的注意。下面介绍的多功能霓虹灯彩灯控制器,可广泛应用于各种烟花灯、流水灯等的控制。

1) 电路分析

图 4-22 为多路多变化电子扫描控制器原理及实物图。

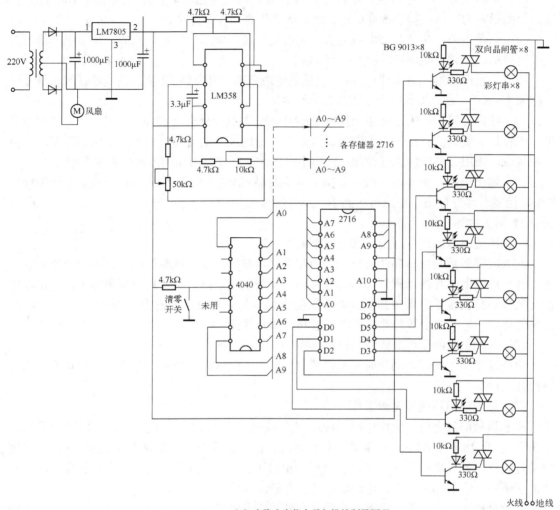

(a) 多路多变化电子扫描控制器原理

(b) 实物图

图 4-22 多路多变化电子扫描控制器原理及实物图

（1）电源电路：由电源变压器降压，经整流输出直流电压，再经稳压电路 LM7805 稳压，得到稳定的电压，供给振荡电路、地址码产生器和存储电路。

（2）振荡电路：由 LM358 双运放、定时电容及可调节电位器等构成。调节电位器可改变振荡效率，定时电路还可以用 NE555 代用。

（3）地址产生器：由 4040 完成，受振荡电路控制，可提供 12 位二进制地址码，最大寻址空间为 4KB，用来选通只读存储器的单元地址。

（4）数据存储器：采用通用光擦写 EPROM27 系列存储器（2716、2732 等），在存储器单元中存放了编好的程序用来控制驱动灯电路，受地址产生器控制。根据不同的需要，可由多块构成，采用公共地址总线控制，读出不同的数据存储器内相同地址的不同数据。

（5）输出电路：由驱动三极管、指示电路及晶闸管控制电路构成，每个数据存储器输出 8 路，控制驱动灯电路，每路可达到 1000W 以上。

2）常见故障检修

（1）接通电源后部分灯不亮或亮而不闪动

此类故障多数是由于晶闸管损坏而引起的。检修时，断开电源取出控制器，该电路板的边上有一排带散热片的晶闸管，这部分的电路就是驱动电路。直接用万用表测量，查出损坏的元器件后将其更换。所更换的元器件应能满足负载的要求，一般为（16～20）A/600V 的晶闸管坏。一定要装上散热片，否则易过热烧坏元器件。

（2）闪动的时间不可调或调节范围很小

电路能工作，但灯闪动的时间不能调节，应为 LM358（NE555）不良、定时电容变质、电位器氧化等。

（3）可闪动但不能按规律工作

引起该故障的电路为集成电路 4040，此集成电路块为 12 位二进制串行计数器/分频器，用来选通 HN482732 AG-25 存储器的单元地址，在存储器单元中存放了编好的程序用来控制驱动灯电路。当此电路不正常时，就会影响整机工作。将该集成块更换后即可排除故障。检修的实例中，一般都是此集成电路块损坏，存储器未见损坏。

在检修时要注意的是，电路中有两块存储器 HN482732AG-25 是光擦除的，不要把正面贴纸的部分撕下。否则，如果有光照，有可能将存储的数据擦除，造成不能工作。驱动电路的地线、火线接反时，地线电路有电，通电检修时应注意安全。

4.4.2 显示屏用电子扫描控制器

1. 电路构成

显示屏用电子扫描控制器电路由 8051 系列单片机控制，其外形如图 4-23 所示。

在实际电路中，R 是限流电阻，用来保护 LED 的安全；三极管在这里起到开关的作用，经系统控制来使任何时刻只有唯一的一列导通以点亮该列，当列切换的速度足够快时，由于人眼的视觉暂留现象，看上去整个屏都是亮的，这就是动态扫描的基本原理。

如果微处理器有足够大的驱动能力和足够多的 I/O 口，就可以直接驱动这块 LED 屏。但是为了能用 8051 单片机来控制它，需要再加一些驱动电路和译码电路，以提供足够的驱动能力，以及简化与单片机的连接。驱动电路由 U1～U20 完成。

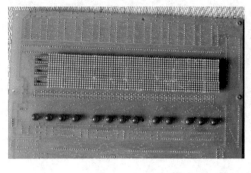 

(a) 正面图　　　　　　　　　　　　　　(b) 背面图

图 4-23　显示屏用电子扫描控制器的外形

2．基本显示原理

一个国标汉字是由 16×16，即 256 个点（像素）构成的，显示一个汉字该亮哪些点这些复杂的工作都交给取模软件来完成。同时，取模软件也负责把要显示的汉字转化成程序中要用到的显示代码，代码以一定的规律表征了该亮的点（一般用"1"表示）与不该亮的点（一般用"0"表示），一共 256 位。单片机负责将这些代码一段一段有规律地送到 LED 屏。例如，第一次输出表示第 1 列的 16 位代码点亮第 1 列，紧接着再输出 16 位代码点亮第 2 列……直到点亮第 16 列，然后再重新点亮第 1 列……如此循环，就完成了这个汉字的显示。单片机输出的速度足够快时，由于视觉暂留现象使得人眼在同一时刻感受到了这 16 列输出的信息，也就是看到了这个汉字。由于 AT8051 单片机是 8 位总线结构，一次不能输出 16 位代码以显示完整的一列，这样把一个字拆分为上下两部分，一次送 8 位，一共送 32 次，同样可完成了一个汉字的显示。事实上这个汉字区域也可以是在 256 像素范围内的任何图形。

3．常见故障检修

（1）接通电源后不能显示

此类故障多数是由于电源损坏而引起的。检修时直接用万用表测量电源，查出损坏的元器件后将其更换。所更换的元器件应能满足负载的要求。如果电源正常，应检查 AT8051 电路及驱动电路。

（2）部分显示器件不能显示

主要查找相对应的驱动电路是否有故障或相应显示器件故障。

（3）显示乱码

首先查找 AT8051 的时钟电路元器件，然后检查汉字库是否损坏。

第 5 章 LED 灯箱的安装与检修

5.1 制作灯箱材料及制作安装工具

LED 电子灯箱的灯体，一般以铝塑板为面，加上发光二极管和胶体等，以发光二极管为光源，配上铝合金型材框架组成，如图 5-1 所示。

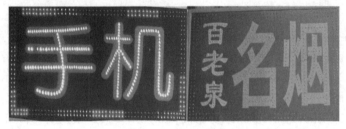

图 5-1 LED 电子灯箱

5.1.1 制作灯箱材料

1．框架与基板

（1）框架：5mm 铝合金型材或铝塑型材均可。
（2）面板：铝塑板有正反两面，一面为铝亮面板，一面为黑色塑料板。如果使用带包外壳管（红、绿、蓝彩包），则多为铝板面向外；如果使用白色壳管，则多为塑料板面向外。
（3）固定支架：30 角铁或铝合金支架。

2．光源

光源即 LED，有单只管、模块板、连脚管等，颜色有红色、蓝色、绿色、黄色及白色等多种。在实际应用中，为了制作方便，多使用连脚发光二极管。LED 直径有 5、8、10、12、15（mm）等规格。LED 与 LED 灯排如图 5-2 所示。

3．电子扫描器

电子扫描器种类较多，一般根据客户要求选择。

4．其他材料

在制作过程中，还需要焊锡、电源引线等材料。

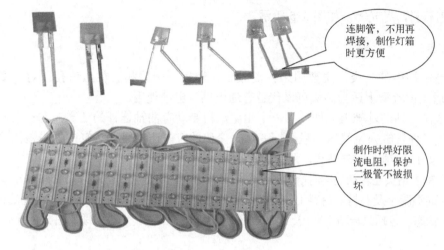

图 5-2　LED 与 LED 灯排

5.1.2　制作安装工具

1．钻头

手电钻及标准钻头如图 5-3 所示，主要用于打孔。当打孔较多时，还可用雕刻机进行雕刻。

2．切割机

切割机用于切断铁质线材、管材和型材，可轻松切割各种混合材料，包括钢材、铜材、铝型材、木材等。两张锯片反向旋转切割使整个切割过程没有反冲力。

无齿锯用于抢险救援中切割木头、塑料、铁皮等物，如图 5-4 所示。无齿锯就是没有齿的可以实现"锯"的功能的设备，是一种简单的机械，主体是一台电动机和一个砂轮片，可以通过皮带连接或直接在电动机轴上固定。通过砂轮片的高速旋转，利用砂轮微粒的尖角切削物体，同时磨损的微粒掉下去，新的锋利的微粒露出来，从而利用砂轮自身的磨损切削。

图 5-3　手电钻及标准钻头　　　　　图 5-4　无齿锯

3．角向磨光机

角向磨光机是电动研磨工具的一种，是研磨工具中最常用的一种，可以切割、打磨各种金属，切割石材，抛光等，如图 5-5 所示。

4．电锤

电锤是电钻中的一类，主要用来在混凝土、楼板、砖墙和石材上钻孔。对于多功能电锤，调节到适当位置配上适当钻头可以代替普通电钻、电镐使用。

电锤是在电钻的基础上，增加了一个由电动机带动有曲轴连杆的活塞，在一个气缸内往复压缩空气，使气缸内空气压力呈周期变化，变化的空气压力带动气缸中的击锤往复打击钻头的顶部，好像用锤子敲击钻头，所以称作电锤。

由于电锤的钻头在转动的同时产生了沿着电钻杆方向的快速往复运动（频繁冲击），因此它可以在脆性大的混凝土及石材等材料上快速打孔。高档电锤可以利用转换开关，使电锤的钻头处于不同的工作状态，包括只转动不冲击、只冲击不转动、既冲击又转动。电锤如图 5-6 所示。

图 5-5　角向磨光机　　　　　　　　图 5-6　电锤

5．灯箱电阻适配器

灯箱电阻适配器主要用于选配限流电阻阻值，从而使每一组串联的发光二极管亮度一致，其外形及内部结构如图 5-7 所示。

（a）外形（正面）　　　　　　　　（b）外形（背面）

（c）内部结构

图 5-7　灯箱电阻适配器外形及内部结构

6. 内热式电烙铁

内热式电烙铁的烙铁头插在烙铁上,具有发热快、效率高的特点。根据功率的不同,通电 2~5min 即可使用。烙铁头的最高温度可达 350℃。内热式电烙铁的优点是重量轻、体积小、发热快、耗电省、热效率高,因此很适宜电子产品生产与维修使用。常用的内热式烙铁有 20W、25W、30W、50W 等多种。电子设备修理一般用 20~30W 内热式电烙铁,如图 5-8 所示。

图 5-8 内热式电烙铁

1)结构

内热式电烙铁由外壳、手柄、烙铁头、烙铁芯、电源线等组成,手柄由耐热的胶木制成,不会因电烙铁的热度而损坏手柄。烙铁头由紫铜制成,其质量的好坏,直接影响焊接的质量。烙铁芯是用很细的镍铬电阻丝在瓷管上绕制而成的,在常态下它的电阻值根据功率的不同为 1~3kΩ。烙铁芯外壳一般由无缝钢管制成,因此不会因温度过热而变形。某些快热式烙铁由黄铜管制成,由于传热快,不宜长时间通电使用;否则,会损坏手柄。接线柱用铜螺钉制成,用来固定烙铁芯和电源线。

2)使用

新的电烙铁在使用前应该用万用表测量电源线两端的阻值,如果阻值为零,说明内部碰线,应拆开,将碰线处断开再插上电源;如果无阻值,多数是由于烙铁芯或引线断开造成的;如果阻值在 3kΩ 左右,再插上电源,通电几分钟后,拿起电烙铁放置于松香上,正常时应该冒烟并有"吱吱"声,这时再蘸锡,让锡在电烙铁上沾满才容易焊接。

注意:一定要先将烙铁头蘸在松香上再通电,防止烙铁头氧化,从而延长其使用寿命。

焊接注意事项:

(1)拿起电烙铁不能马上焊接,应该先在松香或焊锡膏(焊油)上蘸一下,其目的一是去掉烙铁头上的污物;二是试验温度。然后再去蘸锡,初学者应养成这一良好的习惯。

(2)待焊的部位应该先着一点焊油,过分脏的部分应先清理干净,再蘸上焊油去焊接。焊油不能用得太多,否则会腐蚀线路板,造成很难修复的故障。

(3)电烙铁通电后,放置时其头应高于手柄,否则容易烧坏手柄。

(4)如果电烙铁过热,应该把烙铁头从芯外壳上向外拔出一些;如果温度过低,可以把头向里多插一些,从而得到合适的温度(市电电压低时,不容易熔锡,无法保证焊接质量)。

(5)焊接管子和集成电路等,速度要快;否则,容易烫坏元器件。但是,必须要待焊锡完全熔在线路板和零件引脚后才能拿开电烙铁;否则,会造成假焊,给维修带来后遗症。

焊接看起来是件容易事,但真正把各种机件焊接好还需要一个锻炼的过程。例如,焊什么件,需多大的焊点,需要多高温度,需要焊多长时间,都需要在实践中不断地摸索。

3)维修

(1)换烙铁芯。由于长时间工作,因此烙铁芯故障率较高。更换时,首先取下烙铁头,用钳子夹住胶木连接杆,松开手柄,把接线柱螺钉松开,取下电源线和坏的烙铁芯。然后将新烙铁芯从接线柱的管口处放入烙铁芯外壳内,插入的位置应该与烙铁芯外壳另一端平齐为合适。放好烙铁芯后,将烙铁芯的两引线和电源引线一同绕在接线柱上紧固好,安装手柄和烙铁头即可。

（2）换烙铁头。烙铁头使用一定时间后会烧得很小，不易蘸锡，这就需要换新的。把旧的烙铁头拔下，换上新的。如果太紧，可以把弹簧取下；如果太松，可以在安装之前用钳子夹紧。烙铁头最好使用铜棒车制成的，不宜使用铜等夹芯的。两者区分方法为车制的有圆环状的纹，夹芯的没有。

7．外热式电烙铁

外热式电烙铁由烙铁头、传热筒、烙铁芯、外壳、手柄等组成。烙铁芯由电阻丝绕在薄云母片绝缘的筒子上而制成，烙铁芯套在烙铁头的外面，故称外热式电烙铁。外热式电烙铁如图 5-9 所示。

外热式电烙铁一般通电加热时间较长，并且功率越大，热得较慢。常用外热式电烙铁功率有 30～300W 等多种。因为体积比较大，也比较重，所以在修理小件电器中用得较少，多用于焊接较大的金属部件，使用及修理方法与内热式电烙铁相同。

8．电子恒温式热风枪

电子恒温式热风枪如图 5-10 所示。它是利用气泵将电热丝所产生的热量吹出，其温度受电子温控器控制，使用方便，温度可控，结合多种型号的烙铁头适合焊接各种集成电路。

图 5-9　外热式电烙铁

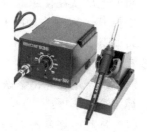

图 5-10　电子恒温式热风枪

下面介绍电子恒温式热风枪的使用及维修方法。

1）拆卸集成块

选择与集成电路块尺寸相配合的喷嘴，松开喷嘴螺钉。装置喷嘴，按下电源开关，调节气流和温控钮后，将起拔器插入集成电路块底下。如果集成电路块宽度不配合起拔钢线尺寸，可挤压钢线宽度以适应。手持焊枪，使喷嘴对准所要熔化焊剂部分，让喷出热气熔化焊剂。喷嘴不可触及集成电路块，焊剂熔化时，提起起拔器，移开集成电路块，用吸锡线或吸锡泵清除焊剂残余。

2）焊接方法

涂抹适量锡膏，将集成块放在电路板上，向引线框平均喷出热气进行焊接。

3）维修方法

常见故障是发热材料损坏。替换时先松开紧固手柄的螺钉，然后移出电线管。打开手柄取出管件，管内装置有石英玻璃和热绝缘体，勿掉落或遗失。松开终端，取出发热材料，插入新发热材料，切勿摩擦发热材料电线。重接终端。按拆开时的相反顺序，装回手柄。

9. 吸锡烙铁与吸锡器

吸锡烙铁与吸锡器如图 5-11 所示。

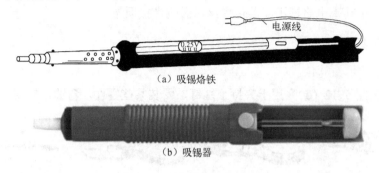

图 5-11　吸锡烙铁与吸锡器

1）结构及工作原理

吸锡器由吸锡头、烙铁芯外壳、烙铁芯、吸气管、手柄、气筒、开关、电源线等组成。吸锡头由紫铜制成。一端是螺钉扣，安装在吸气管上；另一端是一个孔，以便熔化的锡从此孔吸入。烙铁芯属于专用烙铁芯，外形和外热式烙铁芯相似，套在吸气管上。吸气管用紫铜制成，热量通过它传给吸锡头，使吸锡头发热把固体锡变成液体锡吸入管内。烙铁芯外壳是带孔的，以便更好地散热。

气筒是专用的，当气管按下后，开关即将其锁住，待吸锡头将锡熔化后，用手按一下开关，气筒会迅速回位，利用气筒的吸力，把熔化的锡吸入筒内，达到线路板上元器件的引脚与线路板分开的目的。

2）使用及维修

使用及维修吸锡器和其他电烙铁基本相似，但要掌握好温度，吸锡头应该干净。具体的注意事项有以下 5 点。

（1）对于吸锡头孔的直径，如需拆细引脚的零件（如集成电路等），应选用直径小的吸锡头；如需拆粗引脚零件（如行输出变压器等），应选用直径大的吸锡头。吸锡头很容易被烧坏，使用完毕应断开电源，尽量不用它来焊接。

（2）吸完一次后应该反复按动气筒，使里面的液体锡清除干净。

（3）检查吸锡器好坏可以用万用表电阻挡测电源线两端，观察其阻值，如果烧坏，可以换一只同型号烙铁芯继续使用。

（4）如果气筒吸气太小，可以加一点机油，增加吸力。

（5）吸锡器一般有 30W、35W 两种，其性能相近，在实际应用中自行选用。

10. 焊锡丝

焊锡丝是在检修电子设备中必不可少的。目前常用的为夹心式焊丝，即在焊锡中夹填充焊剂（松香），使其在焊接中更方便。焊锡丝有各种直径，焊接时，根据不同需要，可选用不同直径的焊丝，以达到最佳效果。

除普通焊丝外，还有一种含银焊丝。它适合于焊接焊点小、但强度要求高的电子设备。

市场上有专用银焊丝，如果一时购买不到，可用普通焊丝与银自制。方法为将银用钳子剪成小段（越小越好），用电烙铁将锡熔化，将银加入，用电烙铁来回搅动，直到均匀为止，再拉成条状即可（如果找不到合适的银，可用废暖瓶中的银代替）。在制作过程中，银不要加入太多；否则，小功率电烙铁不能熔化焊丝，影响焊接质量。

11．辅助工具

1）尖嘴钳

尖嘴钳（见图 5-12（a））用于夹持小螺钉，安装某些零件，弯曲比较粗的引线等。

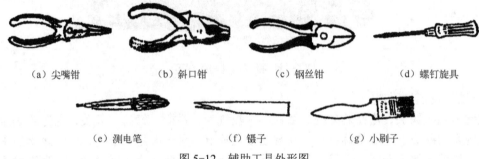

（a）尖嘴钳　　　（b）斜口钳　　　（c）钢丝钳　　　（d）螺钉旋具

（e）测电笔　　　（f）镊子　　　（g）小刷子

图 5-12　辅助工具外形图

2）斜口钳

斜口钳（见图 5-12（b））也称桃嘴钳，用来剪断引线或元器件引脚等。斜口钳的"口"必须对齐，而且还应锋利，尤其是顶部，不然会给修理带来不便。

3）钢丝钳

如果只进行无线电修理，不用此钳子也可以；如果不但要进行无线电修理，还要进行家电维修，那么应该准备一把。因为各种家电中的螺钉、引线都比较粗，尖嘴钳和斜口钳就显得无能为力了。

4）螺钉旋具

螺钉旋具（见图 5-12（d））通常有十字、一字（平口）两种。长螺钉旋具的规格有 200mm×6mm、250mm×8mm 等。如果太短，则有些深孔螺钉无法拆卸。中号一字、十字螺钉旋具用于拆装普通螺钉。很小的十字和一字螺钉旋具，用来拆装小的机件，如收录机的机芯等。另外，在螺钉旋具中有一种磁性螺钉旋具，即前段部分通过充强磁的方法使其具有磁铁性质，可吸持螺钉，使拆卸螺钉更方便。

5）测电笔

在不了解要检修的机件时，可以用测电笔（见图 5-12（e））测一下是否带电，以确保安全。使用测电笔测交流电压时，应该用于接触后面的金属部分，笔尖接触被测物，如果电笔内的氖泡发光，说明被测物有电。测电笔内的氖泡损坏后可以单独换一只。

6）镊子

可以用中号不锈钢镊子，也可以使用医用镊子，来拆卸小螺钉、小零件等，还可以修理一些细小的部件，如修表头、中周接线等。镊子如图 5-12（f）所示。

7）小刀

小刀用来剥导线或元器件引线上的污物，在维修时还可以用它来切断线路板。用钢锯条自制的小刀最实用。

8）小刷子

使用油漆用的最小刷子即可，用来清除线路板或零件上的污物，如图 5-12（g）所示。

5.2 灯箱的制作

5.2.1 制作过程

（1）首先选择铝塑板尺寸，计算好尺寸，合理利用，不要浪费。把客户需要的图案用即时贴刻出来（一般的广告公司有刻字机）贴到铝塑板上，如图 5-13 所示。

图 5-13 贴模

（2）根据字的字体和字号，在字的中心用笔点上打眼的距离，图案灯距为 1.5~2cm，灯距为 3cm。有的灯箱较大，可采用双排或多排灯管。

（3）用手电钻或雕刻机打出与 LED 直径大小一样的孔，打完孔后把毛刺处理干净，如图 5-14 所示。

（4）把灯按照图案形式（+，-）（+，-）安装，以便以后连接，灯一定要安装到位，如图 5-15 所示。

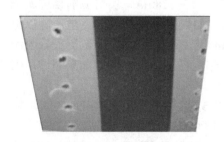

图 5-14 清理毛刺

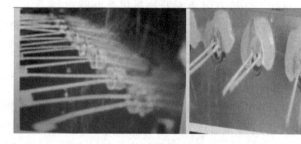

图 5-15 连接电极

（5）安装完毕后，在灯珠一侧先打一半胶，以便连接。图 5-16 为跑马灯的连接。灯脚可以扭在一起，但要牢靠，最好扭完焊锡。

（6）每个字或图案的 LED 灯串联，每个回路红色灯不超过 115 个，蓝色灯不超过 73 个，绿色灯不超过 80 个，字或图案很大时超过所用个数时，另加一个回路，如图 5-17 所示。

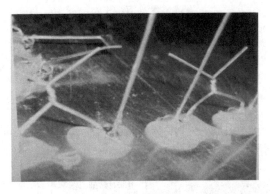

图 5-16 跑马灯的连接

图 5-17 连接好的回路

（7）字与字或图案与图案之间采用并联方法，如图 5-18 所示。

注意：在制作过程中一定要做好防静电工作；LED 所有引脚一定不能短路。

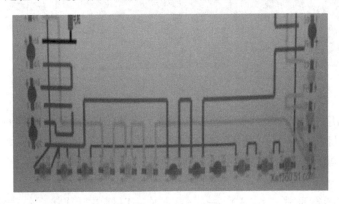

图 5-18 并联回路

（8）用灯箱电阻适配器测量每个回路电路，保证电流为 15~18mA，所对应的挡位就是电阻的阻值。注意：测量每一个回路中电阻器两端的电压，如果阻值为 1000Ω，电压除以电阻等于电流，如果测量的电压为 16V，那么电流等于 16mA。每一个回路中的电流最好限制在 15~18mA。也就是说，1000Ω 的电阻器两端的电压应该在 15~18V 之间；如果超过，则容易烧坏控制器或灯管。

（9）把电阻器焊上引线装入黄蜡管中，然后串联在该回路任何两个 LED 之间，如图 5-19 所示。LED 焊接时间不能超过 3s，最好使用恒温电烙铁，并有接地线。

（10）连接控制器，观看制作效果，如图 5-20 所示。灯箱显示正常后，用胶棒封装后组装完成。

（11）在灯箱框架下端打 1~2 个 8mm 漏水孔。

注意：安装之前要进行 48h 老化试验（让灯箱点亮运行 48h），来检测灯箱的可靠性。

图 5-19　接入限流电阻

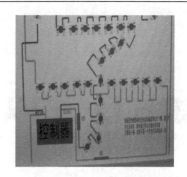
图 5-20　连接控制器

5.2.2　调试与维修

在灯箱制作和维修过程中，其故障主要为某一组灯不亮或某一点不亮，以及不能按照扫描规律进行循环花样变换，或者灯组全亮。

当某一点不亮时，多为不亮点二极管被击穿，此时可用万用表直接测量此二极管或直接代换此二极管即可；当某一灯组不亮时，多为二极管开路或电阻器损坏，应使用灯箱电阻适配器给灯加电压，找出不亮点时再逐个检查，找到不亮二极管并进行更换；如果全不亮或全亮，则故障在扫描器，应检修或更换扫描器；当不能按规律变换花样时，故障也在扫描器，应检修或更换扫描器。

第6章 门头图文显示屏结构与原理

6.1 结构及特点

6.1.1 结构

门头图文显示屏由屏体和控制器两大部分组成。

屏体的主要部分是显示点阵,还有行、列驱动电路及其他电路。其他电路没有严格规定,可根据需要和印制电路板的布置而定。显示点阵现在多采用 8×8 单色或双色显示单元拼接而成,如图 6-1 和图 6-2 所示。例如 32×128 的条屏,就需要使用 64 块 8×8 显示单元,按 4×16 块方式组成。虽然驱动电路和部分其他电路也装在屏体上,但其作用还需结合控制电路

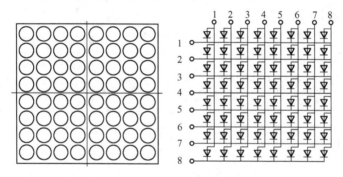

图 6-1　单色 LED 点阵显示单元

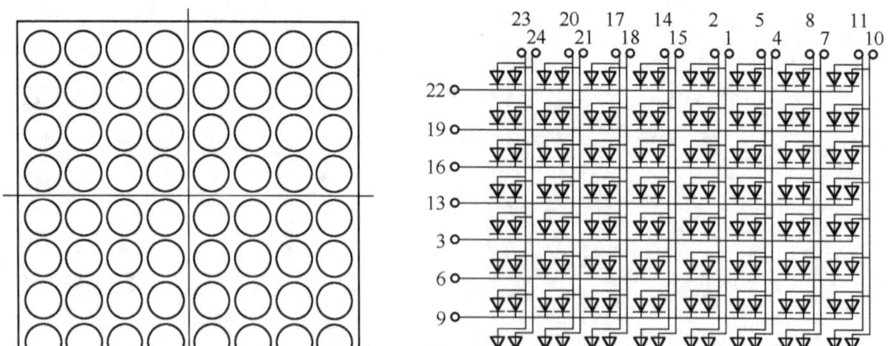

图 6-2　双色 LED 点阵显示单元

一起进行分析。从显示文字的角度来看，一个字符（特别是汉字）可以由 16×16、24×24 或 32×32 点阵组成，屏的一行可以短到只显示几个字，长到显示十几、二十个字。LED 发光器件的尺寸也从 ϕ3mm～ ϕ10mm 或更大，有多种选择。器件的发光强度可根据需要选择普通型、高亮度型或超高亮度型。平面屏与条屏并无本质上的差别，只不过条屏显示的信息简单，多采用单色 LED 器件，平面屏采用双色或多色的比例要比条屏大得多。

图文显示屏模块及背板电路如图 6-3 所示。一块由 M 行 N 列组成的 $M×N$ 图文显示屏，其 LED 发光器个数相当大，不宜使用静态显示驱动电路。扫描驱动电路一般采用多行（在 1/16 扫描方式下，就是 16 行）的同名列公用一套列驱动器。行驱动器一行的行线连接到电源的一端，列驱动器一列的列线连接到电源的另一端。当行驱动选中第 i 行，列驱动选中第 j 列时，对应的 LED 器件根据列驱动器的数据要求进行显示。控制电路负责有序地选通各行，在选通每一行之前还要把该行各列的数据准备好。一旦该行选通，这一行线上的 LED 发光器件就可以根据列数据进行显示。这种时序控制电路，可以由布线逻辑完成。但考虑到显示数据的存储和设计的灵活性及通用性，一般都采用单片机及部分接口电路实现。简单的显示模式和显示数据可以由下位机自身产生和存储；复杂多变的显示数据或显示模式可由上位机产生后下载给下位机。

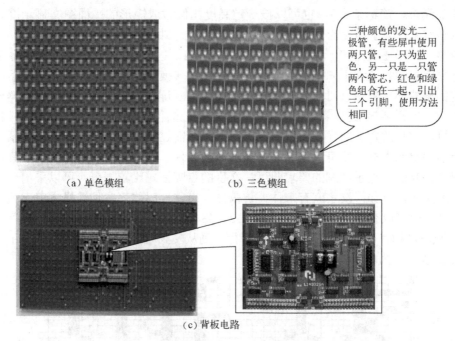

图 6-3 图文显示屏模块及背板电路

由于图文显示屏的显示数据只有通断信息，而不包括灰度信息，因此数据量不变，加之显示内容的更新速度也比较慢，远比不上电视信号 25 帧/s 的变化速度。所以，上、下位机之间的数据传送可以采用串行异步通信方式，串行通信接口可根据需要选择 RS-232、RS-422 或 RS-485 标准。图 6-4 为图文显示屏电路框图。

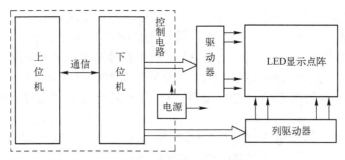

图 6-4 图文显示屏电路框图

6.1.2 特点

和很多应用技术用语一样，LED 图文显示屏并没有一个公认的严格的定义，一般把显示图形和（或）文字的 LED 显示屏称为图文屏。这里所说的图形，是指由单一亮度线条组成的任意图形，以便与不同亮度（灰度）点阵组成的图像相区别。图文显示屏的主要特征是只控制 LED 点阵中各发光器件的通断（发光或熄灭），而不控制 LED 的发光强弱。LED 器件的颜色可以是单色的、双色的，甚至是多色的。LED 图文显示屏的外观可以做成条形（称为条形图文显示屏，简称条屏），也可以按一定高度比例做成矩形的平面图文显示屏。其实条屏只不过是宽度远大于高度的平面显示屏，在显示与控制的原理上并无区别。

不论显示图形还是文字，都是控制组成这些图形或文字的各个点所在位置相对应的 LED 器件发光来完成的。通常事先把需要显示的图形文字转换成点阵图形，再按照显示控制的要求以一定的格式显示数据。对于只控制通断的图文显示屏来说，每个 LED 发光器件占据数据中的 1 位。在需要该 LED 器件发光时，数据中相应的位填 1；否则填 0。当然，根据控制电路的安排，相反的定义同样是可行的。这样依照所需显示的图形与文字，按显示屏的各行各列逐点填写显示数据，就可以构成一个显示数据文件。显示图形的数据文件，其格式相对自由，只要能够满足显示控制的要求即可。文字的点阵格式比较规范，可以采用现行计算机通用的字库字模。例如，汉字就有宋体、仿宋体、楷体、黑体等多种选择方案。组成一个字的点阵，其大小可以有 16×16、24×24、32×32、48×48 等不同规格。图 6-5 为汉字"欢迎"的 16×16 点阵结构，以及按行从上到下、每行按列从左到右排列的显示数据。显示数据是用 16 进制格式以字节为单位表示的。

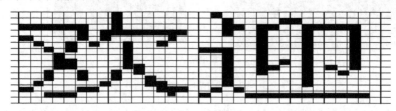

显示数据（16进制）：
00, 80,40, 00, 00,80,21,80,FC,80,36,7C,04, FE,24,44,85,04,04,44,
4A,48,04,44,28,40,E4,44,10,40,24,44,18,40,25,44,18,60,26,54,24,
A0,24,48,24,90,20,40,41,18,20,40,86,0E,50,00,38,04,8F,FE,00,00,
00, 00

图 6-5 汉字"欢迎"的点阵结构和相应显示数据

用点阵方式构成图形或文字，是非常灵活的，可以根据需要任意组合和变化。只要设计好合适的数据文件，就可以得到满意的显示效果。因此，采用点阵式图文显示屏显示经常需要变化的信息，是非常有效的。

条屏常用于简短明确的信息，如显示车站、机场的车次，航班信息，或者商厦的欢迎词，或者写字楼办公区的简短通知等。平面显示屏多用来显示比较复杂的信息，如车站显示多列列车的到开时刻、机场显示各航班运行情况及证券交易所显示股票行情等。

点阵显示方式具有适应信息变化的优点，它是以点阵显示器的价格和其复杂的控制为代价的。点阵显示器在整个显示单元的所有位置上都布置了 LED 器件，而像数码管一类的 LED 显示器件只在需要发光的七段（八段）位置上布置 LED 器件，其他位置是空白的。因此，点阵显示器在相同面积的情况下，其价格要比数码管显示器贵。另一方面，由于数码管可显示的信息有限，只有 0～9（再扩展到 A～F）几个字符，这些字符的控制是靠组合 7 段 LED 的发光与否实现的。由于段数不多，组合形成的字符也不多，因此其显示数据和控制电路都比较简单。点阵显示器则不然，它要对点阵上全部 LED 进行控制，并能生成所有可能显示的图形与文字，其显示数据和控制电路自然要复杂得多。因此，在有些场合显示信息虽然需要变化，但其特点或格式有一定变化范围的限制。也就是说，不要求显示任意变化的信息。在这种情况下，不一定非采用点阵显示方式。例如，在证券交易所股票行情信息显示屏上，主要显示内容可以分为两大部分：一部分是股票名称；另一部分是行情。股票名称千变万化，所以应该采用点阵显示方式；而行情是由数字、小数点及正负号组成的，完全可以使用数码管等器件进行显示。这时，在一个屏上混合使用数码管和点阵显示单元，这种屏可以称为混合屏。显然，在同等条件下，混合屏的造价要低于点阵屏。还有一种情况，虽然显示的图形或文字比较复杂，但不需要变化，这时可以直接把 LED 发光灯按所需显示的图文布置在印制电路板上，全部 LED 发光灯一起控制，要么全部点亮，要么全部熄灭，控制电路自然非常简单。

图文显示屏的颜色有单色、双色和多色几种。最常用的是单色图文屏，单色屏多使用红色、橘红色及橙色 LED 点阵单元。对于双色图文屏和多色图文屏，在 LED 点阵的每一个"点"上布置有两个或多个不同颜色的 LED 发光器件。换句话说，对应于每种颜色都有自己的显示矩阵。显示时，各颜色的显示点阵是公共控制的。事先设计好各种颜色的显示数据，显示时分别送到各自的显示点阵，即可实现预期效果。每一种颜色的控制方法和单色的完全相同，因此掌握了单色图文显示屏的原理，双色屏和多色屏就不难理解了。

为了吸引观众，增强显示效果，可以有多种显示模式，最简单的显示模式是静态显示。这里所说的"静态显示模式"不同于静态驱动方式，它是指人主观观察所显示图文的效果是静止不动的。在静态显示下完全可以使用扫描驱动方式。与静态显示模式相对应，就有各种动态显示模式，它们所显示的图文都是能够运动的。按照图文运动的特点，又可以分为闪烁、平移、旋转、缩放等多种显示模式。产生不同显示模式的方法，主要是随时间变化不断控制刷新显示数据。为了使图文运动，对显示数据进行的刷新，并不意味着一定要重新编写显示数据，可以通过一定的算法从原来的显示数据直接生成。例如，按顺序调整行号，可以使显示图文产生上下平移；而顺序调整列显示数据的位置，就可以达到左右平移的目的；同时调整行、列顺序，就能得到对角线平移的效果。对于其他模式的数据刷新，也可找到相应的算法。当算法太复杂太浪费时间时，也可以考虑预先生成刷新数据，存储备用。刷新的时间控制，要考虑运动图形与文字的显示效果。刷新太慢，动感不显著；刷新太快了，中间过程看不清。一般刷新周期可控制在几毫秒到几十毫秒范围之内。

6.2 工作原理

由于图文显示屏的控制电路采用单片机方案，控制功能的实现应从硬件和软件两方面进行考虑。单片机及相关软件，主要负责存储（生成）显示数据、安排控制信号的定时输入与顺序、与上位机进行通信等。但是单片机的接口数量较少，必须扩展一定的硬件电路，才能满足显示屏的需要。硬件控制电路大体上可以分成微机本身的硬件、显示驱动电路、控制信号电路三部分。

6.2.1 硬件控制电路

1. 微机本身的硬件

上位机可采用普通计算机，其工作原理在此不再赘述。

下位机由 8051 单片机担任，一片 2764EPROM 作为它的程序和固化显示数据的存储器，一片 6264RAM 作为上位机接收数据的随机存储器，EPROM 的地址从 0000H 开始，RAM 地址从 8000H 开始。一片 74LS373 锁存由 8051 数据/地址 P0 发出的低 8 位地址。该地址信息由单片机的 ALE 信号输入，8051 的接口 P2 为高位地址输出口。P2 的最高位 A15 为 0 时，选通 EPROM；为 1 时，选通 RAM。RXD 端为 8051 的串行通信输入/输出口，通过 MC1488 和 MC1489 变为 EIA 电平与上位机相连。

8051 的通用 I/O 口 P1 作为显示数据和二进制行号的公用输出口。两种数据的输出，在时间上是错开的。P1 的低 4 位为二进制行号数据，P1 的全部 8 位是列显示数据，为了能同时使用这两种信号，需要外加锁存器。

8051 控制口 P3 的 INT0、INT1、T0、T1 各位均作为通用输出口使用，而不再起中断请求和定时的作用。INT0 输出信号作为列驱动电路的输出锁存器的输入信号使用；INT1 作为控制电路并/串变换器的并联输入数据的输入脉冲使用；T0 输出信号控制显示屏的上、下部分（每部分 16 行）；T1 信号是控制电路一侧的并/串变换和驱动电路一侧的串/并变换的移位脉冲。

单片机主时钟的频率为 11.0592MHz，相应的机器周期约为 90.42ns。

2. 显示驱动电路

采用扫描方式进行显示时，每行有一个行驱动器，各行的同名列公用一个列驱动器。由行译码器给出的行选通信号，从第一行开始，按顺序依次对各行进行扫描（把该行与电源的一端接通）。

另一方面，根据各列锁存的数据，确定相应的列驱动器是否将该列与电源的另一端接通。对于接通的列，就在该行该列点亮相应的 LED；未接通的列所对应的 LED 熄灭。当一行的扫描持续时间结束后，下一行又以同样的方法进行显示，全部行都扫过一遍之后（一个扫描周期），又从第一行开始进行下一个周期的扫描。只要一个扫描周期的时间比人眼闪烁临界时间短，就不容易感觉出闪烁现象。

显示数据通常存储在单片机的存储器中，按 8 位一个字节的形式顺序排放。显示时要把一行中各列的数据都传送到相应列的驱动器上去。这就存在一个列数据传输方式的问题。从控制电路到列驱动器的数据传输可以采用并行方式或串行方式。显然，采用并行方式时，从控制电路到列驱动器的线路数量大，相应的硬件数目多。当列数很多时，并行传输的方案是不可取的。

采用串行传输的方法，控制电路可以只用一根信号线，将列数据一位一位传往列驱动器。在硬件方面无疑是十分经济的。但是，串行传输过程较长，数据要经过并行到串行和串行到并行两次变换。首先，单片机从存储器中读出的 8 位并行数据要通过并/串变换，按顺序一位一位地输出给列驱动器。与此同时，列驱动器中每一列都把当前数据传向后一列，并从前一列接收新数据，一直到全部列数据都传输完为止。只有当一行的各列数据都已传输到位后，这一行的各列才能并行地进行显示。这样，对于一行的显示过程就可以分解成列数据准备（传输）和列数据显示两个部分。对于并行传输方式，列数据准备时间很短，就是一次列数据输入时间，一个行扫描周期剩下的时间可以全部用于行显示。因此，在时间安排上不存在任何困难。但是，对于串行传输方式，列数据准备时间可能相当长，在行扫描周期确定的情况下，留给行显示的时间就太少了，以至影响到 LED 的亮度。

解决串行传输中列数据准备和列数据显示的时间矛盾问题，可以采用重叠处理的方法，即在显示本行各列数据的同时，准备下一行的列数据。为了达到重叠处理的目的，列数据的显示就需要具有锁存功能。经过上述分析，可以归纳出列驱动器电路应具备的主要功能。对于列数据准备来说，它应能实现串入并出的移位功能；对于列数据显示来说，应具有并行锁存的功能。这样，本行已准备好的数据输入并行锁存器进行显示时，串并移位寄存器就可以准备下一行的列数据，而不会影响本行的显示。集成电路 74LS595、MC14094、CD4094 恰好能够满足这样的要求。它们都有一个 8 位串入并出的移位寄存器和一个 8 位输出锁存器的结构，而且移位寄存器和输出锁存器的控制是各自独立的。

现以 74LS595 为例进行说明。74LS595 的外形及内部结构如图 6-6 所示。它的输入侧有 8 个串行移位寄存器，每个移位寄存器的输出都连接一个输出锁存器。SER 是串行数据的输入端。SRCLK 是移位寄存器的移位时钟脉冲，在其上升沿发生移位，并将 SER 的下一个数据输入最低位。移位后的各位信号出现在各移位寄存器的另一端，也就是输出锁存器的输入端。RCLK 是输出锁存器的输入信号，其上升沿将移位寄存器的输出输入输出锁存器。$\overline{E}$ 是输出三态门的开放信号，当其为低时，锁存器的输出才开放；否则，为高阻态。SRCLK 信号是移位寄存器的清零输入端，当其为低时，移位寄存器的输出全部为零。由于 SRCLK 和 RCLK 两个信号是互相独立的，因此能够做到输入串行移位与输出锁存互不干扰。芯片的输出端为 Q0～Q7，最高位 Q7 作为多片 74LS595 级联应用时，向上一级的级联输出，但因 Q7 受输出锁存器的控制，所以还从输出锁存器前引出了 Q7，作为与移位寄存器完全同步的级联输出。

由 74LS595 组成的列驱动器如图 6-7 所示。16 片 74LS595 组成 128 列的驱动，由 16 个行驱动器驱动 16 行。第一片列驱动器的 SER 端连接单片机输出的串行列显示数据，其 Q7 端连接下一片的 SER 端，各片均采用同样的方法组成 16 片的级联。各片相应的 SRCLK、$\overline{SRCLR}$、RCLK 端分别并联，作为统一的串行数据移位信号、串行数据清除信号和输出锁存器输入信号。这样的结构使得各片串行移位能把 128 列的显示数据依次输入相应的移位寄存器输出端。各片列驱动输入串行移位过程如图 6-8 所示。移位过程结束后，控制器输出 RCLK 信号，128 列显示数据一起输入相应的移位锁存器，然后选通相应的行，该行的各列按照显示数据的要求进行显示。

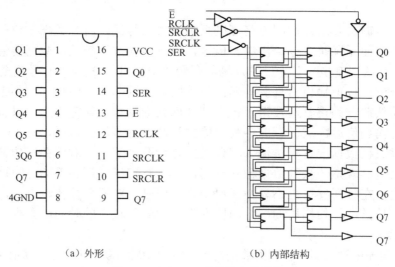

图 6-6　74LS595 外形及内部结构

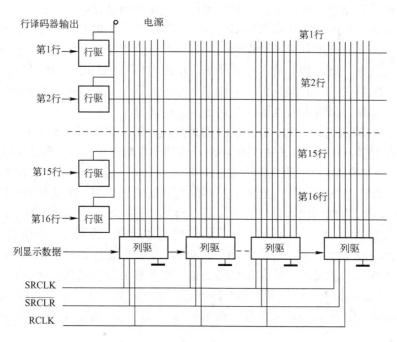

图 6-7　由 74LS595 组成的列驱动器

上面的分析是针对 16 行 128 列的 LED 点阵做出的。对于 32 行 128 列 LED 点阵的情况，需要把 32 行分成两部分，即上半部分的 16 行和下半部分的 16 行，每部分各有一套独立的 128 列的列驱动电路，而两部分同名行的控制信号是公用的，每个部分各行的数据准备情况是相同的。当上半部分 1 行 128 列数据准备好之后，先不输入其输出锁存器，也先不选通该行，而是继续为下半部分的同名行准备数据。只有当下半部分同名行的 128 列数据也准备好之后，才把它们一起输入各自的输出锁存器，并发出该行的选通信号。

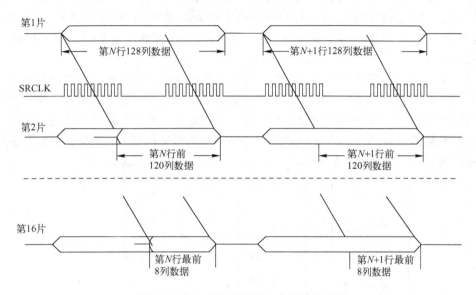

图 6-8　各片列驱动器输入串行移位过程

上下两部分的同名行的选通信号连接在一起。这样，上下两部分的同名行同时显示。显然，32 行结构比 16 行结构的数据准备时间长了一倍。如果不采用时间重叠的方法进行显示，显示时间就更短了。在电路安排上，上下两部分的列串行数据输入端（各自第一片的 SER）是并联的，上下两部分的 RCLK 信号和 $\overline{\text{SRCLR}}$ 信号也是并联的，而 SRCLK 信号则是分开控制的。当 SER 线上是上半部分的列数据时，由上半部分的 SRCLK 进行移位，移位 128 次之后，下半部分的 SRCLK 信号再开始工作，处理过程与上半部分相同。当上下部分的数据都已经准备好后，就发出 RCLK 信号将上下部分各自的列数据一起输入其输出锁存器，最后再发出该行的行选通信号。32 行方案上下部分信号与控制的安排如图 6-9 所示。

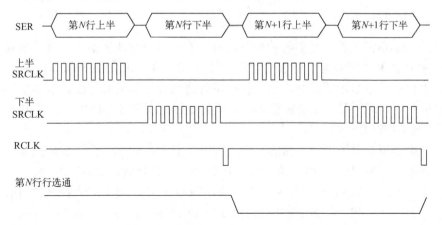

图 6-9　32 行方案上下部分信号与控制的安排

在实际结构上还有一个问题需要注意，一条行线上要带动 128 列的 LED 进行显示，负载较重。同时在屏体的布置上这样一条行线也太长，线间信号容易产生干扰，为此常把一条行线分成两段，每段驱动 64 列，两段中间再加驱动电路（如 74LS595、74LS245 等）。

列驱动电路为能够驱动 LED，还需要在 74LS595 的后面加推动级。对应于 74LS595 的 8 位结构，推动级可以选择 ULN2801～ULN2804 系列的 8 路达林顿晶体管阵列。ULN2801 等为 NPN 晶体管集电极输出电路，当 74LS595 的输出为高时，ULN2801 的输出为低（接地）。

图 6-10 为行扫描驱动电路原理框图。行选通信号来源于单片机按照时序要求所给出的二进制行号，为了在一行显示时间内保持行号的稳定，行号需经锁存器锁存。每次更新行号（开始扫描新的一行）时，由单片机输出 4 位二进制行号，并发出锁存器的输入信号。行号经 4/16 译码器译码后，生成 16 条行选通信号线，再经过驱动器驱动对应的行线。采用译码器的方案，还可以保证同一时刻只选通一条行线，从而保证显示的稳定性。

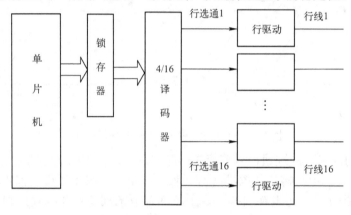

图 6-10　行扫描驱动电路原理框图

由于行驱动电路需要考虑同时驱动 128（64）列的 LED 发光器件，按每一个 LED 器件的电流为 20mA 计算，64 个 LED 同时发光时，就需要 64×20=1280mA 的驱动电流，因此需要使用功率管驱动，如采用 TP122 等器件。

3．控制信号电路

为了使显示屏正常工作，需要各种控制信号，有行号及行选通信号、列数据移位信号、列数据输出锁存器输入信号等。还要考虑产生上下部分在时间上错开的 SRCLK 信号。此外，在接收上位机发来显示数据时，由于执行串行通信程序的同时无法兼顾显示程序，因此需要把显示屏关闭，即需要一个清屏信号。下面就这些控制信号的产生进行说明。

1）与列显示数据有关的信号

列显示数据是以字节为单位存储的，使用时以 8 位并行读出。为了适应列显示驱动电路串行输入的需要，就要进行并/串变换。用 74LS165 并入串出移位寄存器，可以满足这一要求。如图 6-11 所示，74LS165 具有 8 位并行输入端 Q0～Q7，在移位/置数信号 $\overline{PL}$ 为低时，将 8 位并行数据输入。PL 信号由单片机的控制口 INT1 提供。当 PL 为高时，可以在 CLK1 的作用下进行移位。数据的最高位从 Q7 移出，成为串行数据流。74LS165 的移位时钟信号

CLK1 由单片机控制口 T1 端直接输出。为了使列显示驱动电路的自然保护区位信号与 74LS165 的 Q7 端输出的串行数据同步，T1 同时还作为列显示驱动电路的移位脉冲源。

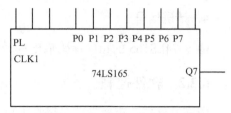

图 6-11　74LS165 移位寄存器

2）行号锁存器输入信号

由于单片机接口有限，4 位的二进制行号和 8 位的列显示数据是从通用 I/O 口 P1 输出的。其中，列显示数据可以通过 74LS165 的 PL 为低锁存到其并行输入端。但是，4/16 译码器 74LS165 不具备锁存功能，所以行号需要专门的锁存器 74LS373。有了锁存器就需要锁存器的输入信号。同样由于单片机的接口有限，通过后面的叙述可以知道，所有无冲突的控制口都已经用完，锁存器的输入信号只能另外想办法解决。解决的思路是利用单片机的无效写操作，通过地址译码产生的信号来输入锁存器，单片机的 EPROM 地址在 0000H～1FFFH 之间，向这个地址范围的写操作是无效的。使用一片 74LS165 4/16 译码器，对地址线低 4 位进行译码，可以在写 0000H～000FH 单元时产生译码输出。我们可以定义写 0000H 单元为行号锁存器的输入信号。

3）区分上下两部分的控制信号

上下两部分的控制，在时间上先准备上半部分某行的各列数据，然后再准备下半部分同行各列数据，准备好后一起输入列锁存器，并同时选上下两部分的同名行。因此上下两部分的列数据是串行安排的，这样在74LS165 并入串出自然保护区位寄存器上时不会发生矛盾。

如图 6-12 所示，采用单片机控制输出口 T0 作为上下两部分控制信号，当 T0 为 "0" 时，选通上半部分；为 "1" 时，选通下半部分。用上下两部分选通信号 T0 及它的非和串行数据移位时钟 T1 在 74LS08 与门上相与，分别产生上下两部分的 SRCLK 信号。

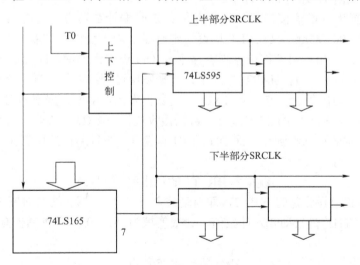

图 6-12　上下两部分控制信号电路原理图

当上下两部分的列数据全部移位操作完成之后，采用单片机控制口 INT0 发出各列显示驱动器 74LS595 的 SRCLK 信号，将准备好的列显示数据输入相应的输出锁存器，然后给出行号，选当前行进行显示。

4. 清屏信号

通过 74LS165 的相应译码输出端送出清屏信号。

6.2.2 软件控制

图文屏软件的主要功能是接收上位机下载的显示数据，向屏体提供显示数据和各种控制信号。软件由主程序和中断服务程序两部分组成。主程序负责进行显示，按要求读出显示数据并产生需要的控制信号。中断服务程序解决与上位机进行通信的问题。

由于 8051 单片机的中断服务程序首地址固定安排在 0003H～0023H 范围，而程序的启动又是从 0003H 开始的，因此只能在主程序的开头安排一条跳转指令。地址 0023H 是串行通信的中断服务程序首地址，同样安排了一条跳转指令，跳转到真正的服务程序首地址 SIS。

显示数据可以分成两类，一类是固化在 EPROM 之中的固定数据，另一类是从上位机接收的存储于 RAM 的显示数据。EPROM 的容量是 8KB，前 4KB（地址 0000H～0FFFH）是程序存储区，后 4KB（地址 1000H～1FFFH）是固定显示数据存储区。固化的显示数据在开机时进行显示，直到单片机接收到上位机下载的显示数据后，改为显示新收到的数据。安排固化数据的显示，一方面在开机时不会出现显示空白的情况，可以使显示屏具有一开就亮的效果，适应人们使用的心理状态；另一方面也便于脱开上位机进行维修。RAM 的容量也是 8KB，地址为 8000H～9FFFH。按照 32×128 的点阵规模计算，512 字节空间可存储 1 屏显示数据，8KB 容量可以存储 16 屏显示数据，为了便于统一显示控制，固化数据的显示过程，是先从 EPROM 中把整个显示数据读到 RAM 中去，然后再从 RAM 读出进行显示。这样就和从上位机接收数据的显示过程一样了。

接下来是设置串行通信接口。先设定时钟，定时器计数器方式寄存器 TMOD 设置为 21H，即二进制数 00100000。T1、T0 均设为定时器且均不受外部控制。T1 设为定时方式 2，T0 为定时方式 1。串行通信接口控制寄存器 SCON 设置为 50H，即二进制 01010000，其工作方式为定时方式 1。8 位 UART 方式下，数据发送过程：将数据送至串行通信数据缓冲器 SBUF，8051 自动按所设波特率从 TXD 端将数据发出，8 位数据连同启动位和停止位一共 10 位全部发完后，SCON 的 T1 位置 1；数据接收过程：RXD 端接收到外部发来的数据自动存入 SBUF，8 位数据都收到后，SCON 的 RI 位置 1。串行通信接口工作在方式 1 时，波特率的确定过程如下：

$$\text{波特率 } BR = T1 \text{ 的溢出率} \times (1/32)$$

T1 的工作方式已设为定时方式 2，即自动载入 8 位定时器。这时时间常数寄存器 TL1 的内容是计数值，TH1 是自动载入计数值。计数值填为 X，8051 时钟晶振频率为 f_{osc}，则其定时时间为

$$T = (12/f_{osc}) \times (256 - X)$$

其溢出率为

$$OR = f_{osc} / [12 \times (256 - X)]$$

因此波特率为

$$BR = f_{osc} / [32 \times 12 \times (256 - X)]$$

可以得到 T1 应该填入的初值为

$$X=256-[f_{osc}/(384 \times BR)]$$

串行通信的波特率选择为 4800bit/s，f_{osc} 为 11.0592MHz，这样

$$X=256-6=250=FAH$$

因此，TH1 和 TL1 均填为 FAH。

在准备好串行通信并开中断后，进入显示程序。显示程序给出了各控制信号和显示数据，其作用及相互配合关系均已在硬件部分作过介绍，相应的程序部分在清单的注释区内分别进行了说明，如表 6-1 所示。下面仅就由软件所产生信号的时间关系进行分析。

首先是移位脉冲 T1，它是由两条指令 CLR 和 SETB 产生的。这两条指令的执行时间都是 12T，一共是 24T。主时钟频率为 11.0592MHz，其周期为 90.42245ns，24T 为 2.17μs。8051 每次读出一个字节，送到 74LS165，需要花 72T，为 6.51μs。74LS165 的输入脉冲 INT1 也要花 2.17μs。数据移位 8 次之后，还要用 24T（2.17μs）判断是否已送完一行的 128 列。这样，送（上或下）一部分的一行显示数据的时间大约是 [6.51+2.17+（8×2.17）+2.17]×16μs = 451.36μs。

上下部分各一行的数据都送完后，才输出行选通信号。2×451.36μs=902.72μs，这就是上下部分同时各一行的显示时间。16 行显示完，就是一帧，即 16×902.72μs=14443.52μs。这样可求出帧频等于 69.2352Hz。

实际上帧频还要稍微低一点，因为上述讨论中只考虑了循环次数较多的程序部分，还有一些操作（如送行选通脉冲）循环次数相对较少，没有计算进去。

中断服务程序在处理串行通信的过程中，每从上位机收到一个字节数据后，都要再把它传回给上位机，由上位机进行检验是否出错。在中断服务程序中，数据的接收和发送都是采用程序查询方式完成的，而不是通过中断方式处理的。只是在主程序处理显示过程中，上位机需要向下位机下载时，由上位机直接发数据，引发下位机中断主程序，从而进行中断服务。

从上位机传来的数据格式如下：

第1字节	第2字节	第3字节	第4字节	……	第 M 字节

其中，第 1 字节固定为 3FH，作为串行通信数据的起始标志；第 2 字节为 16 位显示数据字节计数的低 8 位；第 3 字节为 16 位显示数据字节计数的高 8 位；从第 4 字节开始是真正的显示数据。

从中断返回前，先设置好 DPTR 和相关的通用寄存器，以便从中断返回后找到新数据进行显示，完整的图文屏程序清单如表 6-1 所示。图文屏主程序流程和中断服务程序流程如图 6-13 和图 6-14 所示。

表 6-1　图文屏程序清单

	ORG	0000H	
	SJMP	MAIN	；跳转到主程序 MAIN
	ORG	0023H	
SIENTRY:	AJMP1	SIS	；串行通信中断入口，跳转到

续表

			串行通信中断服务程序 SIS
MAIN:	MOV	SP,60H	；设栈
	MOV	R0,80H	；指向 RAM 区
	MOV	R1,00	；R0，R1，RAM 指针
	MOV	DPTR,1000H	；EPROM 的数据首地址
			；DPTR：EPROM 指针
REPROM:	MOV	A,00	
	MOVC	A,@A+DPTR	；从 EPROM 1000H 读数据
	INC	DPTR	；从 EPROM 读200H 字节数据到 RAM
	PUSH	DPL	；DPTR 进栈
	PUSH	DPH	
	MOV	DPH,R0	；DPTR 换成 RAM 指针
	MOV	DPL,R1	
	MOVX	@DPTR,A	；数据送 RAM
	INC	DPTR	
	MOV	R0,DPH	；存 DPTR
	MOV	R1,DPL	
	POP	DPH	；弹出 DPTR（EPROM 地址）
	POP	DPL	
	MOV	R2,DPH	；R2：判是否到1200H
	CJNE	R2,12H,REPROM	；未传送完200H 字节转回
SINIT:	MOV	TMOD,21H	；设 T1方式2，T0方式1
	MOV	TH1,FAH	；设 T1定时6.51μs
	MOV	TH1,FAH	
	SETB	8EH	；置 TCON BIT6，打开 T1
	MOV	TH0,00	；设 T0定时
	MOV	TL0,00	
	MOV	R6,7EH	
	MOV	R7,00H	
	MOV	SCON,50H	；设 SCON 为50H，方式1，REN=1
	MOV	PCON,00	；设 PCON 为0
	MOV	50H,82H	
	MOV	51H,00	
	SETB	AFH	；开中断
	SETB	ACH	；允许串行通信中断
	SETB	9CH	；SCON BIT4，REN=1
NEXT:	CLRC		
	MOV	A,R7	；R7初值为0

续表

	ADD	A,00	
	MOV	R7,A	
	MOV	A,R6	；R6初值为7E
	ADC	A,02H	
	MOV	R6,A	
	MOV	A,51H	；51初值为0
	XRL	A,R7	A=R7?
	JNZ	DISP1	；不等，转到DISP1
	MOV	A,50H	；等，50初值为82H
	XRL	A,R6	A=R6?
	JNZ	04H	；不等，转到DISP1
	MOV	R6,#80H	；等，R6=80H
	MOV	R7,00	
DISP1:	MOV	R0,00	
TM256:	MOV	R3,00	
TM512:	MOV	R2,00	
	MOV	DPH,R6	；80H
	MOV	DPL,R7	；00H
CONT2:	MOV	R1,00	
	CLR	B4H	；P3 BIT4=T0，上下控制=0
DISPH:	MOVX	A,@DPTR	；读入RAM
	INC	DPTR	
	INC	R1	；R1：字节计数
	MOV	P1,A	；向P1输出一个RAM字节数据
	CLR	B3H	；P3 BIT3=INT1
	SETB	B3H	；INT1是移位寄存器的输入脉冲
	CLR	B5H	；P3 BIT5=T1
	SETB	B5H	
	CLR	B5H	；T1一共输出8个脉冲
	SETB	B5H	；即移位8次
	CLR	B5H	；T1是移位寄存器的移位脉冲
	SETB	B5H	
	CLR	B5H	
	SETB	B5H	
	CLR	B5H	
	SETB	B5H	
	CLR	B5H	
	SETB	B5H	
	CLR	B5H	

续表

	SETB	B5H	
	CLR	B5H	
	SETB	B5H	
	CJNE	R1,10H,DISPH	；R1<>10H，转到DISPH
			；10H=16D，16*8=128（列数）
	PUSH	DPH	；若R1=10H，则DPTR进栈
	PUSH	DPL	
	SETB	B4H	；P3 BIT4=T0，上下控制=1
	CLRC		
	MOV	A,DPL	
	ADD	A,F0H	；跳过F0H字节
	MOV	DPL,A	；原DPTR已为10H，10H+F0H指向
	MOV	A,DPH	；256字节之后（16行每行128列）
	ADC	A,00	即指向下一半
	MOV	DPH,A	
DISPL：	MOVX	A,@DPTE	
	INC	DPTR	
	INC	R1	
	MOV	P1,A	
	CLR	B3H	
	SETB	B3H	
	CLR	B5H	
	SERB	B5H	
	CLR	B5H	
	SETB	B5H	
	CLR	B5H	
	SETB	B5H	
	CLR	B5H	
	SETB	B5H	
	CLR	B5H	
	SETB	B5H	
	CLR	B5H	
	SETB	B5H	
	CLR	B5H	

续表

	SETB	B5H	
	CJNE	R1,20H,D4H	；R1<>20H，转到 DISPL
	CLR	B2H	；P3 BIT2=INT0
	SETB	B2H	
	MOV	P1,R2	；R2输出到 P1
	MOV	DPTR,0000	
	MOVX	@DPTR,A	；只是让地址动作
	INC	R2	
	POP	DPL	
	POP	DPH	
	CJNE	R2,10H,CONT1	；R2<>10H，转到 CONT1
	INC	R3	；R2=10H
	CJNE	R3,FFH,TM256	；R3<>FFH，转到 TIM256
	INC	R0	；R3=FFH
	CJNE	R0,02H,TIM512	；R0<>02H,TIM512
	LJMP	NEXT	
TIM512：	LJMP	TM512	；$21
CONT1：	LJMP	CONT2	
TIM256：	AJMP0	TM256	
	ORG	0800H	；串行通信服务程序
SIS：	CLR	AFH	；IE BIT7关中断
	CLR	98H	；SCON BIT0 RI 清零接收中断
	MOV	A,SBUF	
	XRL	A,3FH	；3FH 传输起始标志
	JZ	DTSTART	；SBUF=3FH，开始
	SJMP	CLOSE	；否则结束
DTSTART：	MOV	DPTR,#0001H	；只是让地址动作
	MOVX	@DPTR,A	；关00译码，开01译码
			；向74LS595送清除信号 SRCLR
	CLR	B2H	；P3 BIT2 INT0
	SETB	B2H	；把清零的结果打入列输出锁存器
			；完成关显示操作
	MOV	DPTR,#8000H	
	MOV	SBUF,A	
WAITT：	JNB	99H,WAITT	；SCON B1 TI=0，等待发射完成
	CLR	99H	；SCON B1 TI=1

续表

WAITR:	JNB	98H,WAITR	；SCON B0 RI=0，等待接收完成
	CLR	98H	；SCON B0 RI=1
	MOV	A,SBUF	；传输字节计数 L
	MOV	51H,A	
	MOV	SBUF,A	
WAITR:	JNB	99H,WAITR	；SCON B1 TI=0，等待发射完成
	CKR	99H	；SCON B1 TI=1
WAITR:	JNB	98H,WAITR	；SCON B0 RI=0，等待接收完成
	CKR	98H	；SCON B0 RI=1
	MOV	A,SBUF	；传输字节计数 H
	MOV	50H,A	
CONTINUE:	MOV	SBUF,A	
WAITR1:	JBC	99H,WAITR1	；SCON B1 T1=1，发射完成
	SJMP	WAITR1	；SCON B1 T1=0，等待发射完成
WAITR1:	JBC	98H,RDATA	；SCON B0 RI=1，接收完成
	SJMP	WAITR1	；SCON B0 RI=0，等待接收完成
RDATA:	MOV	A，SBUF	；读入显示数据
	MOVX	@DPTR，A	
	INC	DPTR	
	MOV	A，DPH	
	XRL	A，50H	
	JNZ	CONTINUE	；（A）〈〉（50H），继续接收
	MOV	A,DPL	；（A）=（50H）
	XRL	A,51H	
	JNZ	CONTINUE	；（A）〈〉（51H），继续接收
	MOV	SBUF,A	；（A）=（51H）
	JNB	99H,WAITTE	；SCON B1 TI=0，等待发射完成
	CLR	99H	；SCON B1 TI=1
	MOV	DPTR,8000H	
WAITTE:	MOV	R0,20H	
	MOV	R1,10H	
	MOV	R6,80H	
	MOV	R7,00	
CLOSE:	SETB	AFH	；IE
	RETI		
	ORG	0800H	

DISPLAYDATA:DB　　00,00,00,00,00,00,00,00,00,00

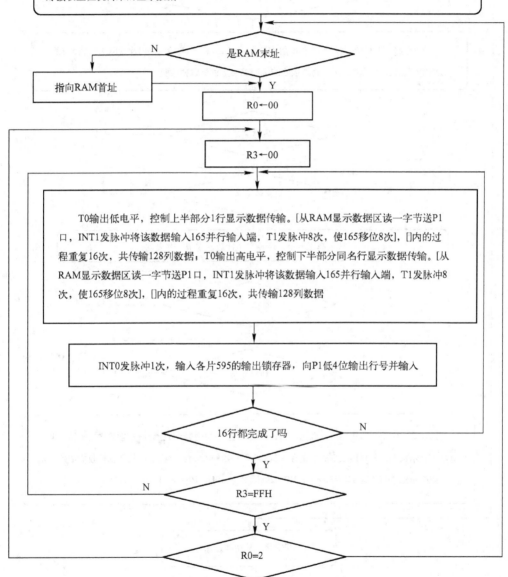

图 6-13　图文屏主程序流程

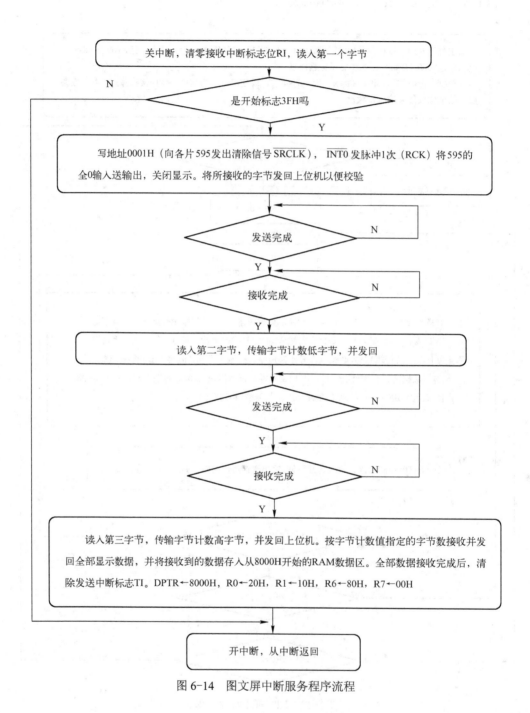

图 6-14 图文屏中断服务程序流程

6.3 图文显示屏的种类及应用

6.3.1 图文显示屏的种类

1. 双色屏及多色屏

为了增强图文显示屏的显示效果,可以使用双色屏或多色屏。双色(多色)屏所使用的 LED 点阵单元,在同一点阵位置上安装了两个(多个)不同颜色的 LED 发光灯。例如,红橙双色共阳极 8×8LED 点阵模块,安装了 64 个(8×8)红色发光灯和 64 个橙色发光灯。双色 LED 图文屏驱动电路如图 6-15 所示。一行的 8 个红色 LED 和同一行的 8 个橙色

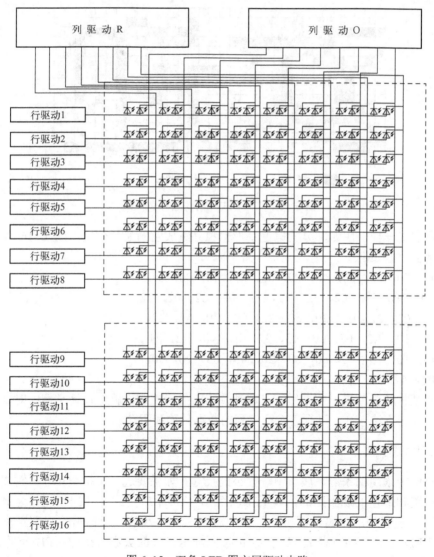

图 6-15 双色 LED 图文屏驱动电路

LED，所有的阳极连接在一起，可以作为行驱动线。双色的各个 LED 的阴极是分开的，作为列驱动。在同一模块中，不同行的相同列的同一颜色的 LED 的阴极连接在一起，以便于在扫描驱动方式下工作。为了便于控制，不同颜色的行驱动电路在逻辑上可以用同一电路。但是随着颜色的增加，LED 数量成倍地增加，因此考虑驱动电流的扩展，需要增加相应的电路。考虑到组织显示数据的便利，不同颜色 LED 的列驱动是相互独立的。如图 6-15 所示，列驱动器 R 负责 8 列红色 LED 的列驱动，而列驱动器 O 负责 8 列橙色 LED 的列驱动。

利用双色屏可以显示更加丰富多彩的图形和文字。最简单的例子是显示带阴影的立体字。图 6-16 为双色 LED 显示立体字的效果，字本身由红色 LED 显示，阴影部分由橙色 LED 显示。

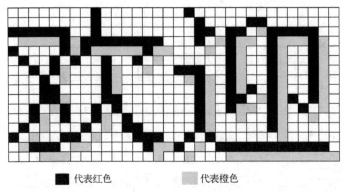

图 6-16 双色 LED 显示立体字的效果

和单色字形一样，阴影部分的橙色字形也独立组成它的显示数据，图 6-16 中所举的例子，橙色显示数据如下：

00，00，00，00，00，40，00，00，00，40，00，80，
7A，00，0B，3A，02，FB，12，22，00，02，02，22，
04，24，02，22，04，20，52，22，00，20，12，22，
04，00，10，A2，08，00，13，22，12，40，12，24，
12，40，10，20，20，80，00，20，43，03，20，00，
1C，02，47，FF

组织好某种颜色的显示数据后，对这种颜色的显示控制，就像设计举例中对不同（上、下）部分的处理方法一样，进行着按行按列的数据传输和驱动。

2. 大尺寸图文屏

设计举例中采用的条屏，属于中等偏小的尺寸。如果要进一步扩大尺寸，首先要考虑屏幕安装的位置和最佳的观察距离，一般可以用 6 倍屏幕对角线尺寸的长度作为最佳观察距离。至于可以观察到的距离，则可大于最佳观察距离的数倍。根据最佳观察距离的大小，可以选择 LED 发光灯的直径大小。然后再按照屏幕尺寸的大小，确定 LED 点阵的数量 M（行）、N（列）。

随着 M、N 值的增加，电路及元器件的数量就会增加。首先，看一下对行驱动电路的影响。在驱动的扫描方式 $1/H$ 确定后，从逻辑上看，因为以 H 行分组，各组的同名行可以互相并联，使用同一行控制电路，所以行控制电路的数目与总行数 M 并没有直接联系。但是，随着 M 的增加，以 H 行分组的组数增加了，也就是同名行的数量增加了，行驱动的驱动能力必须跟着增加。不是同名行不能公用行驱动电路，所以必须单独设立驱动电路。同样，列数 N 的增加，使得同一行行驱动所带动的负载加重，也迫使行驱动能力跟着增加。如果一个行驱动器的驱动电流 I_{HQ} 和一个 LED 发光灯的工作电流 I_{LED} 都已经确定，如 $M \times N$ 个 LED 就必须有 $K=(M \times N \times I_{LED})/I_{HQ}$ 个行驱动器，才能驱动整个屏幕。至于这些行驱动器的行选通信号是如何组织的，和扫描驱动方式有关。其次，再来分析一下列驱动器数量与点阵规模的关系。由于列驱动器采用 H 行的同名列公用驱动器的方法，因此与扫描方式 $1/H$ 有关。一片列驱动器可以并行驱动 L（常用的器件多为 8）位，则列驱动器的数目 $J=(M/H) \times (N/L)$。这样计算的前提是每一个列驱动位的驱动能力完全满足点亮一个 LED 发光灯的要求。

3．户内屏与户外屏

由于户内屏最佳观察距离近，室内环境光较暗，因此 LED 器件发光强度要求不高。LED 发光灯的尺寸也较小，一般户内的 LED 点阵可以选择 $\phi 3mm \sim \phi 10mm$、工作电流在 $10 \sim 20mA$ 范围的 LED 器件组成。户外屏一般尺寸较大，室外环境光强。LED 点阵可选由 $\phi 10mm \sim \phi 20mm$ 甚至更大的、工作电流高达 100mA 的 LED 器件组成。除了考虑显示器件之外，还要注意扫描方式的选择和亮度调节。

对于户内屏，为了节省器件，$1/H$ 扫描方式中的 H 值可以选择得大一些，如 16；对于户外屏，H 值过大，会影响显示亮度。作为 $1/H$ 的扫描方式，在简化计算的情况下，可以认为应该发光的器件在 1s 之内，只有 $1/H$s 真正在发光，如果 H 值取得过大，发光时间太短，亮度会大大降低。一般情况下，户外的 H 值可以选择为 4。H 值选择得小，列驱动器的数目会明显增加。另外，由于工作电流大，对行列驱动器的驱动能力都要相应地增加，也会引起器件数量的明显增加。除此之外，如果选择了 $H=4$，那么 LED 点阵也就不能再用 8×8 的结构了，因为它已经把 8 行的同名列在模块内部连接在一起了，无法实现 1/4 的扫描，这时应改用 4×4 或更小规模的 LED 点阵模块。

对于亮度调节问题，是为了使户外屏能够适应白天、夜晚、晴天、阴天等多种户外环境光线的变换而提出的。对于不同的环境光线，LED 屏应该有不同的发光强度。一方面要有足够的亮度，另一方面又不要过亮，以延长设备使用寿命。

4．混合屏

如前所述，在像股票行情显示屏一类的应用中，存在着大量的在一定位置上只显示数字的屏，这时可以用数码管代替点阵模块，能够简化控制电路，同时节约器件。图 6-17 为符号管和数码管。图 6-18 为数码管显示的数字及部分字母。

现以数码管为例，说明其显示控制过程，数码管的显示可由 8 段或 9 段 LED 发光段组合成所需数字。

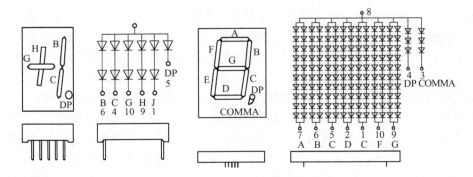

图 6-17 符号管和数码管

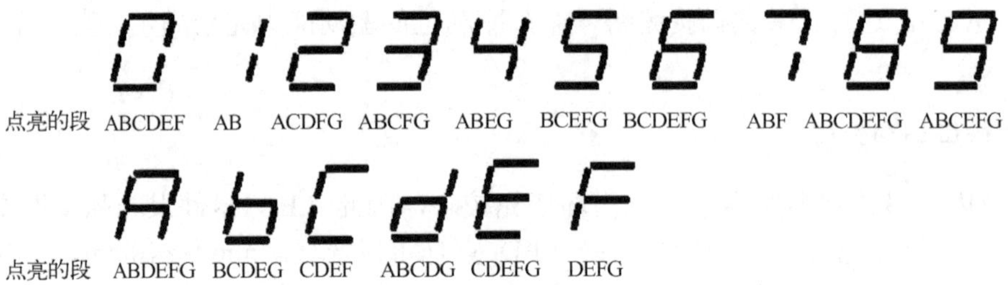

| 0 | 1 | 2 | 3 | 4 | 5 | 6 | 7 | 8 | 9 |

点亮的段 ABCDEF AB ACDFG ABCFG ABEG BCEFG BCDEFG ABF ABCDEFG ABCEFG

| A | b | C | d | E | F |

点亮的段 ABDEFG BCDEG CDEF ABCDG CDEFG DEFG

图 6-18 数码管显示的数字及部分字母

根据需要显示的数字和数码管对应应该发光的段,可以做成一个显示数据的转换表。

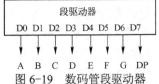

图 6-19 数码管段驱动器

制作这个转换表时,应该注意段驱动器输出的各位(D7~D0)与数码管各段(A~DP)的连接关系。按照图 6-19 所示的连接方法,显示数字与 16 进制编码对应表如表 6-2 所示。

可以看出,只要向段驱动器送一个表中列出的 16 进制编码,数码管就会显示出相应的数字或字符。把转换表放在存储器内,用这个表的基地址加上要显示的数字(字符)作为偏移量,进行变址寻址,就可以取出段驱动码。对段驱动码的处理就像在点阵显示方式中对列显示数据的处理方法一样,采用串行传输的办法把它送到段驱动器中。因此,它与点阵显示方式中的列驱动器一样,使用带有输出锁存器的移位寄存器构成。

表 6-2 显示数字与 16 进制编码对应表

显示数字	点亮的段	16进制编码
0	ABCDEF	3F
1	AB	03
2	ACDFG	6D
3	ABCFG	67
4	ABEG	53
5	BCEFG	76

续表

显示数字	点亮的段	16进制编码
6	BCDEFG	7E
7	ABF	
8	ABCDEFG	23
9	ABCEFG	7F
A	ABDEFG	77
B	BCDEG	5E
C	CDEF	3C
D	ABCDG	4F
E	CDEFG	7C
F	DEFG	78

数码等阵列显示器的驱动结构如图 6-20 所示。用 M（行）×N（列）数码管组成显示阵列，一行有 N 个数码管，该行的行驱动器连接到这 N 个数码管的共阳极上，当该行被选通时，行驱动器输出高电平。同一列上有 M 个数码管，它们公用一个段驱动器，这个段驱动器的 8 位输出并联到该列各个数码管相应段的阴极引脚上。段驱动器为低电平时段发光。和 LED 点阵显示器一样，由数码管组成的阵列也存在选择 1/H 扫描方式的问题。

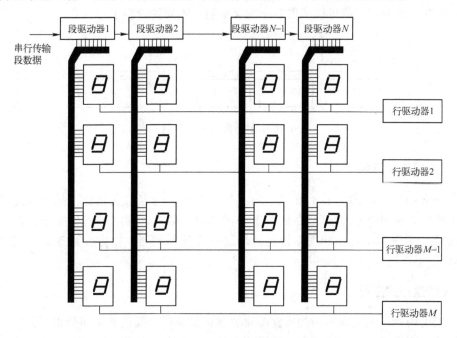

图 6-20 数码管阵列显示器的驱动结构

显然，数码管阵列的驱动器数量，要远低于显示同样数量和尺寸字符的点阵显示器。数码管阵列的行驱动器数据与点阵显示器的行驱动器的数量大致相当。它们都受 1/H 扫描方式和电流驱动能力的影响。在行驱动方面不同的是，点阵显示器一行是一个点行，而数码管阵列的一行是一个字符行。在 1/H 扫描方式下，H 点行的 L 位（如 8 位）公用一个列驱动器；

而数码管阵列显示器是 H 字符行的 L 位公用一个段驱动器。点阵显示器显示一个字符，根据字符的组成，点阵规模可能是 24×24、16×16 或 8×8，最低是 5×7。以 5×7 点阵计算，一个字符有 7 行，相比之下，H 行数码管与 7×H 行点阵相当，都是 H 行公用一个列驱动器/段驱动器。当然，数码管阵列的段驱动器数量就要少 6/7，这是相当可观的。因此，在适合使用数码管的情况下应该尽量使用。

6.3.2 图文显示屏的应用

LED 图文显示屏的应用很广，对不同的应用环境和应用要求，可以有各种各样的应用方式。

1．群星式应用

在一些大商厦和会场，图文显示屏的数量可能很多，但是每个屏显示的内容是相同的。这时可以用一台上位机连接多台下位机（图文屏），如图 6-21 所示，由上位机统一进行控制。通信采用广播方式，由上位机发送信号，各个下位机同时接收。当各个图文屏需要显示不同内容时，可以通过对下位机编号的方法进行区别。上位机发送信息时，在发送显示数据之前先发送需要接收信息的下位机编号。各个下位机在接收到编号后，判断自己是否应该继续接收下面的显示数据。这样，只有应该接收显示数据的下位机才继续接收，而其他下位机面对后续数据不予理睬，就可以实现各个图文屏显示不同的内容了。

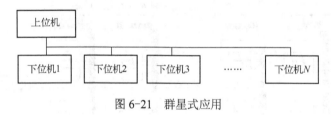

图 6-21 群星式应用

2．红外遥控式应用

在有些应用场合，图文显示屏显示内容相对简单，内容的变化也不频繁，这时可以考虑不要上位机。由各下位机自己存储若干必需的显示数据，用红外遥控的方法，由值班人员现场选择显示内容。可以利用电视机频道选择红外遥控器，很方便地改造成图文显示屏的遥控器。

3．无线遥控式应用

有些应用场合，图文显示屏的布置非常分散，屏与屏之间的距离可能很长。在这种情况下，上位机与下位机之间的通信介质再采用有线方式，就可能很不经济或不现实了。这时可以采取无线方式进行上、下位机之间的通信。

第 7 章 门头图文显示屏制作与调试

7.1 点阵显示屏制作

这里介绍的 LED 显示屏实验电路，应用元器件多，电路连接复杂，商品价值不大，所以仅供了解电路原理用。

7.1.1 点阵显示屏的电路构成

点阵显示屏采用列扫描、直接送行显示码的方式工作，基本显示原理在后面的软件设计部分讲解。分辨率为 32×16 的显示屏由 8 个共阳极 LED 点阵单元构成，如图 7-1 所示，由行输入高电平点亮。

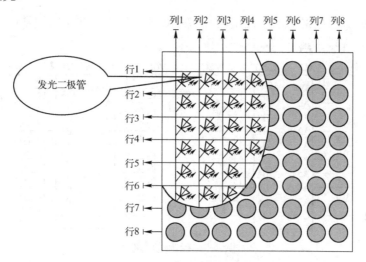

图 7-1 LED 点阵单元结构示意图

图 7-2 为 8 个 LED 点阵单元级联的接线图。R1～R16 是限流电阻，用来保护 LED 的安全；VT1～VT32 是 32 只 PNP 型三极管，在这里起开关的作用；通过控制 B01～B32 来使得在任何时刻只有唯一的列导通以点亮该列，当列切换的速度足够快时，由于人眼的视觉暂留现象，看上去整个屏都是亮的，这就是动态扫描的基本原理。

如果微处理器有足够大的驱动能力和足够多的 I/O 口，就可以直接驱动 LED 屏。但是为了能用 AT89S52 单片机来控制它，则需要再加一些驱动电路和译码电路，以提供足够的驱动能力并简化与单片机的连接。

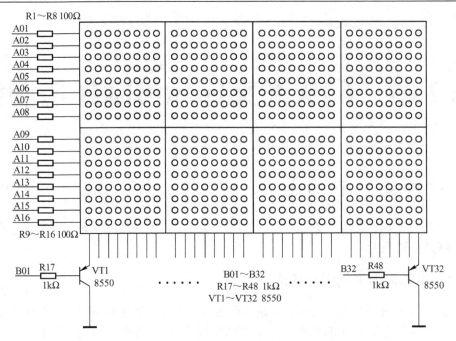

图 7-2 8 个 LED 点阵单元级联的接线图

如图 7-3 所示，行驱动电路使用两片 74HC245 芯片，这是比较常用的驱动芯片。当 DIR 接高电平时，A 端为输入端，B 端为输出端。

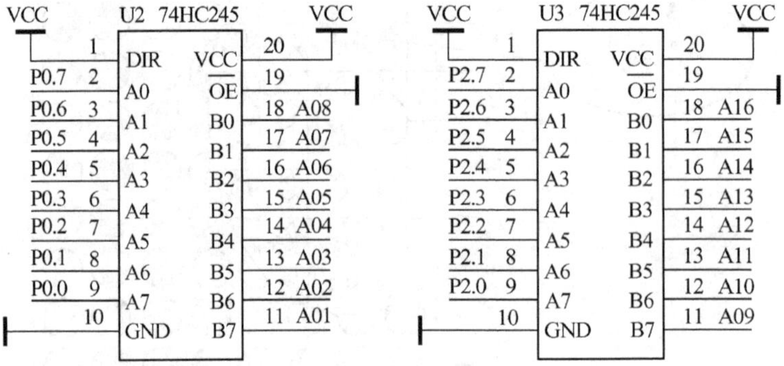

图 7-3 行驱动电路

如图 7-4 所示，列扫描电路则利用了两片 4/16 线译码器 74LS154 芯片，U4、U5 分别对应左右屏。A、B、C、D 为输入端，Y0～Y15 为输出端。此外，还有 CS1、CS2 两根线分别使能左右屏译码器，也就是使能左右屏。CS1、CS2 低电平使能。

图 7-5 为 AT89S52 单片机最小系统电路。

7.1.2 点阵显示屏的硬件制作

在业余条件下制作 LED 屏比较麻烦，8 块 LED 点阵单元就有 128 根飞线。所以，制作过程要求有足够的细心和耐心，千万不要急于求成，每天花点时间做，这样可以保证自己不会因疲倦而导致频繁出错。尽量做到零错误，否则检查起来会很烦琐。

第7章 门头图文显示屏制作与调试

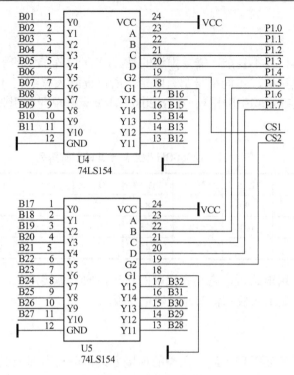

图 7-4 列扫描电路

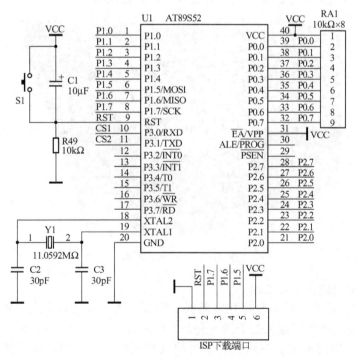

图 7-5 AT89S52 单片机最小系统电路

1. 元器件选择

制作时涉及的元器件并不复杂，需要强调的是，LED 点阵单元的引脚排布并不像图 7-1 所示的那么规则，不同规格、不同型号都有区别。所以提醒大家购买 LED 点阵单元后，需结合所查资料和万用表确定其引脚排列。LG12088BH 型点阵单元的引脚排列如表 7-1（仅供参考）所示。

表 7-1 LG12088BH 型点阵单元的引脚排列

行（从上到下依次为）	行1	行2	行3	行4	行5	行6	行7	行8
引脚号	9	14	8	12	1	7	2	5
列（从左到右依次为）	列1	列2	列3	列4	列5	列6	列7	列8
引脚号	13	3	4	10	6	11	15	16

电路板选用双面万用电路板，它具有较硬的材质，便于焊接走线。本制作使用了一大一小两块电路板，分别为显示面板和背部译码器电路板。

2. 硬件制作图解

为了使线路美观，不要采用飞线一团糟的焊接方式，可利用细金属导线和质量较好的漆包线。

图 7-6 为 LED 显示面板，驱动芯片和三极管已焊在该板上。

图 7-6 LED 显示面板

图 7-7 为显示面板背面的连线。

16 根行线使用细金属丝贯穿整块电路板，然后用漆包线将各个点阵单元的行引脚连接至对应行线上，再用漆包线连接处于同一竖条上的点阵单元的列引脚，此时列线与行线成矩阵状。最后再焊接限流电阻、三极管基极电阻及相关排针。电阻、排针都置于显示面板反面，如图 7-8 所示。

焊接完成的显示面板如图 7-9 所示。再在另一块板上焊好译码器电路，如图 7-10 所示。

图 7-7　显示面板背面的连线

图 7-8　焊接好限流电阻、三极管基极电阻及排针

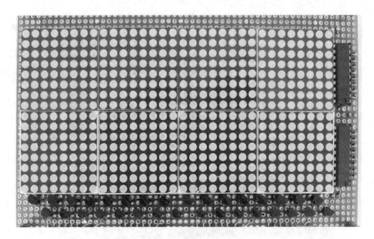

图 7-9　焊接完成的显示面板

图 7-10 译码器电路板

利用排针与排座连接译码器电路板与显示面板,如图 7-11 所示。

图 7-11 译码器电路板与显示面板通过插座连接

制作的成品如图 7-12 所示。然后就可以使用 AT89S52 单片机对其进行控制了,如图 7-13 所示。

图 7-12 成品

图 7-13 利用单片机系统板对显示屏进行控制

7.1.3 点阵显示屏的软件设计

一个国标汉字是由 16×16 即 256 个点（像素）构成的，显示一个汉字该亮哪些点这些复杂的工作都交给取模软件来完成。同时，取模软件也负责把要显示的汉字转化成程序中要用到的显示代码，代码以一定的规律表征了该亮的点（一般用"1"表示）与不该亮的点（一般用"0"表示），一共 256 位。单片机负责将这些代码一段一段有规律地送到 LED 屏。例如，第一次输出表示第 1 列的 16 位代码点亮第 1 列，紧接着再输出 16 位代码点亮第 2 列……直到点亮第 16 列，然后再重新点亮第 1 列……如此循环，就完成了汉字的显示。单片机输出的速度足够快时，由于视觉暂留现象使得人眼在同一时刻感受到了这 16 列输出的信息，也就是看到了这个汉字。由于 AT89S52 单片机是 8 位总线结构，一次不能输出 16 位代码以显示完整的一列，因此需要把一个字拆分为上下两部分，一次送 8 位，一共送 32 次，这样同样完成一个汉字的显示。事实上这个汉字区域也可以是在 256 像素范围内的任何图形。冉结合硬件电路来理解本文的 LED 屏，显示代码是通过图 7-3 所示的驱动电路送至 LED 屏的，列的切换则是通过译码器控制三极管 VT1～VT32 依次轮流导通来实现的，也就是扫描。

7.2 户内 LED 图文屏的组装

LED 条屏作为新的媒体，也是新型的装饰材料，可以嵌入到很多室内装饰当中，使装饰更加富有动感。不断更新的字幕，可以作为新告示板，宣传优惠和促销信息等。使用 LED 条屏极大地提高了室内装饰的档次，有着良好的视觉效果。由于 LED 条屏的安装和使用有一定的技术含量，制约了其在广告行业的发展。掌握 LED 技术，可以提高室内装饰的技术含量，扩展业务。由于 LED 条屏控制简单、字号大、富有动感、信息量大、适合远距离观看、能及时向大众播报最新消息，因此广泛应用到排队系统、报站系统、饮水机等。LED 条屏控制卡，功能简单稳定，可以很方便地嵌入到系统里，为开发者省去了开发 LED 显示的烦琐工作,将注意力更多地集中在系统的功能和创新上。LED 条屏控制卡开发包,提供了详细的开发例子,为系统集成和二次开发提供了很好的环境。常用 LED 条屏如图 7-14 所示。

图 7-14　常用 LED 条屏

　　LED 产业链已经很完善,所有的配件都很容易在网上购买;LED 的技术参数日趋统一,行业标准基本形成,所有零配件都已经模块化,为自行组装 LED 条屏奠定了基础。由于 LED 条屏材料成本低,零售价格高,当批量向 LED 屏幕供应商采购的时候,成本和价格不好控制。由于用户不熟悉 LED 条屏,需要供应商提供安装和维护服务,因此自行组装 LED 条屏幕并在当地销售,可以获得很大利润。本节以组装 1 个 128×16 点的单红户内 LED 条屏,通过连接计算机串口更新屏幕内容的条屏为例进行讲解。

7.2.1　户内 LED 图文屏单元组件

　　LED 条屏主要由单元板、电源、控制卡和框架等构成。

1. 单元板

　　单元板是 LED 条屏的核心部件之一,如图 7-15 所示。单元板的好坏,直接影响到显示效果。单元板由 LED 模块、驱动芯片和 PCB 电路板组成。LED 模块其实是由很多个 LED 发光点用树脂或塑料封装起来的点阵。驱动芯片主要有 74HC595、74HC245/244、74HC138。

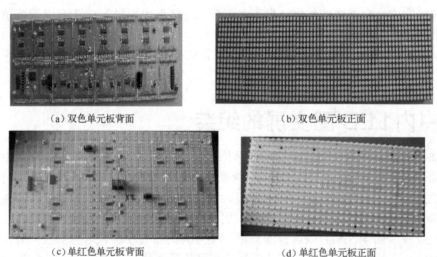

图 7-15　单元板实物图

户内条屏常用的单元板包括如下参数。
（1）发光直径：发光点的直径 D=3.75mm。
（2）发光点距离：根据观看者的距离选择，户内一般选择 4.75mm。
（3）单元板大小：64×16，最常用的单元板很容易买到，价格也很便宜。
（4）1/16 扫描：单元板的控制方式。
（5）户内亮度：LED 发光点的亮度，户内亮度适合白天需要靠日光灯照明的环境。
（6）颜色：单红，最常用，价格也最便宜。双色一般指红绿，价格高。

制作一个 128×16 点的屏幕，只需要用两个单元板串接起来就可以了，如图 7-16 所示。

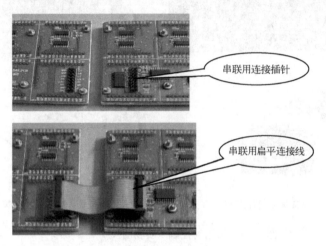

图 7-16　单元板串联

2．电源

一般使用如图 7-17 所示的开关电源，采用 220V 输入，5V 直流输出。由于 LED 显示屏属于精密电子设备，因此要采用开关电源，不能采用变压器。对于 1 个单红色户内 64×16 的单元板，全亮的时候，电流为 2A。由此可推出，128×16 双色的屏幕全亮的时候，电流为 8A，应该选择 5V/10A 的开关电源。

图 7-17　开关电源

3. 控制卡

使用低成本的条屏控制卡，可以控制 1/16 扫描的 256×16 个点的双色屏幕，可以组装出最有成本优势的 LED 屏幕。该控制卡属于异步卡。也就是说，该卡可以断电保存信息，不需要连接计算机也可以显示储存在里面的信息。图 7-18 为常用的控制卡实物图及扩展卡接线。

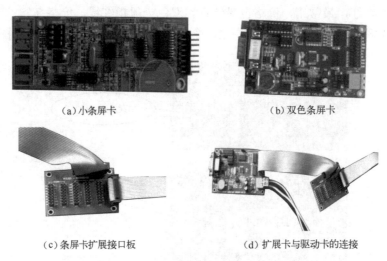

图 7-18 常用的控制卡实物图及扩展卡接线

需要注意的是，在使用单元板时，如果需要详细信息，请参阅该控制卡的用户手册，也可上相关网站查询。采购单元板时，应询问清楚参数，100%兼容的单元板参数：08 接口，4.75mm 点距离，64 点宽×16 点高，1/16 扫描户内亮度。单红/红绿双色参数：08 接口，7.62mm 点距离，64 点宽×16 点高，1/16 扫描户内亮度。

单元板和控制卡的厂家众多，所以单元板的接口式样众多。在组装 LED 条屏时，必须先确定接口的一致性，才方便组装。这里只介绍最常用的 LED 接口 16 引脚 08 接口的控制卡，如图 7-19 所示。

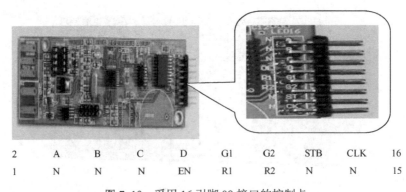

图 7-19 采用 16 引脚 08 接口的控制卡

其中，定义 A、B、C、D 为行选信号；STB（LT）为锁存信号；CLK（CK）为时钟信号；R1、R2、G1、G2为显示数据；EN为显示使能；N为地（GND）。确认单元板和控制卡的接口一致，就可以直接连接了。如果不一致，就需要自行制作转换线（转换一下线的顺序）。

4．连线

连线可分为数据线、传输线和电源线。数据线用于连接控制卡和LED单元板的排线；传输线用于连接控制卡和计算机；电源线用来连接电源和控制卡、电源和LED单元板。连接单元板的电源线的铜芯直径不小于1mm。

7.2.2 户内屏的制作

1．排线制作

排线与计算机机箱里面的数据线类似，只是线的宽度有点差异。制作排线，需要一个特殊的钳子，如图7-20（a）所示，使用它可以大大提高工作效率和良品率。制作排线的材料有排线、排线头和排线帽，如图7-20（b）所示。这里要注意一下，如果制作16引脚（16线）的排线，需要购买16引脚的线和相应大小的排线头和排线帽。把线头用剪刀剪平，然后放入排线头（注意线和头的平衡），再放进压线钳的中央，用力压紧，最后把线绕过来，安装排线帽。

注意：排线帽很重要，可以有效保护排线，让排线更加结实，不能省。

（a）钳子　　　　（b）排线配件

图7-20　钳子及排线配件

2．电源线制作

电源分为220V电源线和5V电源线。220V电源线用于连接开关电源到市电，最好采用3引脚插头，可以在五金店购买。由于5V电源线的电流较大，最好采用铜芯直径在1mm以上的红黑对线。有条件的话，最好将线的两头装上金属件，如图7-21所示。

图7-21　电源线

3. RS-232 线制作

RS-232 线用于连接计算机和控制卡，更新屏幕数据。这里需要用到 DB9 头和网线。仔细观察 DB9 头，上面有数字，将 5 引脚连接棕线，将 3 引脚连接棕白线。把网线夹紧，安装好 DB9 头。然后用万用表测量一下两头，是否导通。这里需要指出，DB9 的头分公头和母头。

连接线的配件如图 7-22 所示。计算机后面的属于母座，所以要买个公插座对应。现在的笔记本电脑一般没有串口，可购买一条 USB 转 RS-232 串口的线。

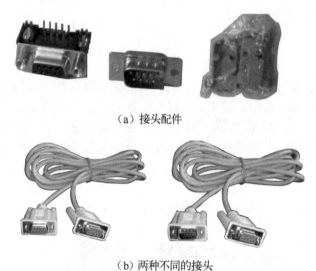

(a) 接头配件

(b) 两种不同的接头

图 7-22　连接线的配件

4. 布线方法

布线电路图如 7-23 所示。

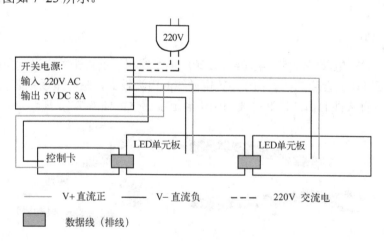

图 7-23　布线电路图

（1）检查电源电压，找出直流电源正、负极，连接开关电源，将 220V 电源线连接到开关电源，然后插上电，这时会发现电源有个灯会亮，再用万用表直流挡测量一下 V+ 和 V- 之间的电压，确保电压在 4.8～5.1V 之间。电源上有个旋钮，可以用十字螺钉旋具调节电压。为了减少屏幕发热，延长寿命，在亮度要求不高的场合，可以把电压调节到 4.5～4.8V 之间。确认电压没有问题后，断开电源，继续组装其他部分。

（2）关闭电源。将 V+连接红线，V-连接黑线，分别连接到控制卡和 LED 单元板，黑线 V-连接控制卡和电源的 GND，红线 V+连接控制卡的+5V 和单元板的 VCC。每个单元板用 1 条电源线。完成后，检查连接是否正确。

（3）连接控制卡和单元板，如图 7-24 所示，用做好的排线连接。注意方向，不能接反。单元板有两个 16 引脚的接口，一个用于输入，一个用于输出，靠近 74HC245/244 的用于输入，将控制卡连接到输入端，输出端连接到下一个单元板的输入端。

图 7-24　连接控制卡和单元板

（4）连接 RS-232 数据线，如图 7-25 所示。将做好的数据线一端连接计算机的 DB9 串口，另一端连接控制卡，将 DB9 的 5 引脚（棕）连接到控制卡的 GND，将 DB9 的 3 引脚（棕白）连接到控制卡的 RS-232-RX。如果计算机没有串口，可以购买一条 USB 转 RS-232 串口的转换线。

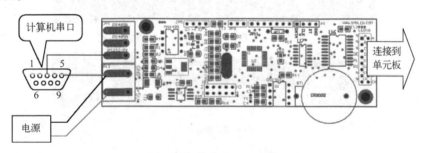

图 7-25　连接 RS-232 数据线

（5）再次检查连线是否正确。黑线连接的是 V-和 GND，红线连接的是 V+和 VCC +5V。

（6）接通 220V 电源，正常情况下，电源灯亮，控制卡亮，屏幕有显示。如果不正常，检查连线。

（7）打开下载的软件，设定屏幕的参数，发送字幕。具体参照软件使用说明及后面内容。

5. 安装制作流程

1）外框制作

外框由支架、简易框和不锈钢边框三部分构成。

（1）支架制作

根据不同的应用场合，不同的外框要求，制作不同的支架。一般采用内嵌安装时，不需要外框，但是需要一个安装支架。安装支架一般用铝型材，比较轻便，切割加工容易。也可以用万能角铁，就是有很多孔的直角形的铁条。我们可以看到单元板背面有安装用的铜柱，用来把单元板固定在支架上。支架应该长一点，预留灯箱的安装孔。把单元板、控制卡、电源都固定在支架上，数据线和 220V 电源线要绑在支架上，要绑好，打个结，不要扯几下就掉。这样，一个最简单的屏幕就组装好了，可以拿去安装在其他设备上。支架及安装材料如图 7-26 所示。

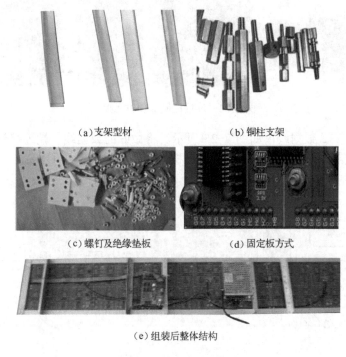

(a) 支架型材　　(b) 铜柱支架

(c) 螺钉及绝缘垫板　　(d) 固定板方式

(e) 组装后整体结构

图 7-26　支架及安装材料

（2）简易框制作

购买回来的单元板，亮度不一，或者应用的场合可能有水花，此时就需要在屏幕表面贴一个有机玻璃。有机玻璃一般是采用茶色或暗红色的。有机玻璃可以在广告和装饰材料店购买。有机玻璃采用薄一点的，但太薄可能容易弯曲。由于有机玻璃的切割需要技巧，最好在购买的时候，准备好尺寸，让店铺帮忙切割。对于一般场合，需要一个框，可以使用铝合金型材（如截面是正方形的空心铝条），可以去铝合金型材店购买。如果采用铝合金框，屏幕很小的话，可以把单元板直接固定在外框，如果强度足够，就不需要支架了。具体外框制作工艺，可以参考灯箱的制作。

（3）不锈钢边框制作

很多 LED 屏幕外框都是不锈钢或铝合金型材的。其实不锈钢或铝合金型材的外框，只是在简易边框的基础上，包了一层薄薄的不锈钢皮。看上去美观、大方，增加附加值。包框需要用到折边机，可以到厨具制作的小五金厂代为加工，最好到 LED 外框专业店制作。专业店制作的包框包边的接缝很小。

2）组装制作安装步骤

第一步：按照模组板的尺寸，测量型材打孔位置，要求测量位置要准确，如图 7-27 所示。

第二步：按照测量好的孔位置用手电钻在型材上打孔，所使用的钻头应稍大于螺钉直径。如果使用直径为 3mm 的螺钉，应使用 4mm 的钻头，如图 7-28 所示。

图 7-27　按照模组板测量型材打孔位置　　　图 7-28　用手电钻给型材打孔

第三步：打好孔后，将型材垫好绝缘垫后用铜柱螺钉固定在模板上，如图 7-29 所示。安装时，绝缘垫要垫好，不能使型材与电路板有接触点，螺钉应紧固，不应有松动现象。

（a）连接型材与模组

（b）紧固好型材的背面板　　　（c）紧固好型材的正面板

图 7-29　将型材垫好绝缘垫后用铜柱螺钉固定在模板上

第四步：将安装好的单元模组摆放在支架上，如图 7-30 所示，并按照型材孔位置用电钻在支架上打孔。

图 7-30　将单元模组安装在支架上

第五步：如图 7-31 所示，将所有单元板安装在支架上后，用螺钉固定好所有单元板。组装好的屏体如图 7-32 所示。

（a）背面　　　　（b）正面

图 7-31　固定好所有单元板　　　图 7-32　组装好的屏体

第六步：连接单元板电源线，红线接正极，黑线接负极，不能接错，如图 7-33 所示。将连接好的单元板电源并联在一起，如图 7-34 所示。将所有单元板电源连接好后，将电源线连接到电源上。注意正、负极不能接错；否则，会烧坏模组，如图 7-35 所示。

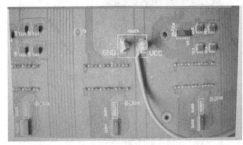 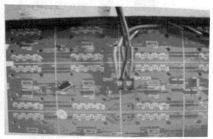

图 7-33　焊接好的单元板电源线

图 7-34　连接所有单元板电源

图 7-35　将电源与模组相连接

第七步：连接数据线，当电源线全部连接好后，应用数据线将模组与控制卡连接，如图 7-36 所示。

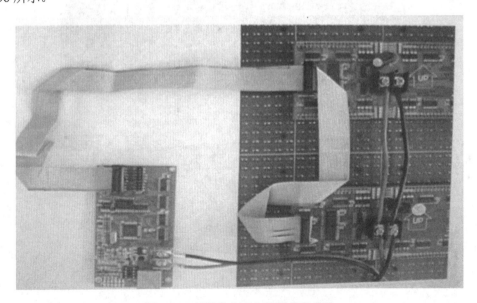

图 7-36　连接控制卡与模组的数据线

如果是较大的条屏（如 128×32 或更大的屏），则控制卡与模组连接如图 7-37 所示。

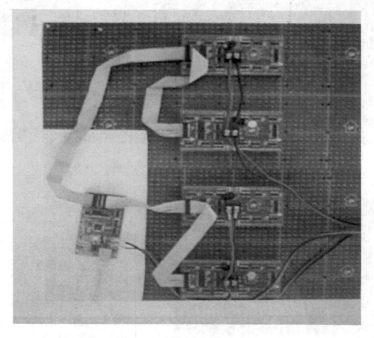

图 7-37　控制卡与模组连接

第八步：将电源和控制卡安装在支架上，如图 7-38（a）所示；再将整个框架安装在外装饰框中，如图 7-38（b）所示。

（a）电源和控制卡安装在支架上

（b）整个框架安装在外装饰框中

图 7-38　安装电源及外框架

第九步：用 RS-232 串行线将控制卡连接到计算机串口，如图 7-39 所示。

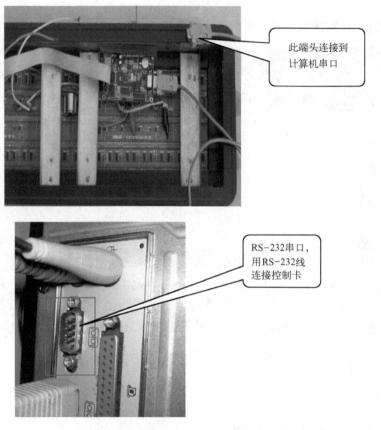

图 7-39　控制卡连接到计算机串口

第十步：当连接好所有数据线后，接通电源，启动计算机，利用显示软件下载数据即可显示信息，如图 7-40 所示。

图 7-40　显示信息

7.2.3　软件应用

当条屏做好后，调试时需要使用相应的软件。

1. 安装软件

将 LED-Update 软件安装到计算机，安装后打开，显示窗口如图 7-41 所示。

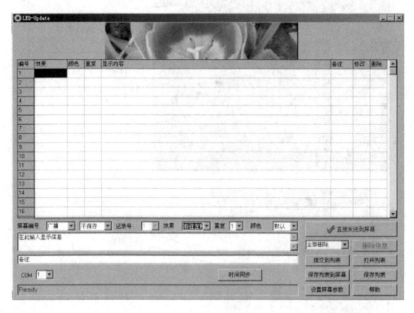

图 7-41　LED-Update 软件显示窗口

2. 使用步骤

（1）选择连接到控制卡的计算机串口。

（2）单击"直接发送到屏幕"按钮，状态栏显示"SEND OK"。

（3）屏幕立即显示"在此输入显示信息"；如果没有显示，单击"检查串口"按钮，依提示进行操作，将错误排除。

3. LED-Update 使用方法

（1）设定屏幕参数。单击"设定屏幕参数"按钮，弹出"设置"对话框，如图 7-42 所示。

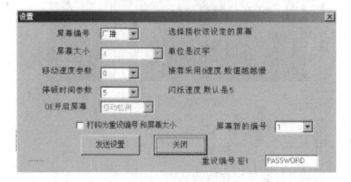

图 7-42　"设置"对话框

在"重设编号密码"文本框中输入密码,默认密码为 123456;勾选"打钩为重设编号和屏幕大小"选项;设置"屏幕大小"、"屏幕编号"。确认无误后,单击"发送设置"按钮。

(2)批量信息保存到屏幕,自动循环显示。在信息框[在此输入显示信息]输入要显示的内容,设置"效果"和"重复次数",然后单击"提交到列表"按钮,将信息保存到列表。单击"保存列表到屏幕"按钮,将列表里面的信息保存到屏幕里。这样即使断电,信息也不会丢失。

(3)删除信息。如果要全部删除屏幕里面的信息,选择"全部删除"选项,单击"删除信息"按钮即可;如果要删除某个位置的信息,选择要删除的位置,单击"删除信息"按钮即可。

(4)发送独立信息。在信息框,输入要显示的内容。"不保存"选项为临时显示,断电将消失;"添加"选项保存到屏幕,不会覆盖已经存在的信息;"覆盖"选项选择"记录号"将信息保存到指定的位置,如果该位置已经有信息,将被覆盖。

(5)列表的保存和打开。单击"保存列表"按钮,可以保存列表为文件;单击"打开列表"按钮,可以打开已经存在的列表文件。

4.图片替换

如果想将软件横眉的图片替换成你喜欢的图片,请将程序目录下面的图片文件 head.bmp 和 updata.bmp 替换成你需要图片。

7.2.4 常见故障排除

1.无显示

检查电源连接,确认电源灯和控制卡上灯是否亮;测量电源控制卡、单元板的电压是否正常。如果电源正常,检查控制卡与单元板的连接。采用替换配件的方法,排除故障。

2.显示混乱

(1)两个单元板显示相同的内容:可用软件重新设定屏幕的大小。
(2)很暗:使用软件设定 OE 电平。
(3)隔行亮:数据线接触不良,重新连接。
(4)某些汉字显示不正常:属于正常,不在国标字库内的汉字和符号。
(5)屏幕某些区域没显示:更换单元板。

3.无法更新屏幕数据

(1)采用广播地址发送,看看是不是屏幕编号错了。
(2)检查串口号是否正确,串口是否被占用。
(3)检查连线是否正确,是否断路。
(4)用万用表检查连接。用万用表直流 20V 挡,黑表笔接控制卡的 GND,红表笔接控制卡的 RS-232-RX,正常电压为-7V 左右。如果偏差大,说明线没接好。此时可以直接测量计算机的串口电压。单击"直接发送到屏幕"按钮看看电压有没有变化。若没有变化，说明线没连接好或串口损坏。

（5）检查计算机串口是否坏了。用鼠标右键单击"我的电脑"，从弹出的快捷菜单中选择"管理"命令，选择"设备管理器"，单击"端口（COM 和 LPT）"项，查看所使用的 COM（串口号）。将串口的 2 引脚和 3 引脚短接（2 引脚为收，3 引脚为发），使用串口调试工具调试。打开串口，发送数据，如果可以自发自收，就证明串口是完好的。

4．维修工具及配件

（1）必备工具：数字万用表、40W 电烙铁、焊锡丝、松香、螺钉旋具、排线压线钳、剪刀。

（2）常用配件：控制卡、单元板、电源、电源线、电源插头、5V 电源线、排线、排线头、网线、串口头。

7.3 半户外 LED 图文屏的组装

本节介绍使用 P10 半户外 1/4 扫单元板和低成本 LED 条屏控制卡制作半户外 LED 图文屏及其组装过程。

7.3.1 半户外 LED 图文屏组件及转接线

1．半户外 LED 图文屏组件

1）P10 半户外 1/4 扫单元板

P10 半户外 1/4 扫单元板如图 7-43 所示。采用椭圆单灯红色发光珠，左右角度大，上下角度小，聚光效果好，点距为 10mm，最理想观看距离是 5~20m，而且采用 1/4 扫，单灯亮度大大高于传统的 1/16 扫，非常适合用在路边的店铺门头。使用该单元板，在效果、价格、屏幕尺寸上得到了很好的平衡。

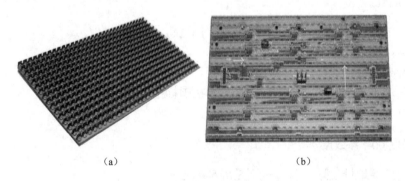

(a)   (b)

图 7-43　P10 半户外 1/4 扫单元板

2）低成本 LED 条屏控制卡

低成本 LED 条屏控制卡如图 7-44 所示。

第7章 门头图文显示屏制作与调试

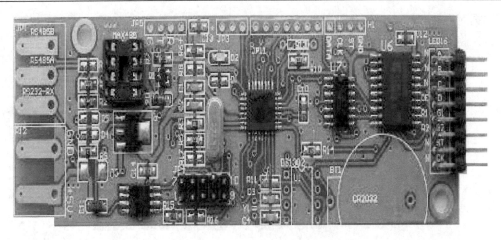

图 7-44 低成本 LED 条屏控制卡

技术参数：最大 256×16 点，支持 1/16 扫 P10（1/4 扫），宋体/黑体，最多 1200 字。具体参数参见控制卡使用说明。

2. 半户外 LED 图文屏转换线的制作

对于控制卡与单元板的连接，好像很多人都没仔细去看，也不懂，看到的都是 16 针就接上去了，结果导致"烧"东西。仔细观察，可以发现 P10 单元板是 12 接口，而控制卡是 08 接口，并不一致，所以就要制作转换线。这也是本节一个重点。接口对照表如表 7-2 所示。

表 7-2 接口对照表

	08 接口	12 接口
图片	控制卡	P10 单元板
原理		
注明	ST=L, CK=S, N=GND	CLK=S, CSCLK=L, R=R1, 单元板图片中未标出 GND

根据对照表，就可以制作转换线了，可采用排列压头法制作。
（1）将排线撕开，按如图7-45所示排列。

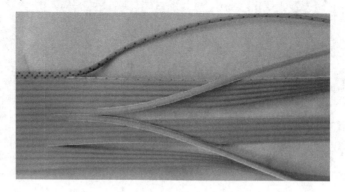

图7-45　排线分布图

说明：分为6股线，分别为 1、5、1、1、4、4。
（2）重新排列后安装排线头，如图7-46所示。

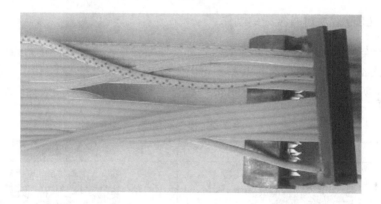

图7-46　安装排线头

（3）安装好接头，排列好后，用排线钳压接排线，如图7-47所示。

图7-47　压接排线

（4）交叉一下，再多压1个头，如图7-48所示。此步骤也可放在后面进行。

图7-48 压接双接头

（5）剪线，用刻刀或剪刀将第8、10、12条切断，如图7-49所示。

图7-49 切断部分接线

（6）做上标记（黑色箭头），转换线就做好了，如图7-50所示。

（a）制作好的线

（b）正面

（c）反面

图7-50 制作压好的接线正面和反面

注意：联机线千万不能接错，可按如图7-50所示进行排列。最简单的接线方法是将控制卡与单元板对放，功能脚对应的标号连接在一起，第二组的R1、R2反调即可。

3. 配线连接

（1）转换线制作完成后，就要将单元板和控制卡连接，如图 7-51 所示。注意黑色箭头的方向，不要搞错了。

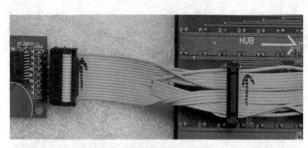

（a）连接控制卡和单元板

图 7-51　配线连接

（2）连接电源，布线示意图如图 7-52 所示。开关电源上的 AC（N 和 L）接三角插座线（棕和蓝），黄线接地。

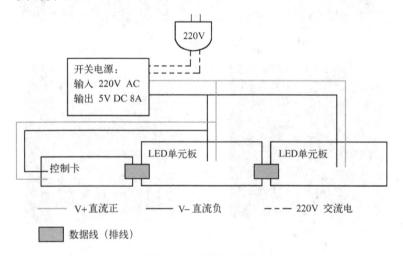

图 7-52　布线示意图

（3）连接串口示意图如图 7-53 所示。接计算机串口时，串口头上面是有数字的，不能接错。如果上电后，控制卡的灯亮，屏幕有闪烁，显示不正常，是因为没有设置好参数，需要用软件重新设置。

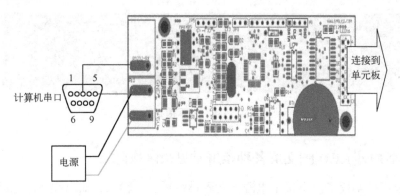

图 7-53　连接串口示意图

7.3.2　半户外 LED 图文屏软件应用

（1）打开 LED-Updata45.exe，单击"设置屏幕参数"按钮，按如图 7-54 所示设置参数，设置完成后单击"发送设置"按钮即可。

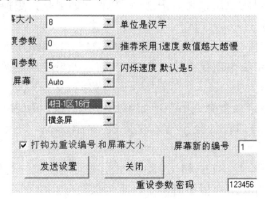

图 7-54　设置参数

（2）发送设置参数后，显示效果如图 7-55 所示。

图 7-55　设置参数后的显示效果

（3）当参数完全设置好，显示正常后，可以安装好边框，然后单击"直接发送到屏幕"

按钮，完成后显示信息如图 7-56 所示。

图 7-56　显示信息

7.3.3　半户外 LED 图文屏各种条屏常见故障排除

（1）整板不亮：板子没有接上电源；输入排线插反；输入、输出颠倒；电源正、负极接反（接反会损坏板子所有芯片）。

（2）本板不亮但传输正常：保护电路损坏。解决办法为把 74HC138 第 4 引脚和第 5 引脚短路。

（3）隔三行有一行不亮：4953 损坏（其中一个损坏）。

（4）隔一行亮一行：A 信号的问题，检查 74HC245 和 74HC138 是否有虚焊；可以用万用表测量 74HC138 第 1 引脚电压是否等于 2.5V 左右，如果是，更换 74HC138；仔细测量金针带 ICA 信号的通路情况。

（5）隔两行亮两行：B 信号的问题，检查 74HC245 和 74HC138 是否有虚焊；可以用万用表测量 74HC138 第 2 引脚电压是否等于 2.5V 左右，如果是，更换 74HC138；仔细测量金针带 ICA 信号的通路情况。

（6）上半板正常，下半板全亮或不亮：如果是 T08A 接口有这种情况，这时应检查一下 8 行 DR 数据信号是否导通，如果正常，先更换 74HC245；如果不正常，再更换第一个 74HC595。

（7）此板上半板和下半板 STB 和 CLK 信号是共同的，数据是分开的（如果是 T12 接口，数据也是 1 个）。检查 T08A 板子时，上、下半板要分开检查。

（8）板子有 1 只灯不亮：检查是否有虚焊，更换此灯管。

（9）竖着有 4 只灯不亮：第一，检查 74HC595 是否有虚焊；第二，更换 74HC595；第三，更换灯管。

（10）在竖着的 4 只灯里有 3 只不亮，有 1 只正常：更换那只正常的灯管。

（11）板子从中间或别的位置往后显示不正常：检查数据信号通路情况；更换最后一个正常显示控制灯的 74HC595；如未排除，更换第一个显示不正常的控制灯的 74HC595。每个 74HC595 控制 8 点宽×4 点高个灯管。74HC595 是用 DR 数据信号串联起来的，也就是 DR 信号从 74HC595 的第 14 引脚入，到第 9 引脚出，接到下一片 74HC595 的第 14 引脚上，直到最后一个 74HC595。例如，本板 DR 数据从金针到 74HC345 放大后到 UR1、UR2、UR3、…、UR8 后到输出金针。

（12）有时在调试整屏的过程中前面的模组到后面的模组显示不正常：一般故障是排线没有插好或损坏，可以用稍长些的排线把下面正常的模组排线插到上面不正常的模组上，看显示如何，也可以把不正常处前面的正常模组输出接到下一排模组上，看显示如何，以此来判断到底是哪个模组出了问题。

7.4 户外大型 LED 图文屏的组装

7.4.1 户外 LED 横幅条屏的特点及结构

1．LED 大屏特点

户外大型 LED 图文屏的组成和 LED 小条屏是一样的，都是由单元板、电源、控制卡、连线组成的。门头 LED 大条屏与 LED 小条屏区别如表 7-3 所示。另外，户外屏在框架组装和电路板上都具有防水、防潮设计。

表 7-3　门头 LED 大条屏和 LED 小条屏区别

对比项目	门头 LED 大条屏	LED 小条屏
屏幕环境	户内、半户外、户外	户内、半户外
应用场合	门头横幅、招牌	高亮度
密度（点距）	30mm/20mm/15mm/12mm/10mm/7.6mm	7.62mm/4.75mm/4mm
屏幕大小	长度超过 15m，高度超过 0.5m	1.95m×0.12m
分辨率	512×32/1024×64	256×16/128×32
字体	任意	16×16 点简体宋
LOGO 和图片	支持	不支持
扫描	1/16、1/8、1/4	1/16
控制卡	门头 LED 控制卡	低成本 LED 条屏控制卡

2．单元板

门头 LED 条屏常用的单元板，根据亮度、点距、扫描方式来分类。

一般用 CCD 为计量单位。由于 CCD 比较难测量，行业一般用使用环境亮度指标来衡量。户内亮度：白天需要日光灯照明的环境；半户外亮度：白天不需要日光灯照明，太阳不能直射屏幕，屏幕背景为墙壁，不透阳光；户外亮度：太阳能直射屏幕，屏幕背景空旷，能透射阳光。

点距就是发光点之间的距离，主要取决于观看者的距离。门头屏幕观看距离一般在 30m 内，一般不大于 P16（16mm），常用的为 P7.62。点距越密，显示出来的字笔画越细腻；点越多，单位面积的屏幕就越贵。

LED 单元板的扫描方式有 1/16、1/8、1/4、1/2、静态等。区分的办法就是数一下单元板的 LED 数目和 74HC595 的数量。图 7-57 所示的单元板一共有 64×32 个单红的 LED 灯和 16 个 74HC595。如果使用 6025 驱动电路，则 1 个 6025 相当两个 74HC595。

计算方法：LED 的数目除以 74HC595 的数目再除以 8，即 64×32÷16÷8=16 扫。

(a) 正面　　　　　　　　　　　(b) 反面

图 7-57　64×32 LED 灯单元正反面板图

图 7-58 所示的单元板为 32×16LED 灯单元正反面板图，共有 32×16 个 LED 点和 16 个 74HC595。

(a) 正面

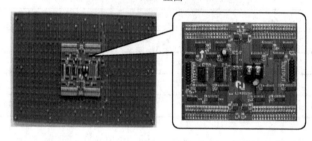

(b) 反面

图 7-58　32×16 LED 灯单元正反面板图

计算方法：LED 的数目除以 74HC595 的数目再除以 8，即 32×16÷16÷8 = 4 扫。

如果采用相同的 LED 灯，1/16 扫的亮度要比 1/8 扫高，静态（1/1）的亮度是最高的。户内的屏幕一般采用 1/16 扫，半户外的一般采用 1/16 扫或 1/8 扫。对于放置在屏幕经常受到猛烈阳光照射的环境，最好用 1/4 扫。

屏幕亮度越高，价格就越高。亮度太高会刺眼，不舒适。要根据环境的亮度来决定屏幕的亮度。对于白天不需要日光灯照明的环境，建议采用半户外 1/16 扫的单元板。如果是大马路，周围没树，白天很亮，就用 1/8 扫。

点距越密就越贵。太稀疏的话，近距离看不清。对于横幅来说，7.62mm 是比较合适的。有的店面为了省钱，又想做个大的横幅，用点距 30mm 的单元板来做，但是若马路较窄，对面行人看过来，字又太大了，要停下来仔细看才知道是什么内容，效果适得其反。

3. 控制卡

图 7-59 为户外大型图文屏 LED 控制卡，专门为门头 LED 条屏设计，使用简单，功能合适，价格优势明显。

图 7-59 户外大型图文屏 LED 控制卡

4. 电源及功率计算

LED 屏幕的功率一般取决于单元板的 595 数量，全亮时 1 个 595 的最大电流为 0.4A。数一下单元板上 595 的数量就可以计算出功率。如果屏幕只显示文字，1 个 595 的最大电流在 0.2A 以内。由于现在很多电源的最大输出功率并没有标称那么大，也很少出现全亮的情况，因此最大功率等于标称功率基本就可以了。测定电源功率是否足够，可以在屏幕全亮时用万用表电压挡测量电源的接线柱的电压，误差应该在+0.5V 之内。当然，功率选大一点有好处。LED 专用 5V 电源如图 7-60 所示。

图 7-60 LED 专用 5V 电源

5. 连接

由于门头 LED 屏幕涉及的部件种类繁多，之间的连接也比小条屏要复杂，下面介绍各部件之间的连接。

1）数据接口

由于不同的扫描方式有不同的接口，使用最多的是 08 接口、04 接口和 12 接口，如

图 7-61 所示。不同的接口主要是信号线的排列顺序不一样，而原理是一样的。控制卡一般采用 08 接口。当单元板的接口与控制卡的不一致时，就需要制作一根转换线。

```
2 A B C D G1 G2 L S 16        2 N N N N N N N 16        1 A B C S L R G D 16
1 N N N 0 R1 R2 N N 15        1 S L R G 0 A B N 15      1 0 N N N N N N N 15
```

(a) 08接口，常见于1/16扫、1/8扫　　(b) 04接口，常见于1/4扫　　(c) 12接口，常见于1/4扫

LA=A，LB=B，LD=D，ST=LT=LAT=L，CLK=CK=SK=S，OE=EN，N=GND

图 7-61　数据接口

2) 转换线制作

由于接口的不同，需要制作转换线。下面介绍常用的转换线制作方法。

（1）把做好的排线中间剪断，重新排列顺序，然后接好，捆上电工胶布，如图 7-62 所示。此法中间有接头，缺点是接头受潮氧化后，会出现故障。

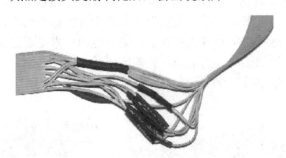

图 7-62　中间断开后重新排列

（2）把排线撕开，重新排列顺序做头，如图 7-63 所示。这样做没有中间接头，可以减少故障。

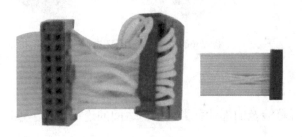

图 7-63　重新排列后接头

（3）用转换接头。最简单，就是要多一个转换板。

7.4.2 户外 LED 横幅条屏制作安装过程

1. 检查电源电压

检查电源电压，找出直流电源正、负极。连接开关电源，将 220V 电源线连接到开关电源。确认连接正确后，连接到 AC 或 NL 接线柱，然后插上电。会发现电源有个灯会亮，然后用万用表直流挡测量一下 V+和 V-之间的电压，确保电压在 4.8～5.1V 之间。旁边有个旋钮，可以用十字螺钉旋具调节电压。为了减少屏幕发热、延长使用寿命，在亮度要求不高的场合，可以把电压调节到 4.5～4.8V 之间。确认电压没有问题后，断开电源，继续组装其他部分。

2. 确定单元板和控制卡接口

控制卡上面有 R1、R2、R3、R4，而单元板上一般只有 R1 或 R1、R2。图 7-64 为单元板和控制卡接口。

（a）控制卡接口　　　　　（b）单元板接口

图 7-64　单元板和控制卡接口

控制卡上面的 R1 对应第 1 行单元板，R2 对应第 2 行单元板，R3 对应第 3 行单元板，R4 对应第 4 行单元板，如图 7-65 所示。

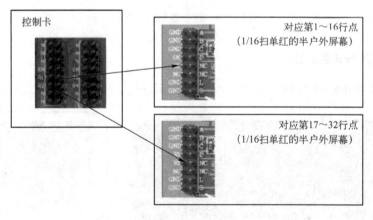

图 7-65　接口图

3. 制作排线

根据图 7-66 所示制作一根数据线。注意 R1、R2 线的位置不能接错。

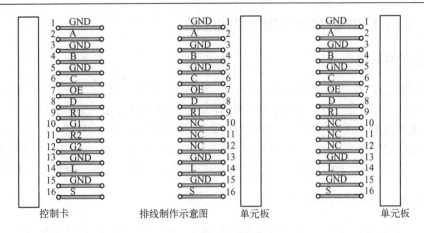

图 7-66 排线制作示意图

连接线制作过程如图 7-67 所示,最后用 LED 排线钳压好。

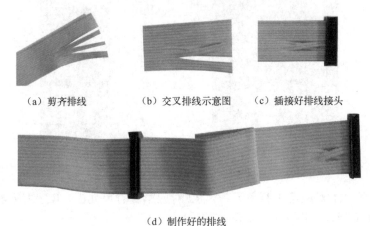

(a) 剪齐排线　　(b) 交叉排线示意图　　(c) 插接好排线接头

(d) 制作好的排线

图 7-67 连接线制作过程

4. 连接电源线与数据线

(1) 电源线制作如图 7-68 所示。一定要先确定好长度,不要太长或太短,线头要上锡。

图 7-68 电源线制作

(2) 控制卡模板卡接线如图 7-69 所示。

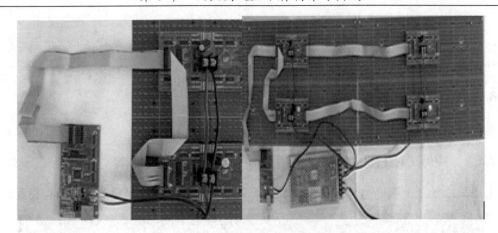

图 7-69　控制卡模板卡接线

在配线时注意：①数据线，红色的边靠近上 A（16PIN 的 2），不要接反了；②不交叉的排线头在最上，交叉的排线头在下面的板上；③检查电源线连接是否正常。

5. 连接串口数据线（控制卡与计算机连接）

连接长距离串口线时，可用网线连接法。连线原理图如图 7-70 所示。数据线连接实物图如图 7-71 所示。

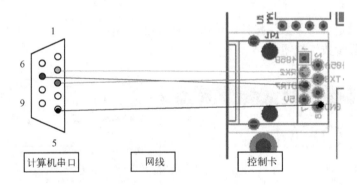

图 7-70　连接原理图

（a）计算机串口接头　　　　　　　　　　（b）网线接控制卡

图 7-71　数据线连接实物图

对于长久的连接，推荐采用焊接方法。再一次检查红、黑电源线有没有接反，数据线方向等。

注意：如果没有组装经验或电子知识，切勿贸然上电。先组装一个小的屏幕，或者找专人现场指导，以防烧毁屏幕或控制板。

6. 制作外框和组装

外框和组装参见 7.3 节。

7.4.3 户外 LED 图文屏软件应用

上电后，只有 1 块单元板有显示，如图 7-72 所示，这是因为屏幕的参数没有设置好。

图 7-72　只有 1 块单元板有显示示意图

计算机发送数据到屏幕的具体使用方法，可参照控制卡的手册。

（1）打开软件"LED-SignBoard_V20"。

（2）单击"单个屏幕-自动检测"按钮，如果连接正确，将自动进入到操作界面，如图 7-73 所示。

（3）单击"设定屏幕参数"按钮，修改屏幕参数，如图 7-74 所示，密码是 123456，然后单击"重设屏幕参数"按钮。

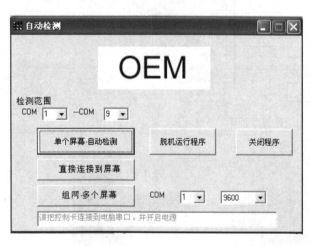

图 7-73　操作界面

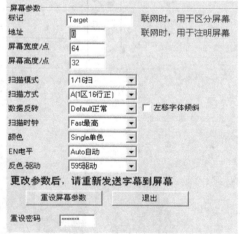

图 7-74　修改屏幕参数

（4）发送设定后，屏幕显示正常。最后，单击"发送到屏幕"按钮，就可以将需要的文字信息发送到屏幕了，如图 7-75 所示。

（5）对于超大屏，只要将单元板按照规律连接即可。超大屏背板连接图如图 7-76 所示。

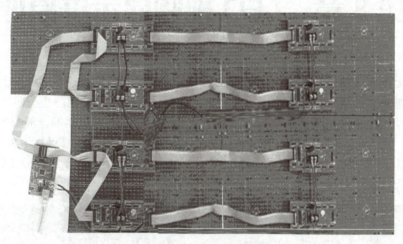

图 7-75　正常显示信息

图 7-76　超大屏背板连接图

7.4.4　户外 LED 横幅条屏常见故障排除

检查电源连接,确认电源灯和控制卡上的灯是否亮;测量电源控制卡、单元板的电压,是否正常。如果电源正常,检查控制卡与单元板的连接。采用替换配件的方法,排除故障。

1. 显示混乱

(1)两个单元板显示相同的内容:用软件重新设定屏幕的大小。
(2)很暗:用软件设定 OE 电平。
(3)隔行亮:数据线接触不好,重新连接。
(4)屏幕某些区域没显示:更换单元板。

2. 无法更新屏幕数据

(1)采用广播地址发送,看看是不是屏幕编号错了。
(2)检查串口号是否正确,串口是否被占用。
(3)检查连线是否正确,是否断路。

3. 工具和配件

(1)必备工具:数字万用表、40W 电烙铁、焊锡丝、松香、螺钉旋具、排线压线钳、剪刀。
(2)常用配件:控制卡、单元板、电源、电源线、电源插头、5V 电源线、排线、排线头、网线、串口头。

第 8 章 LED 视频显示屏原理

随着社会不断进步，人们对公共传媒的要求越来越高，特别是在了解国内外时事动态和经济信息、观看文艺节目和体育比赛等方面。只能显示文字、图形或静止图像的中低档 LED 显示屏，已经远远满足不了这种越来越强烈的要求了。能够显示运动的、清晰的、全彩色的图像，是新一代 LED 显示屏的特色，这就是 LED 视频显示屏。随着近几年来 LED 视频显示屏的推出和不断完善，它的应用范围正在扩大，应用效果十分显著。全彩 LED 视频显示屏如图 8-1 所示。

图 8-1 全彩 LED 视频显示屏

LED 视频显示屏在技术上需要解决一系列问题，其中比较重要的有视频源信号的实时采集、视频信号的再分配、视频信号的高速传输、显示屏的高速刷新及显示屏的稳定性与抗干扰等问题。

8.1 电视视频信号

8.1.1 电视视频信号的原理

从公众传媒的及时性来看，广播电视信号作为 LED 视频显示屏的信号源无疑是十分合适的。从观赏性的角度出发，各类视频记录设备与相应的介质也是不可缺少的信号源，主要包括录像带、光盘（各类 VCD、DVD）。作为现有的各种视频显示设备，使用得最广泛的自然是电视机，而电视机的首要功能是观看广播电视，当然其信号标准就应该符合广播电视信号的要求。这样，在目前的大多数视频设备中形成了以现行广播电视信号标准为主体的格局。问题在于 LED 显示屏能够直接显示的信号是数字化的，而现行广播电视信号还是模拟的，所以直接使用广播电视信号作为 LED 显示屏的信号源，还有很多问题。

广播电视与无线电广播在发送与接收的形式上基本相同，不同的是广播电视不仅要传送声音信号，而且更重要的是要传送活动的图像信号；传送时，要利用摄像管将图像的亮度转变成电信号，接收时用显像管将电信号还原成图像。我们看到的电影是活动的景象，但实际上，影片是由一幅幅静止的画面组成的，而且相邻两幅画面的图像内容相差很小。将这些画面以较快的速度连续放映，利用人眼的视觉暂留特性，就可以看到活动的图像。视觉暂留特性，就是指人眼在观察物体或图像时，尽管外界图像已经消失，但人的视觉还会将这个图像保留一段短暂的时间。

仔细观察报刊、杂志上的照片，它们是由许多亮暗不同的小点组成的，这些小点称为"像素"。在同一幅画面上，像素越多，图像越清晰。广播电视就是利用这个道理，将一幅图像分解成为许多亮暗不同的像素，一个点一个点、一行一行地顺序传送，就像人看书一样，从左到右、从上到下、一个字一个字、一行一行地阅读。如果将这些像素信息按时间顺序依次传送和接收，当传送和接收速度足够快时，由于人眼的视觉暂留特性，在接收端看到的就犹如一幅完整的画面。如果这一幅幅画面一幅接一幅地传送和接收，像电影一样，那么在接收端就会看到活动的图像。需要指出的是，电影放映的是一幅幅完整的画面，而电视传送的是一个个的像素。所以，接收端重现像素必须与发送端像素保持步调一致（同步），否则就无法重现图像。

电视图像的传送是用摄像管将图像分解成亮暗不同的光信号（像素），并将光信号变成视频电信号，利用无线电波传送出去。电视机将这个无线电波接收下来，还原出视频电信号，再用显像管将电信号还原成光信号，即重现图像。因此，广播电视与无线电比较，除有声-电变换过程外，还有光-电变换过程。

8.1.2 电视视频信号的扫描

完整一帧图像的传送和重现，是利用摄像管和显像管中的电子束在靶面及荧光屏面上从左至右、从上至下有规律地运动实现的。电子束这种有规律的运动叫作"扫描"。从左至右的扫描称为水平扫描，又称为行扫描（简称行扫）；从上至下的扫描称为垂直扫描，又称为帧扫描（简称场扫）。电子束的扫描过程，就是将图像分解成像素（发送过程）或将像素合成为图像的过程（接收过程）。扫描又可分为逐行扫描和隔行扫描两种。

1．逐行扫描形式

电子束在荧光屏上一行接一行地扫完整个画面，这种扫描方式称为逐行扫描。采用这种扫描方式，如果每秒传送 25 帧图像，会有闪烁现象；如果每秒传送 50 帧，又会使电视信号所占频带太宽，所以广播电视中不采用这种扫描方式（计算机显示器采用此方式）。

2．隔行扫描形式

隔行扫描形式不但能使频带较窄，而且又使图像无闪烁感。所谓隔行扫描，就是将一帧图像分为两场扫完。电子束首先扫描一帧图像中的 1、3、5、7、9 等奇数行，形成奇数场图像，然后再扫描该帧图像中的 2、4、6、8、10 等偶数行，形成偶数场图像。奇数场和偶数场镶嵌在一起，根据人眼的视觉暂留特性，人们看到的是一幅完整的图像。这样则将 25 帧图像变成 50 帧图像，使每秒发送和接收的图像帧数提高了一倍，从而消除了闪烁现象，又不会使设备增加带宽。

我国现行广播电视信号采用 PAL 制，它是一种模拟信号。考虑到彩色广播电视信号也能被黑白电视机接收，反过来黑白广播电视信号又能由彩色电视机接收，目前的彩色电视信号都做成与黑白电视信号兼容的形式。为此，彩色广播电视信号把 RBG 三基色信号组织在一起，生成一个亮度信号和一个色度信号，并将亮度信号与色度信号合成在同一通道内进行传输。为了不使两者混淆，色度信号由副载波调制。由于人眼对色度信号的感觉不灵敏，它可以占用比亮度信号窄的频带，因此可以在传送亮度信号的频带内插入色度信号副载波，形成与黑白电视信号相同带宽的全彩色电视信号。为了稳定清晰地重现运动图像，广播电视信号中还必须包括严格的扫描和同步信息。为了压缩信号传输频带，PAL 制电视信号采用隔行扫描的方式。隔行扫描将一帧图像分成两场进行传送，PAL 制规定一帧包含 625 行，一场只传送 312.5 行。两场的行扫描线是交叉安排的，如图 8-2 所示，这样既照顾到行分辨率，又压缩了传输频带。PAL 制电视信号对帧、场、行扫描频率（周期），以及同步脉冲和消隐信号等均有明确的规定，如表 8-1 所示。

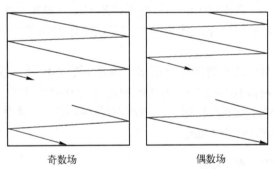

图 8-2 隔行扫描奇偶场扫描线的安排

表 8-1 PAL 制广播电视信号扫描时间

参 数	标准时间宽度	允许误差	参 数	标准时间宽度	允许误差
行周期	64μs		行消隐脉冲前沿	1.5μs	+0.3μs
场周期	20ms		行同步脉冲	4.7μs	+0.2μs
行消隐	12μs	+0.3μs	均衡脉冲	2.35μs	+0.1μs
场消隐	25H+12μs		场同步齿脉冲开槽宽度	4.7μs	+0.2μs

在广播电视系统中衡量显示的清晰度时，往往使用线数的概念。所谓线数是指能够清楚分辨黑白相间的线条的数量。例如，对于每帧 625 行的电视信号，在理论上能表示清楚的黑白相间的线条，在垂直方向上最多也只能是 312.5 条。按照 4∶3 的宽高比，相应地在水平方向上的清晰度应该是 312.5×4/3=416.66 线。还可以根据最大清晰度估算信号占用的频带宽度，即水平清晰度线数乘以行频率，416.66×15625Hz≈6.5MHz。

从以上分析可以看出，如果直接采用广播电视信号作为 LED 显示屏的显示信号是困难的，它必须解决好以下几个方面的问题。首先，需要通过 A/D 转换把模拟量的广播电视信号变换成 LED 显示屏所需要的数字信号。根据采样定理，A/D 转换的采样频率应该大于 2 倍的最高信号频率，也就是 13MHz，这一转换频率还是比较高的。其次，为了把全彩色电视信号中的亮度和色度两路信号转换成彩色 LED 显示屏所需要的 RGB 三路灰度信号，需要有相应的解码电路。再有就是需要把电视信号的隔行扫描方式转换成 LED 显示的顺序逐行扫描方式。尽管高速 A/D 转换器、全彩色电视信号的解码电路及视频双口 RAM 等均已有成熟产品，但是要完全自行设计安装调试出一个性能良好、运行可靠的系统并非易事。所幸的是，当前计算机的发展，特别是多媒体技术的发展，已经可以提供多种计算机视频输入接口板（视频卡）。计算机的显示系统是数字化的，为了能够输入广播电视信号，这类接口板所做的处理，正好满足上述讨论中提出的各项要求。这样，现在的问题就成了如何从计算机显示适配卡上取得 LED 显示屏所需要的 RGB 三基色灰度数据和各种控制信号。

8.1.3 LED 视频显示屏构成

1．硬件构成

LED 视频显示屏通常由主控制器、扫描板、显示控制单元和 LED 显示屏体组成，如图 8-3 所示。主控制器从计算机的显示卡获取一屏各像素的各色亮度数据，然后分配给若干块扫描板，每块扫描板负责控制 LED 显示屏上的若干行（列），而每一行（列）上的 LED 显示信号则用串行方式通过本行的各个显示控制单元级联传输，每个显示控制单元直接面向 LED 显示屏体。

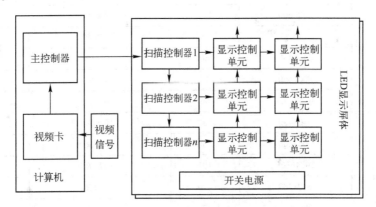

图 8-3　LED 视频显示屏系统框图

主控制器所做的工作，是把计算机显示适配卡的信号转换成 LED 显示屏所需要的数据和控制信号格式。这一工作在以前还是比较繁重的，它在显示适配卡与 LED 显示屏之间，在分辨率、复合消隐信号、帧频率、行频率、点时钟频率、彩色数据位数等的数值、极性、时序等各个方面进行协调，处理起来并不轻松。而有了专门用于 LED 显示屏的 ES99 一类板卡之后，主控制器的工作就变得简单了。

显示控制单元的作用和图像显示屏的情况类似，一般由带有灰度级控制功能的移位寄存器锁存器构成，如 TLC5902 芯片等。只是 LED 视频显示屏的规模往往更大，所以应该使用集成规模更大的集成电路，如 ZQL9701 等芯片。

扫描板所起的作用正所谓是承上启下，一方面它接收主控制器的视频信号，另一方面把属于本级数据传送给自己的各个显示控制单元，同时还要把不属于本级的数据向下一个级联的扫描板传输。视频信号和 LED 显示数据，在空间、时间、顺序等方面的差别，都要由扫描板来协调，其困难与复杂程度可想而知。正因如此，本章将侧重对扫描板进行具体的讨论。

2. LED 视频显示屏控制电路的规模

在讨论控制电路的规模时，假定计算机显示卡和 LED 视频显示屏的分辨率是相同的，都是 M（行）$\times N$（列），同时设 LED 显示屏的扫描方式为 $1/H$，显示屏帧刷新频率为 120Hz，整个显示屏划分为 B 个部分，$B=M/H$。控制电路的规模与采用哪种显示控制芯片有关。例如，采用 TLC5092，因为它有 16 个输出端，所以一个芯片可以控制 H 行 16 列一个基色的 LED 发光灯的灰度。作为一般情况，假定一个芯片有 R 个输出端，这样就可以计算整个显示屏所需要的 LED 控制芯片数量了。设所需芯片总数为 X，则 $X=(B\times N\times 3\ 色)/R$。表 8-2 列出了常用的分辨率和扫描方式工况下，所需的部分数 B 和显示控制单元芯片数量。

表 8-2 常用分辨率与单元芯片数量关系

扫描方式 $1/H$	分 辨 率	部分数 B $B=M/H$	每部分所带的芯片数 $X_B=3\times N/R$	芯片总数 $X=3\times B\times N/R$
1/16	640×480	30	1920/R	57600/R
	800×600	37.5	2400/R	90000/R
	1024×768	48	3072/R	147456/R
1/8	640×480	60	1920/R	115200/R
	800×600	75	2400/R	180000/R
	1024×768	96	3072/R	294912/R
1/4	640×480	120	1920/R	230400/R
	800×600	150	2400/R	360000/R
	1024×768	192	3072/R	589924/R
1/1	640×480	480	1920/R	921600/R
	800×600	600	2400/R	1440000/R
	1024×768	768	3072/R	2359296/R

这样计算下来，如果采用 TLC5092 作为 640×480、1/16 扫描、三基色每色 256 灰度级显示屏的显示控制芯片，则需要 3600 片。这是在上面所列的各种分辨率与扫描方式组合工况中，需要芯片最少的一种工况下计算得到的结果，一方面它的分辨率最低，另一方面它的扫描方式为 1/16。因为，在 $1/H$ 扫描方式下，一个芯片可以负责 H 行的 R 列控制，所以 H

越大，需要的芯片越少。但是，对于户外屏来说，1/16 的扫描方式就不行了。虽然采用 1/H 的扫描方式在器件的复用上得到很大的好处，同时却形成了以行为单位的一种占空比显示，它在总显示时间中只占了 1/H 的份额。这样 H 越大，总体亮度就越低。为了适应户外屏的环境，扫描方式采用 1/4 或更小的 H 值。如果其他条件不变，改为 1/4 扫描方式，所需芯片总数就要达到 36864 片。这个数字实在是太大了。为了减少器件数量，只有加大 R 值，才是根本解决问题的出路。因此，研制用于 LED 视频显示的超大规模集成电路，是当前 LED 视频显示屏总体技术发展的重要方向。

对于控制电路规模来说，LED 显示控制芯片总数是一个很重要的指标；另一个需要考虑的因素是部分数 B。实际上这个"部分"的控制电路就是扫描板。扫描板的工作比较复杂，因此减少扫描板的数量（对应部分数 B）也是考虑控制电路规模的一个重要问题。

8.1.4 LED 视频显示屏基本工作原理

1. LED 视频显示屏的时间参数

因为 LED 视频显示屏规模大，色彩丰富，而且要求显示运动图像，所以显示速度很高。为了便于分析，仍然采用讨论电路规模时设定的工况参数及使用的符号。此外，设置显示卡的时间参数：帧频率为 V_f，行频率为 h_f，点频率为 d_f；相应的帧周期为 V_c，行周期为 h_c，点周期为 d_c。

LED 显示屏的时间参数：帧频率为 V_f（固定等于 120Hz），行频率为 H_f，列频率为 L_f；相应的帧周期为 V_c（固定为 1/120s=8.333ms），行周期为 H_c，列周期为 L_c。

行周期 H_c 既是同名行的显示时间，又是它的传输时间。在设计时应按同名行显示时间来计算行周期 H_c。LED 显示过程中，B 个部分的显示是相互独立的。在 1/H 扫描显示方式下，每个扫描板控制下的（一个部分的）H 行轮流传输显示完一遍，就完成了一个帧周期的显示。由于帧频率 V_f 已经固定选择为 120Hz，因此行周期 H_c 应该小于等于（帧周期 V_c/扫描行数 H）8.333ms/H。列周期 L_c（点周期）的计算既与显示屏扫描方式划分的各部分显示数据之间采用并行传输还是串行传输有关，还与各点各色的灰度值采用并行传输还是串行传输有关。在各部分显示数据采用并行传输，并且各点各色的灰度值也采用并行传输时，列周期 L_c 应该小于等于行周期 H_c/每行列数 N；在各部分的显示数据采用并行传输，而各点各色灰度值采用串行传输时，为 $H_c/(3×8×N)$；当各部分显示数据和各点各色灰度值均采用串行传输方式时，列周期应该小于各色信号并行传输，各色每点为 8 位灰度值串行传输，反过来也行，各色串行以每色度值进行。这时的行周期可以根据具体情况分别计算。下面对在常用的显示分辨率（640×480、800×600、1024×768）情况下，采用不同组合的串并行数据传输方案，具体计算与显示速度有关的时间参数值。由于串并行的组合方式较多，不可能一一讨论，这里只对三种情况进行分析：①无论是各部分之间还是各色各点灰度值全部采用并行传输，这时 $L_c=H_c/N$；②各部分显示数据并行传输，三基色也采用并行传输，而每点每色 8 位灰度值采用串行传输方式，这时 $L_c=H_c/(8×N)$；③无论是各部分之间还是各色各点灰度值全部采用串行传输，此时 $L_c=H_c/(24×B×N)$。

不同扫描工况下的电路参数如表 8-3 所示。

表 8-3　不同扫描工况下的电路参数

$1/H$	分辨率 $N×M$	$H_c/\mu s$	B	串并行	L_c/ns	L_f/MHz
1/16	640×480	520.833	30	①	812.5	1.23
				②	101.7	9.83
				③	1.13	884
	800×600	520.833	37.5	①	651.04	1.535
				②	81.38	12.28
				③	0.72	1388.88
	1024×768	520.833	48	①	508.63	1.966
				②	63.58	15.73
				③	0.44	2272.72
1/8	640×480	1041.666	60	①	1585.4	0.63
				②	203.45	4.92
				③	1.13	844
	800×9600	1041.666	75	①	1268.33	0.788
				②	162.76	6.14
				③	0.72	1388.88
	1024×768	1041.666	96	①	990.88	1.009
				②	127.16	7.86
				③	0.44	2272.72
1/4	640×480	2083.333	120	①	3255	0.307
				②	406.9	2.46
				③	1.13	844
	800×600	2083.333	150	①	2604	0.384
				②	325.52	3.07
				③	0.72	1388.88
	1024×768	2083.333	192	①	2034	0.492
				②	254.3	3.93
				③	0.44	2272.72
1/1	640×480	8333.333	480	①	13020	0.077
				②	1627.6	0.61
				③	1.13	884
	800×600	8333.333	600	①	10416	0.96
				②	1302	0.768
				③	0.72	1388.88
	1024×768	8333.333	768	①	8138	0.123
				②	1017	0.993
				③	0.44	2272.72

根据上述计算，明显可以看出，全部采用串行方式进行传输是不可取的，这时的点频率已经高达 GHz（吉赫）量级。这么高速率的数据传输，采用常规方法是不能解决的。另外还有一点，就是在全部采用串行传输的情况下，点频率只与分辨率有关，而与扫描方式无关。这是由于全串行方式每帧的数据传输过程，是把整个屏幕每一点从左到右、从上到下全部遍历一遍。扫描方式 $1/H$ 的选择，实际上只会影响到 B 值（部分数目）的大小，只有在各部分之间采用并行传输方式时，B 值越大并行度越高，才能使传输速率降下来。从上面的计算可以看出，情况②就是各部分显示数据并行传输，它比情况③的点频率大约降低了 100 倍，最

高的情况也不过 15MHz，一般处理起来就不会有太大的困难。当然，全部并行的方案，在传输速度方面最容易处理，但是它的硬件要求也更高。

应该说明的是，上述计算是很不精确的，因为它没有考虑到数据缓冲及解决读写冲突所需要的时间，也没有考虑产生各种控制信号的时序要求。因此，上述计算的结果，只能给出设计时参考的下限。具体显示屏的设计，需要仔细把每一部分的时间都考虑进去，才能安排好系统的整体运行。

2. 扫描设计基础

在设计扫描板时，应该针对所选定的工况，分析视频源和显示屏双方在时间、空间上特性的差异，找出协调的方法，进而设计电路。首先在空间上，一个扫描板根据 LED 显示屏的规模（$M \times N$）和扫描方式确定的扫描显示的行数，截取属于自己的显示数据。而从主控制器传下来的是整个一帧逐行逐点顺序安排的数据，要从总体数据中找到自己的那一部分，并把它截留下来，这是扫描板的第一个任务。向显示控制单元传输数据，在 $1/H$ 扫描方式下，扫描板需要找到当前应该向下传送的那一行的数据。因此，扫描板是一个显示数据重新划分和分配的主要场所。

从时间和顺序上看，视频源信号的规律是以显卡的输出为基础的，扫描板在接收这些信号时必须遵循信号源的规定。从 LED 显示方面看，扫描板所输出的显示数据和控制信号又要满足显示屏的需要。特别是当 LED 显示屏采用列扫描的方式时，显示数据在顺序上和视频源也可能不一致，这时扫描板还要负责重新安排数据的时间关系。所谓列扫描方式，是指一块扫描板控制的显示单元，不再是若干扫描行的全部列，而是若干扫描列的全部行。对于 LED 这样的显示器来说，由于每一个 LED 发光灯都可以独立进行控制，发光的顺序实际上是任意的。像 CRT 一类的显示器，因为电子束受模拟扫描电压的控制而逐行逐点地显示。这样，LED 显示器采用行扫描和列扫描都可以正常显示。只是采用行扫描方式时，显示数据的顺序关系和视频源信号的顺序关系是一致的，容易处理一些；而采用列扫描则需增加视频信号源的分段截取功能，使扫描板任务加重。为了叙述方便，今后的分析中一律以行扫描方式为准。

3. 扫描板的基本结构

扫描板的基本结构如图 8-4 所示。它由数据传输控制电路、存储器、显示控制输出电路、本地时钟及内部控制逻辑等组成。通过数据传输控制电路，接收上一级级联的扫描板（如果本扫描板是第一块扫描板，则从主控制器接收）传下来的级联显示数据和控制信号。在级联控制信号的控制下，确定输入数据是否属于本扫描板应该截取的显示数据。如果是，则将显示数据存入存储器；否则，将输入数据缓冲后发到下一级扫描板。存储器存储属于本扫描板应该显示的数据，写入时需要按照视频信号源的时序关系进行控制，读出时按照 LED 显示屏的显示要求进行操作。显示控制输出电路把存储器读出的数据和显示控制信号配合在一起，送往显示控制单元。本地时钟及内部控制逻辑电路一方面产生扫描板内部各种操作所需的时序与控制信号；另一方面产生显示控制单元所需的各种时序与控制信号。

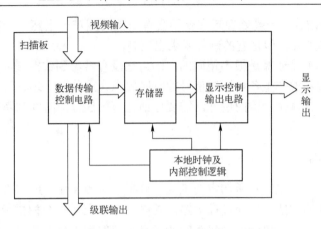

图 8-4 扫描板的基本结构

各个厂家在 LED 显示屏的扫描板电路结构上都有自己的设计，不存在统一的模式。上面所举的基本结构，只是一种常用的形式。

4．数据传输控制电路

扫描板输入的级联数据，在前面约定的工况下是 24 位 RGB 灰度值数据。每一个点时钟并行输入这一个点的 24 位数据。因此，数据传输控制电路的数据输入/输出线最好也是 24 根，这样就可以直接将显示数据读入或下载。如果由于电路设计的原因，安排不下 24 根线，那么整个系统就要重新安排数据传输的格式。例如，数据传输控制电路的数据线为 16 根，可以安排第 1 个点时钟输入 R 的 8 位数据和 G 的 8 位数据，第 2 个点时钟再输入 B 的 8 位数据。这样，两个时钟才能传输一个点的全部 24 位数据。为了和计算机显示卡的速度相互配合，数据级联传输的点时钟频率应该是显示卡点时钟频率的两倍。从计算机显示适配卡的 24 位数据转换成扫描板的 16 位数据格式，这一任务是在主控制器中完成的。

扫描板最主要的工作是找到属于自己的数据。找到这些数据的方法，当然可以采用显示控制单元中移位寄存器锁存器的方案，在理论上这是不成问题的，但是在电路实现上比较困难，因为在显示控制单元中，需要锁存的数据少，而扫描板中需要锁存的数据多得多。例如，在采用 1/16 扫描方式、三基色每色 8 位、一行 640 点的情况下，一块扫描板需要锁存 640×16×3×8=245760 位的数据（30720 字节）。这么多的数据，用锁存器是不现实的。可以用更简单的办法来解决数据辨认的问题。根据给定的工况，可以计算出每一块扫描板所需要的数据量及相应的点时钟数。在主控制器中首先产生一个使能信号 EN1，让这个信号的宽度等于一块扫描板所需点时钟周期的总和。主控制器把 EN1 送给第 1 块扫描板，第 1 块扫描板在 EN1 有效期间内，由点时钟将数据输入。EN 信号在各扫描板之间也是级联传输的，只不过从一块扫描板向另一块扫描板传输时要经过延时，延时的时间等于 EN 信号的宽度。这样，第 1 块扫描板 EN1 有效时，第 2 块处于禁止状态。以此类推，每一个时刻，只有一块扫描板处在 EN 有效状态，随着时间的推移沿着级联的顺序，各扫描板依次收到 EN 有效信号。配合所传输的数据，各扫描板就可以得到属于自己的那一部分。图 8-5 为 EN 信号传递与显示数据的关系。图中，EN1、EN2、EN3、EN4 分别表示第 1～第 4 块扫描输入端的使能信号。EN1 由主控制器给出，经 EN 时间的延时后，第 1 块扫描板向第 2 块扫描板级联输出 EN2，如此将 EN 信号级联传输下去。

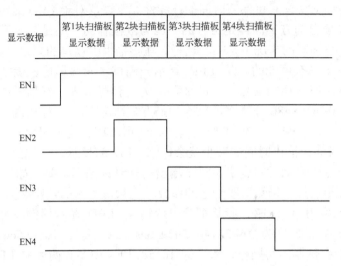

图 8-5 EN 信号传递与显示数据的关系

这种方法是十分有效的，它不仅解决了数据的划分与截留问题，而且在扫描板上不必增加过多的控制信号，需要处理的只是 EN 信号的延时传输。EN 信号通过对点时钟脉冲进行计数，直接得到的延时时间和向下一级级联输出的 EN 信号，是分别两次对点时钟计数的结果。平时扫描板总保持其 EN 输出无效，一旦本扫描板的输入端收到 EN 有效信号时，它就开始对点时钟脉冲进行计数，计数到相当于 EN 宽度的点时钟个数时（这时正是本扫描板应该结束截取数据，下一个扫描板需要开始截取数据的交点），向级联输出的下一级送出 EN_{n+1} 有效信号，同时开始再一次计数。当再计数到相当于 EN 宽度的点时钟数时，使 EN_{n+1} 变为无效。

采取这种方法，不必考虑扫描板的定位问题，因为 EN 信号是级联传输的。一旦扫描板放在级联的某一个位置上，它自然就会截取属于这个位置上的显示数据，而无须其他控制干预。可以说是自动完成的。

上面的分析是针对行扫描控制方式进行说明的。在行扫描方式下，一块扫描板要截取 H 行全部点的显示数据，逐行逐点按顺序进行，这和显示卡输出的显示数据顺序是完全一致的，所以处理起来十分方便。如果采用列扫描方式，处理起来也并不复杂。例如，每块扫描板负责 32 列每列全部行的显示，那么只要把 EN 的宽度设定为 32 个点时钟周期即可。每行属于自己的 32 列数据，都会被扫描板自动截留。

5. 显示控制输出电路

显示控制输出电路面向级联的各显示控制单元，根据工况的设定向显示控制单元逐行逐点发送数据，同时输出显示所需的控制信号。输出信号的时间可以按照工况的设定进行计算，计算方法如前所述，此处不再赘述。

6. 存储器

存储器是扫描板的核心，在视频数据与 LED 显示数据之间，存储器是一个缓冲区，扫描板上的存储器正如图像处理系统中的帧存储器一样,可以采用两帧方式,即在一帧读的同时另一帧写,两帧交替读写可保证时间的连续性。不过,对于 LED 显示屏扫描板的实际情况来说,采用单帧存的方案同样是可行的。因为双帧存的目的是为了避免读写操作的冲突,这在整帧读、整帧写的情况下是唯一选择。在扫描板上读写的只是一帧中的 H 行,所以采用单帧存的方案是有可能的。从 LED 显示一侧讲,应该尽量占满全部可以利用的时间,以便提高亮度。而从视频信号源一侧来看,H 行信号只占一帧信号的一部分,甚至是一小部分。例如,在 640×480 分辨率、1/16 扫描方式情况下,16 行只占 480 行的 1/30。这样在采用单帧存时,可以安排 1/30 的时间写入,而用 29/30 的时间读出。由于读出的时间就是 LED 的显示时间,读出时间的减少就会影响 LED 的显示。一方面显示时间少了,亮度就会降低;另一方面显示时间少了,显示输出的列时钟频率就要增加。不过,1/30 的数量是不会造成太大影响的。仍然采取刚才的参数,视频信号源的帧频率为 60Hz,帧周期即为 16.666ms,行频率为 31.5kHz,行周期为 31746ns,LED 显示帧频率为 120Hz。对于视频信号源来说,16 行的时间为 16×31746=507936ns。也就是在 16666666ns 的时间内,有 507936ns 必须用于存储器的写操作,留下的 16158730ns 中要分两帧向 LED 显示控制单元输出数据。再考虑 LED 显示侧一帧扫描 16 行,一行 640 点,这样计算到每一点的时间,即显示输出点时钟周期 L_c= 16158730/(16×640×2)=789ns。当然,上述计算的前提是每点三色每色 8 位的数据是并行传输的,如果是串行的或串并行组合的,点时钟的频率自然增加。例如三色并行,每色 8 位串行(相当于视频屏时间分析中的②),则 L_c=789/8=99.625ns。与原来未考虑单存储器读写冲突时的计算结果 101.7ns 相比,只缩短了约 3ns(正是 1/30)。单、双存储器方案如图 8-6 所示。

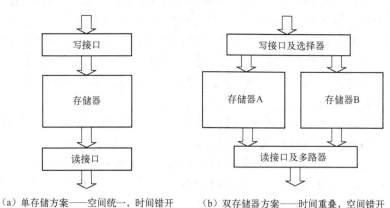

(a)单存储方案——空间统一,时间错开　　(b)双存储方案——时间重叠,空间错开

图 8-6　单、双存储器方案

除了单、双存储器的区别外,存储器的结构有统一存储和分色存储两种情况。统一存储是把红、绿、蓝数据依次存入一个存储器,分色存储则是用三个存储器分别存储红、绿、蓝显示数据。

根据给定工况计算,一个扫描板存储的数据是 H 行 N 列每列三色每色 8 位,即存储容量 $K=H×N×3×8$ 位。当采用 640×480 分辨率、1/16 扫描方式时,需要 245760 位,如果采用统一存储结构,可以选择 62256-20 芯片。而采用 1280×1024 分辨率时,需要

491520 位。存储器的速度按时间分析，在最高要求情况下（1280×1024 分辨率、1/16 扫描），大约要求 61.46ns 的点时钟周期。为保险起见，存储器可选择读写时间为 20ns 的芯片，如 62256-20 等。

7. 本地时钟及内部控制逻辑

本地时钟及内部控制逻辑的任务是产生扫描板内部所需的全部控制信号和时序。针对数据传输控制、存储器、显示控制输出三部分工作的需要，应该形成 EN 信号的控制、存储器读写控制和输出信号控制。

EN 信号的控制主要是对视频源点时钟信号的计数过程。存储器控制包括地址发生和读写时序控制两部分。写存储器的时序与生活经验有关，应该满足视频源点时钟和视频源数据的要求。写地址的产生在前，数据输入在后，所以对视频源点时钟在生成地址和输入数据上做时间配合。存储器的读过程，由本地时钟进行计数产生读地址。本地时钟的频率按照前面的分析可以确定。与扫描板存储器的写操作相比，读操作完全是扫描板自主进行的。因为存储器在结构上分成了统一存储和三色分别存储两种形式，所以在地址生成和向显示控制单元输出数据的方法上有所不同。在统一存储的结构中，RGB 三色数据在同一存储器中存放，一般可以按顺序存储，即第 1 字节有 R 数据，第 2 字节有 G 数据，第 3 字节有 B 数据。这样，控制电路在写入时，先要把一个点时钟上输入的 24 位数据分成三次写入存储器中。为了赶得上下一个点时钟的视频输入信号的写入，存储器的写脉冲周期只能是视频源点时钟周期的 1/3。在读出时，按同样的顺序从存储器中取出 RGB 信号，送往显示控制单元。在三色分别存储的结构中，情况相对简单。因为三色分别存储，所以在一个点时钟上，24 位数据在空间上分成三路，同时输入三个存储器，读出时情况也一样。此外，它的写入时间等于视频源点时钟周期，读出时间等于显示控制单元点时钟周期。由于读写时间相对宽松，因此三色分别存储的结构比较容易调试，工作也更稳定，常为一般设计者所采用。由于控制电路速度高，操作复杂，用一般单片机速度远远赶不上；用中小规模集成电路搭接，显得过于复杂，最常用的器件是可编程器件。

除了以上主要部分，扫描板上还有数据收发缓冲器等器件，用于线路的驱动与信号接收。

为了使扫描板稳定工作，所用器件应采用表面安装器件，以降低干扰和辐射。

8.2 LED 视频显示屏显示卡与多媒体视频卡

8.2.1 LED 视频显示屏显示卡

作为视频源，最常用的是计算机显示适配卡。因为目前多媒体技术的发展，已经使 VCD、DVD、录像、摄像、广播电视等多种信号都能在计算机上进行显示。另一方面，计算机本身又是数字化的，信号的性质满足 LED 显示屏的需要。常用的计算机显示系统大都采用逐行扫描方式，扫描频率（帧频、行频、点频）及相应的扫描周期因不同厂家而不同，分辨率也就有所不同，并没有统一的标准。大致上点频率在 25MHz 以上，行频率在 300kHz 以上，帧频率在 60Hz 以上。显示模式与显示参数如表 8-4 所示。

表 8-4 显示模式与显示参数

显示模式	时钟频率/MHz	水平同步频率/kHz	垂直同步频率/Hz	每行点数 A	每帧行数 B	分辨率 C
5D	25.175	31.5	60	638	483	640×480
5B	50.350	48.0	72	839	612	800×600
5F	65.000	48.7	60	1067	746	1024×768

计算机图像显示的分辨率有 640×480、800×600、1024×768 等多种。计算机显示系统能够显示的彩色数量，由表示 RGB 三基色每色灰度值的位数决定。如果每色度值用 8 位表示，则可以组合显示的彩色数量就是 256×256×256=16777216 种，也就是通常所说的 16 兆色或全彩色。

因为 CRT 显示器是模拟的，所以计算机显示适配卡的输出插座上提供的信号也是模拟的。这种输出插座一般有 15 针和 9 针两种。显示适配卡 15 针输出插座引脚定义如表 8-5 所示。为了能够从显示适配卡上取得 LED 显示屏所需的数字信号，需要使用有特征插座（Feature Connector）的显示适配卡。

表 8-5 显示适配卡 15 针输出插座引脚定义

引脚编号	说 明	引脚编号	说 明
1	红色视频信号	9	识别引脚、无插针
2	绿色视频信号	10	同步信号地线
3	蓝色视频信号	11	备用
4	未用	12	显示器检测端
5	地	13	水平同步信号
6	红色信号地线	14	垂直同步信号
7	绿色信号地线	15	未用
8	蓝色信号地线		

8.2.2 多媒体视频卡

为了适应 LED 显示屏的需要，北京东方星科技发展有限责任公司开发了专门用于 LED 显示屏的 ES99（ES 是东方星 East Star 的英文字头）多媒体视频卡。这是一款综合性很高的多功能卡，其主要功能有以下三个方面：首先它是一块计算机显示卡，驱动 CRT 显示器，实现人机界面的功能；其次它能提供 LED 显示屏所需要的各种显示数据和控制信号；最后为了在 LED 显示屏上播放各种节目，提供多种视频输入的通道，实际上它又是一块多媒体卡。

作为显示卡，ES99 上配有通用 DB-15 针插座，连接到 CRT 显示器或 LCD 显示器。该卡支持 640×480、800×600、1024×768、1280×1024 等多种分辨率，16 色、256 色、32K 色、64K 色、16M 色的各种彩色显示，提供各分辨率与各彩色之间的多种组合。在软件方面，和一般显示适配卡类似，提供了相应的显示驱动程序。此外，它还提供了播放视频的驱动程序 Video Drive。在 Windows 系统中装入显示驱动程序后，Windows 设置控制面板的"显示"选项菜单在标题栏中，除了背景、屏幕保护程序、外观、设置等四个选择项，还增加了"EASTS"选项，进入 EASTS 选项后，可以对刷新速率、显示设备等进行设置。

作为 LED 显示屏的视频信号源，ES99 上提供了一个 50 引脚的连接插座，通过该插座向 LED 显示屏输出 RGB 三基色各 8 位的数字灰度值数据，同时还提供复合消隐信号 BLANK、点时钟脉冲 CLK、帧同步信号 VSYNC、行同步信号 HSYNC 及地信号 GND，完全满足 LED 显示屏的需要。根据不同的设置，向 LED 显示屏输出的这些数字信号，在分辨率、行频率、点时钟频率方面可以有多种选择。在不同工况下，帧频率都是 60Hz，彩色可在 16 色至 16M 色之间任选。为了便于用户连接，复合消隐信号 BLANK 可以从 50 针插座的引脚 2 上输出，也可以从引脚 48 上输出，由用户设定。为了便于 LED 显示屏的调试，在时间关系方面，点时钟 CLX 相对于同步信号 VSYNC、HSYNC 及 RGB 三基色数字信号的延时时间可以进行调节，延时时间可以分 4 级，设定在-3~4ns 之间。此外，为了配合 LED 显示屏控制电路的设计，还可以对点时钟、帧同步、行同步及复合消隐信号的极性进行选择。

作为多媒体卡，它集视频卡、解压卡、加速卡于一身。ES99 可以接收 2 路复合视频信号和 1 路 S-Video 信号。复合视频信号有 PAL 和 NTSC 两种制式。视频格式为 Y∶U∶V，取 4∶2∶2。视频窗的大小可以任意缩放，位置可以任意移动。该卡具有 64 位图形加速的位块加速功能，真正具有传统的 GUI 加速和高速全动态视频处理功能。ES99 支持 DirectX.5，支持基于软解压的 AV1 和 MPEG 视频回放，软解压播放 VCD 速度高达 70 帧/秒，画面可以任意缩放，缩放过程中在水平、垂直两方向上均进行了高速插值运算，使画面更加平滑自然。

ES99 卡上显示存储器可配置到 4MB，印制电路板采用了 6 层板布线，电源和地都做了滤波处理，所用的部件全部采用表面安装器件，因此产品性能稳定可靠。

ES99 卡元器件分布图及实物图如图 8-7 所示。

板上设有 3 个视频信号输入口 Video1、Video2 和 S-Video，输出口有送计算机 VGA 显示器的 DB-15 针插座和送 LED 显示屏的 50 针插座。板上安装 13 个跳线开关 JP1~JP13，分别对复合消隐信号 BLANK 的输出引脚选择、分辨率、彩色数据位数、点时钟频率、控制信号极性、点时钟延时等进行设置。各跳线开关的设置功能如下。

（1）JP1 复合消隐信号 BLANK 引脚选择。

JP1： $\boxed{1\ 2\ 3}$ BLANK由50针插座的引脚2上引出；

JP2： $\boxed{1\ 2\ 3}$ BLANK由50针插座的引脚48上引出。

（2）JP2、JP3、JP4、JP5 控制信号极性选择。

JP2：点时钟信号CLK在 $\boxed{1\ 2\ 3}$ 时为同向极性，在 $\boxed{1\ 2\ 3}$ 时为反向极性。

JP3：复合消隐BLANK在 $\boxed{1\ 2\ 3}$ 时为同向极性，在 $\boxed{1\ 2\ 3}$ 时为反向极性。

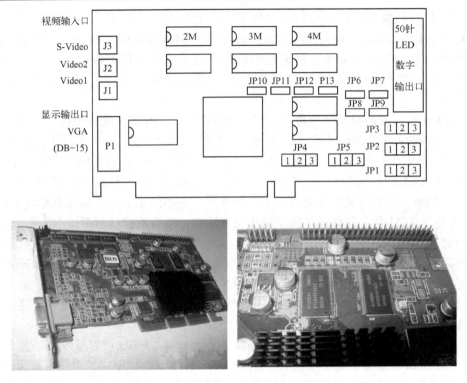

图 8-7 ES99 卡元器件分布图及实物图

JP4：行同步 HSYNC 在 ①②③ 时为同向极性，在 ①②③ 时为反向极性。

JP5：帧同步 VSYNC 在 ①②③ 时为同向极性，在 ①②③ 时为反向极性。

由于在不同分辨率情况下，点时钟信号、行同步信号、帧同步信号及复合消隐信号之间的极性关系并不是一成不变的，而 LED 显示屏控制电路所需要的这些信号的极性关系又是根据电路设计的要求进行安排的，因此需要对这些控制信号的极性进行设置。需要说明的是，这里所说的同向信号和反向信号，并不意味着就是正脉冲和负脉冲。

（3）JP6、JP7、JP8、JP9 点时钟延时时间设置。

由 JP6～JP9 四个跳线开关设置点时钟的延时时间，各跳线开关的组合功能如表 8-6 所示。

表 8-6 各跳线开关的组合功能

状态	JP9	JP8	JP7	JP6	点时钟延时处理功能
1	OFF	OFF	OFF	ON	不延时
2	OFF	OFF	ON	OFF	经 1 级 74F244 门延时
3	OFF	ON	OFF	OFF	经 2 级 74F244 门延时
4	ON	OFF	OFF	OFF	经 3 级 74F244 门延时

应该注意，无论如何设置，4 个跳线开关 JP6、JP7、JP8、JP9 中必须有一个处在 ON 的位置上；否则，50 针插座引脚 4 上的点时钟信号 CLK 将没有信号输出。

（4）JP10、JP11、JP12、JP13 分辨率、彩色输出位数、点时钟频率综合设置。

JP10～JP13 的组合，可以对分辨率、彩色输出位数、点时钟频率进行设置，如表 8-7 所示。

表 8-7 分辨率、彩色输出位数、点时钟频率设置

状 态	JP10	JP11	JP12	JP13	功 能		
					分 辨 率	输出位数	点时钟频率/MHz
1	ON	ON	ON	ON	640×480	24 位	25.175
2	OFF	ON	ON	ON	640×480	18 位	25.175
3	ON	OFF	ON	ON	800×600	24 位	40
4	OFF	OFF	ON	ON	800×600	18 位	40
5	ON	ON	OFF	ON	1024×768	24 位	65
6	OFF	ON	OFF	ON	1024×768	18 位	65
7	ON	OFF	OFF	ON	1024×600	24 位	65
8	OFF	OFF	OFF	ON	1280×1024	24 位	108

向 LED 显示屏输出数字信号的 50 针数字输出插座引脚排列图如图 8-8 所示，各引脚功能如表 8-8 所示。

图 8-8 50 针数字输出插座引脚排列图

表 8-8 50 针数字输出插座引脚功能

信 号 名 称	引 脚 编 号	说 明
BLANK	2 或 8	复合消隐信号
CLK	4	点时钟信号
Red[7:0]	6，8，10，12，14，15，41，42	红色信号（8 位）
Green[7:0]	18，20，22，24，26，28，43，44	绿色信号（8 位）
Blue[7:0]	30，32，34，36，38，40，45，46	蓝色信号（8 位）
GND	1，39，47	地
VSYNC	49	帧同步信号
HSYNC	50	行同步信号

通过上述设置，ES99 可以提供 LED 显示屏的信号频率如表 8-9 所示。

表 8-9 信号频率

分辨率	彩色	行频率/kHz	帧频率/Hz	点时钟频率/MHz
640×480	16～16.7M	31.5	60	25.175
800×600	16～16.7M	37.9	60	40
1024×768	16～16.7M	48.4	60	65
1280×1024	16～16.7M	64	60	108

8.3 LED 视频显示屏的节目组织与播放

视频信号的组织与播放控制是由专用软件完成的，常用控制软件有灵星雨系统及中庆控制系统。

8.3.1 LED 视频显示屏的节目组成

节目（节目文件）由一个或多个节目页组成。节目页有两种，即正常节目页和全局节目页。正常节目页是节目主要构件，可以有多个，各节目页之间按顺序播放；全局节目页只有一个，在整个节目播放过程中一直播放，主要用于时钟、公司标志等固定内容的播放。

节目页由一个或多个节目窗组成。节目窗用来显示用户所要播放的文本、图片、动画、多媒体片段等内容。节目窗有 12 种：文件窗、文本窗、单行文本窗、静止文本窗、表格窗、计时窗、数据库窗、DVD/VCD 窗、外部程序窗、日期时间窗、视频输入窗、几何图形窗。

文件窗：可以播放各种文字、图片、动画、表格等几十种文件。

文本窗：用于快速输入简短文字，如通知等文字。

单行文本窗：用于播放单行文本，如通知、广告等文字。

静止文本窗：用于播放静止文本，如公司名称、标题等文字。

表格窗：用于编辑播放表格数据。

计时窗：用于计时，支持顺计时和倒计时。

数据库窗：用于播放 ACCESS 数据库和 ODBC 驱动数据库。

DVD/VCD 窗：用于播放 DVD/VCD。

外部程序窗：用于把外部程序嵌入到播放窗中，主要用于用户自己开发小程序的播放。

日期时间窗：用于显示日期及时间。

视频输入窗：用于播放来自电视卡、视频采集卡等的视频信号。

几何图形窗：用于几何图形（如线、圆等）的显示。

8.3.2 软件的控制界面

由于生产厂家不同，视频显示屏的播放软件也有所不同。下面以灵星雨软件为例进行讲解。

第 8 章　LED 视频显示屏原理

灵星雨软件的运行界面如图 8-9 所示，由播放窗和控制窗组成。

图 8-9　灵星雨软件的运行界面

1. 播放窗

播放窗（LED 屏上所显示的内容）用来显示用户所要播放的文本、图片、动画、多媒体片段等内容。此处的内容和 LED 屏幕上所显示的内容是同步的。本软件支持多个播放窗，最多可打开 99 个播放窗，即一台计算机可同时控制 99 块显示屏。每个播放窗中可以独立打开节目文件、独立播放、独立编辑等而不影响其他播放窗。

2. 控制窗

控制窗用来控制播放区的位置、大小及所要播放的内容。控制窗可以展开为编辑窗，控制窗包含菜单条、工具条及编辑控件。控制窗如图 8-10 所示。

图 8-10　控制窗

菜单条：包含文件、控制、工具、设置、调试（厂家专用）、帮助六个子菜单。

工具条：菜单功能的快捷操作。

编辑控件：分为两部分，左半部分为节目选项，显示节目及子窗口信息；右半部分为控制选项，控制节目播放特技、时间等。

8.3.3 节目制作流程

节目制作主要包括文字显示、图片显示、动画显示、表格显示、主页显示、数据库显示、时间日期、外部程序、计时显示、VCD/DVD 显示、视频输入显示、幻灯片显示、通知显示、体育比分管理、定时播放、网络控制、后台播放、多屏组合同步独立、软件设置、用户设置等。因为各种控制卡的节目制作流程有所不同，所以在使用时应参见使用说明书。

第9章 LED视频显示屏的组装与调试

9.1 LED视频显示屏的部件与组装

9.1.1 LED视频显示屏的部件

LED视频显示屏主要由单元板、控制卡、电源、框架等构成。

1. 单元板

单元板是全彩LED显示屏的核心部件之一,如图9-1所示。单元板的好坏,直接影响

(a)单元板背面

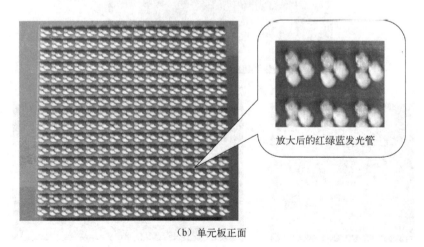

(b)单元板正面

图9-1 单元板

到显示效果。单元板由 LED 模块、驱动芯片和 PCB 电路板组成。LED 模块其实是由很多个 LED 发光点用树脂或塑料封装起来的点阵。驱动芯片主要由 74HC595、74HC245/244、74HC138、5026 等电路构成。

图 9-2 为单元板测试器与单元板连接示意图。单元板测试器有两个作用，一是可以测试单元板的好坏；二是可以演示预先存储的图像内容。在没有专用的单元板测试器时，可以使用电源和程序控制卡测试。

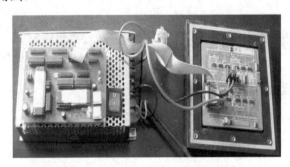

图 9-2　单元板测试器与单元板的连接示意图

2. 数据接收控制卡

数据接收控制卡的作用是利用信号发送卡送入的控制信号，输出对应的行和列控制信号，控制 LED 单元板按照规律发光。它由信号控制卡和扩展卡组成。数据接收控制卡外形如图 9-3 所示。

（a）组合控制的控制卡

（b）独立的扩展卡

（c）独立的控制卡

图 9-3　数据接收控制卡外形

应用中，一般通用的控制卡可以控制 256×128 个点阵。当超出次数时，应当增加控制卡的数量。

3．显示卡

LED 视频显示屏应用的显示卡都是带有 DVI 输出口和 VGA 输出口的。DVI 输出信号供给 LED 数据传送器；VGA 输出信号供给计算机显示器。另外，显示卡上还带有 S-VHS 输入端子和 VIDEO 视频输入端子，供输入视频信号用。DVI 显示卡实物图如图 9-4 所示。

安装好显示卡后，要安装显示卡的驱动程序。

4．机内发送卡

机内发送卡的作用是将 DVI 视频信号转换成 LED 显示屏所需要的数据信号送至 LED 控制卡。机内发送卡安装好后，也应按照使用说明书进行设置。机内发送卡实物图如图 9-5 所示。

图 9-4　DVI 显示卡实物图　　　　　　图 9-5　机内发送卡实物图

5．信号分配卡

信号分配卡实物图如图 9-6 所示。信号分配卡是专为多显示屏或超大显示屏等设计的，如 EB701 卡。该卡有 2 个输入口和 8 个输出口，支持 1 分 8 或两个 2 分 4，功能自动切换。当用作 1 分 8 时，支持多卡级联，最多可级联 8 块卡成为 1 分 64。

图 9-6　信号分配卡实物图

6. 其他部件

电源、排线、超五类双绞线等部件与条屏相同。

9.1.2 LED 视频显示屏的组装

视频显示屏的组装过程与图文屏安装过程基本相同，所以本节主要讲解通用全彩屏主要组成部分的安装与调试过程。

第一步：将单元板固定在支架上并连接电源线和数据线，电源线的正、负极不能接错，否则会烧坏模组，如图 9-7 所示。

图 9-7 固定支架并连接电源线和数据线

第二步：将所有单元模组全部固定在支架上后，连接好所有的数据线和电源线，同样电源线的正、负极不能接错，否则会烧坏模组，如图 9-8 所示。

图 9-8 连接好所有的数据线和电源线

第9章 LED 视频显示屏的组装与调试

第三步：固定好开关电源，将开关电源输出端与单元板连接，如图 9-9 所示。

图 9-9 连接开关电源与单元板

第四步：连接好开关电源后，连接单元模组与控制卡数据线，如图 9-10 所示。

图 9-10 连接单元模组与控制卡数据线

  第五步：将模组与控制卡数据线连接好后，再连接模组之间的网络数据线。第一组的 A 接发送卡，B 接第二组的 A，第二组的 B 接第 3 组的 A，以此类推。连接模组之间的网络数据线如图 9-11 所示。至此，屏体安装连接线就全部做好了，如图 9-12 所示。

  第六步：将驱动卡插入计算机主板，并固定好螺钉，如图 9-13 所示。

  第七步：连接计算机 DVI 数据线、显示器的 VGA 信号线、RS-232 接口数据线，如图 9-14 所示。

· 251 ·

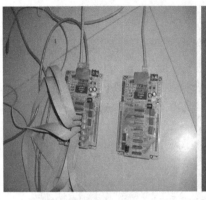 

图 9-11　连接模组之间的网络数据线

 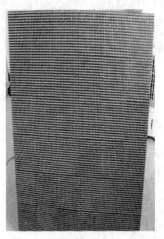

（a）反面　　　　　　　　　　　　　（b）正面

图 9-12　组装好的显示屏体

图 9-13　插好驱动卡　　　　　　　图 9-14　连接信号线

第八步：用超五类双绞线将计算机发送卡与第一组模组控制卡连接，如图 9-15 所示。超五类双绞线 RJ-45 连接器的线排列有两种方法，分别是 568B 和 568A，常用 568B 方式。线排列如图 9-16 和图 9-17 所示。

第 9 章 LED 视频显示屏的组装与调试

(a) 计算机端

(b) 模组板端

图 9-15 超五类双绞线连接

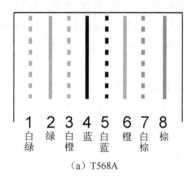
(a) T568A

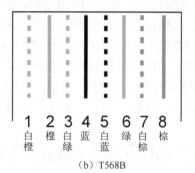
(b) T568B

图 9-16 RJ-45 的 568A、568B 连接头线排列

图 9-17 RJ-45 568B 连接器的线排列

实际上，在 10MB、100MB 网络中，仅仅使用 1、2、3、6 这四根线，1000MB 网络要用所有的线。

两边使用同样标准的线称为直通线（可以用于八代系统），用于计算机到 HUB 普通口、HUB 普通口到 HUB 级联口之间的连接。

两边使用不同标准的线称为级联线（不可以用于八代系统），用于计算机到计算机、HUB 普通口到 HUB 普通口之间的连接。

不按照标准排列的线在 100MB 网络工作时会出现不可预测的丢包现象。产生以上丢包的原因是线对之间相互干扰太大，如果不记得标准，至少应该让 1、2、3、6 各用一对扭在一起的线，因为它们各自彼此是差分驱动的一对。

需要特别注意的是，绿色线必须跨越蓝色对线。这里最容易犯错的地方就是将白绿线与绿线相邻放在一起。这样会造成串扰，使传输效率降低。

对好线后，把线整理好，将裸露出的双绞线用专用钳剪下，只剩约 15mm 的长度，并剪齐线头，将双绞线的每一根线依序放入 RJ-45 接头的引脚内，第一只引脚内应该放白橙色的线，其余类推。

确定双绞线的每根线已经放置正确之后，就可以用 RJ-45 压线钳压接 RJ-45 接头。因为网卡与集线器之间是直接对接的，所以另一端 RJ-45 接头的引脚接法完全一样。完成后的连接线两端的 RJ-45 接头要完全一致。

最后用测试仪测试一下，RJ-45 头就制作完成了。

在进行 HUB 间级联（计算机连计算机）时，应把级联口控制开关放在 MDI（Uplink）上，同时用直通线相连。如果 HUB 没有专用级联口，或者无法使用级联口，必须使用 MDI-X 口级联。这时，可用交叉线来达到目的。这里的交叉线，即在做网线时，用一端 RJ-45 接头的 1 引脚接到另一端 RJ-45 接头的 3 引脚；再用一端 RJ-45 接头的 2 引脚接到另一端 RJ-45 接头的 6 引脚。可按如下色谱制作：

A 端：1 橙白，2 橙，3 绿白，4 蓝，5 蓝白，6 绿，7 棕白，8 棕。
B 端：1 绿白，2 绿，3 橙白，4 蓝，5 蓝白，6 橙，7 棕白，8 棕。

9.2 LED 视频显示屏的调试

1. 随机测试信号测试

将模组连接好后，接通电源，按动控制卡上的测试微动开关，如图 9-18 所示，分别调试三种单色管的发光情况及同时发光情况。正常情况不应有暗点。

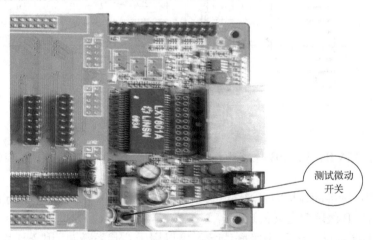

图 9-18 控制卡随机测试微动开关

首先为红色，当按动开关显示红色点时，整个屏幕应当为红色，不应有缺点现象；如有缺红色点现象，应检查单元模组或更换单只红色发光管，如图 9-19 所示。

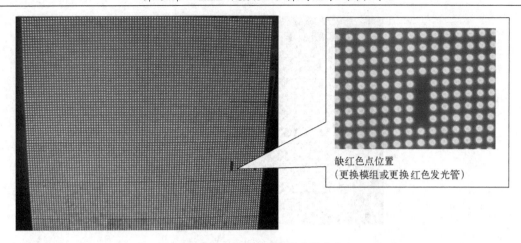

图 9-19 检查红色发光状态

再次按动开关为蓝色,当按动开关显示蓝色点时,整个屏幕应当为蓝色,不应有缺点现象;如有缺蓝色点现象,应检查单元模组或更换单只蓝色发光管,如图 9-20 所示。

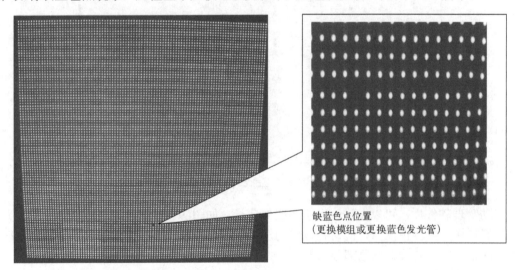

图 9-20 检查蓝色发光状态

再次按动开关为绿色,检查方式与前面过程相同。

检查完单色光栅发光情况后,可再次按动开关,即显示条状图形,再次检查发光情况,如图 9-21 所示。

2. LED 测试管理软件信号测试

打开计算机,启动 LED 管理软件,如图 9-22 所示。不同公司的管理软件有所不同,详细管理方法参见其使用说明书。

图 9-21　斜条纹测试信号检查

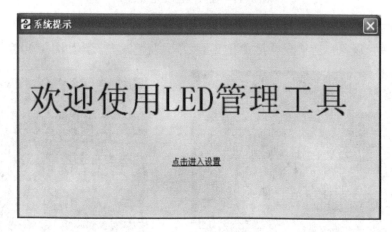

图 9-22　管理软件界面

启动管理软件后，可以发送一个静态图像信号，如图 9-23 所示。观察显示屏的发光情况，最好播送一幅白色图像，此时各位置的发光应均匀一致，不应有偏色现象。如果有严重的偏色问题，应首先检查偏色部分的电源是否正常。如果不正常，应更换单元模组。

图 9-23　LED 测试管理软件信号测试

测试结束后，就可以利用管理软件播放预定的内容了。

第 10 章　LED 视频显示屏的控制

10.1　远程控制系统

10.1.1　特点与构成

1．特点

V5-A02、V5-A02L LED 显示屏控制系统是中庆公司开发的一项通用 LED 显示屏控制系统，该系统可支持纵横式的屏体连接，具有良好的通用性、可靠性和优越的显示性能。V5-A02 系统率先将千兆以太网等高速网络技术应用于 LED 显示屏传输领域中，采用 1 根超五类双绞线即可控制 1024×768 像素，无中继传输距离可达 100m。而 V5-A02L 系统将光纤网等高速网络技术应用于 LED 显示屏传输领域中，采用 1 根两芯光纤即可控制 1024×768 像素。多模光纤传输距离为 500m，单模光纤传输距离可达 15km。该系统通过 RS-232 协议串口与计算机通信，全面支持 Windows 系统。通过 LED 管理工具软件可以设置各项参数。各项参数在掉电时具有自动保护功能。再次上电时，系统自动恢复到掉电前的状态。

V5-A02（V5-A02L）LED 显示屏控制系统由帧控制器、屏体控制器、超五类双绞线（光纤）等组成。V5-A02 与 V5-A02L 系统之间的转换十分方便，只需更改帧控制器与屏体控制器上的跳线即可。

2．系统的应用范围

系统的应用范围如表 10-1 所示。

表 10-1　系统的应用范围

系　　统	传输介质	最大分辨率	屏体应用	最大传输距离	单元板要求
V5-A02	超五类双绞线	1280×1024	三色实像素行控；三色四灯虚拟像素行控	100m	适合基于 ZQL9705X 芯片的单元板。无论实像素单元板还是虚拟像素单元板都要求不超过 32（行）×64（列）
V5-A02L	多模光纤 （62.5/125μm）			多模光纤 500m	
	单模光纤 （9/125μm）			单模光纤 15km	

3．系统功能说明

1）系统供电要求

要求供电电压为交流 100～240V/50Hz，单块电路板最大功率为 10W。

2）计算机显示模式

系统支持的输入信号的分辨率为 1024×768，刷新频率为 60Hz。

3）显示屏的分辨率

对于不同的数据输出格式，无须设置即可自适应符合 VESA 标准的计算机显示模式。显示屏的分辨率设置和刷新频率设置如表 10-2 所示。

表 10-2 显示屏的分辨率设置和刷新频率设置

屏体类型	显示器分辨率设置	显示器刷新频率设置
普通三色	640×480	60～80Hz
	800×600	60～80Hz
	1024×768	60Hz
四灯虚拟	640×480	60～80Hz
	800×600	60～80Hz
	1024×768	60Hz

4）像素类型的控制

支持三色/四灯虚拟的标准显示屏。支持各种颜色排列模式的四灯虚拟像素类型。通过修改计算机"LED 管理工具"软件的设置，可以实现对三色实像素、三色四灯虚拟像素显示屏的支持，无须修改逻辑程序。支持四灯虚拟像素类型时，通过计算机可以选择实效果和虚拟效果两种显示模式。

5）屏体的应用

三色实像素及三色/四灯虚拟像素支持行控标准屏体应用。两种屏体应用都无须修改帧控制器和屏体控制器的 FPGA 程序及计算机管理软件的设置，只需将扫描控制器中的 FPGA 程序进行修改即可。

6）对单元板的支持

支持各种行扫描周期。行控时无论是实像素还是虚拟像素，单元板分辨率均不能大于 64×32。每块单元板最多有 3 片 ZQL9705X（可满足屏体结构定义的逻辑意义上的单元板）。在上述条件下支持符合中庆单元板设计规范的 ZQL9705X 单元板。

7）对软件的要求

使用 LED 管理工具 V5.5X 以上版本。

8）传输方式

V5-A02 系统采用单根超五类双绞线传输设置与显示数据，传输距离为 100m。

V5-A02L 系统采用光纤传输设置与显示数据，单模光纤（9/125μm）传输距离为 15km，多模光纤（50/125μm）传输距离为 500m。

9）系统状态报告

计算机管理软件可报告系统状态和版本信息。

10）串口通信与掉电保护

通过串口与计算机通信。计算机管理软件可设置系统参数，各参数在掉电时保持；再次上电时，系统自动恢复到掉电前的状态。

4. 显示性能

1）提高扫描频率

提供网状屏体控制结构，从而对大显示屏也可以使用较短的行长。

2）提高刷新频率

可根据显示屏的像素类型及分辨率大小，自动调整系统的刷新频率，以充分利用千兆带宽。

3）低灰调整

提供低灰调整功能；优化算法，降低低灰调整的视觉不稳定性；在支持低灰调整的基础上提供 16 级全屏亮度调整功能。

4）拍摄效果

加入强制同步信号，降低拍摄中扫描线的问题。

5）定制灰度曲线

提供针对不同外界环境的灰度曲线调整功能（本版中，定制的灰度曲线预先设置在 EEPROM 中）。

5. 系统构成

1）V5-A02 系统构成

（1）硬件构成：帧控制器+屏体控制器。图 10-1 为帧控制器。图 10-2 为屏体控制器。

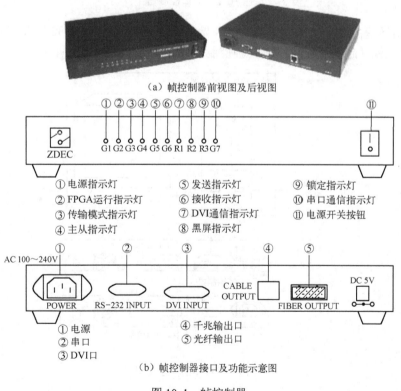

图 10-1　帧控制器

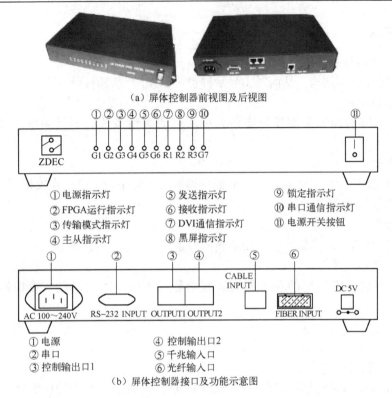

图 10-2　屏体控制器

（2）应用环境构成：计算机（DVI 显示卡）+缆线（DVI 缆+RS-232 串口缆）+V5-A02 控制系统+传输缆线（超五类双绞线）+扫描控制器+单元板，如图 10-3 所示。

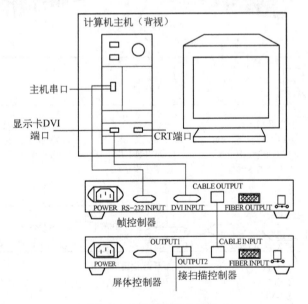

图 10-3　整体部件连接图

（3）配置清单如表10-3所示。

表10-3 配置清单

配 置	名 称	数 量	备 注
标准配置	帧控制器	1台	帧控制器
	串口缆	1根	
	DVI缆	1根	
	电源线	1根	
	屏体控制器	1台	屏体控制器
	电源线	1根	
相关配件（需单独购买或客户自己购买）	扫描控制器	根据屏体确定数量	向中庆公司购买
	显示卡	1块	自备，中庆公司可以代购
	单根超五类双绞线	1根	自备
	电源线	1根	中庆公司已备
	开关电源		自备

2）V5-A02L系统构成

（1）硬件构成：帧控制器+屏体控制器，如图10-4所示。

图10-4 帧控制器和屏体控制器

（2）应用环境构成：计算机（DVI 显示卡）+缆线（DVI 缆+RS-232 串口缆）+V5-A02L 控制系统+传输缆线（光纤）+扫描控制器+单元板。连接示意图与V5-A02系统基本类似，唯一不同点是：V5-A02采用的是超五类双绞线，连接千兆口；而V5-A02L采用的是光纤，连接光纤口。

（3）配置清单如表10-4所示。

表10-4 配置清单

配 置	名 称	数 量	备 注
标准配置	帧控制器（带光纤头）	1台	帧控制器
	串口缆	1根	
	DVI缆	1根	
	电源线	1根	
	屏体控制器（带光纤头）	1台	屏体控制器
	电源线	1根	

续表

配 置	名 称	数 量	备 注
相关配件（需单独购买或客户自己购买）	扫描控制器	根据屏体确定数量	向中庆公司购买
	显示卡	1块	自备，中庆公司可以代购
	光纤线（两芯四头）	1根	自备
	电源线	1根	中庆公司已备
	开关电源		自备

10.1.2 连接步骤

（1）准备工作。

① 打开计算机机箱，更换普通显示卡为 DVI 显示卡。

② 打开计算机，安装 DVI 显示卡驱动。

③ 安装 LED 管理工具，并将其设置为随系统启动。

④ 检查系统硬件是否齐全。

⑤ 检查系统配件是否齐全。

注意：如果计算机上已有 DVI 显示卡且驱动也已安装，则可直接从第③步开始。

（2）连接线缆。

先分别安装帧控制器、屏体控制器电源线，并插上电源；然后再连接扫描控制器、单元板的 5V 电源线。依次用相应信号线连接各控制器。

① 用 DVI 缆将计算机显示卡 DVI 接口与帧控制器的 DVI 接口连接起来。

② 用串口缆将计算机串口和帧控制器的串口相连。

③ 用超五类双绞线（V5-A02 系统）或光纤（V5-A02L）连接屏体控制器和帧控制器。保证超五类双绞线不超过 100m，单模光纤不超过 15km，多模光纤不超过 500m。

④ 用一根超五类双绞线将屏体控制器上"输出一"输出口与第一块扫描控制器的输入口连接起来。

注：每根超五类双绞线不超过 100m。此方案屏体控制器的两个百兆输出口都可以使用，具体输出控制范围参见管理工具设置说明。

⑤ 用一根超五类双绞线将第一块扫描控制器的垂直口与第二块扫描控制器的输入口相连，以此类推。

⑥ 从显示屏的后视图看，第一块扫描控制器的 PORT8 口用 14P 扁平缆连接最低一行单元板，PORT7 口连接倒数第二行单元板，PORT6 口连接倒数第三行单元板，以此类推。

注意：连接扫描控制器时要注意扫描控制器上的箭头应指向数据的传输方向；连接扁平缆时要注意扁平缆上的 1 引脚要与板上的接口 1 引脚对应。

⑦ 各单元板之间用 16P 扁平缆相连。

（3）系统上电。

（4）计算机设置。

① 计算机显示卡设置及控制在计算机中硬件设备管理器中进行。

② LED 管理工具设置。此时如果指示灯状态显示正常，打开 LED 管理工具进行设置。

注意：如果是第一次使用系统，在打开 LED 管理工具后，按下"Alt+Ctrl+Shift+F7"键，对显示屏参数进行设置。

（5）显示屏正常点亮。

10.1.3 系统设置及指示灯状态说明

1. 指示灯定义

指示灯定义如表 10-5 所示。

表 10-5 指示灯定义

标志	名称	定义
G1	电源	5V 电源指示灯
G2	FPGA 运行	FPGA 状态指示灯
G3	模式	千兆芯片工作模式指示灯
G4	主从	千兆芯片主从标志指示灯
G5	发送	千兆发送指示灯
G6	接收	千兆接收指示灯
G7	串口通信	串口通信指示灯
R1	DVI 通信	DVI 数据传输状态指示灯
R2	黑屏	显示 LED 管理工具黑屏状态指示灯
R3	锁定	显示 LED 管理工具锁定状态指示灯

2. LED 指示灯状态说明

LED 指示灯状态说明如表 10-6 所示。

表 10-6 LED 指示灯状态说明

系统名称	外壳标志	指示灯名称	颜色	正常指示状态	特殊设置		
					改变串口功能设置	黑屏	锁定
帧控制器	G1	电源	绿	亮			
	G2	FPGA 运行	绿	亮			
	G3	模式	绿	亮			
	G4	主从	绿	灭			
	G5	发送	绿	闪			
	G6	接收	绿	闪			
	G7	串口通信	绿	灭	闪		
	R1	DVI 通信	红	灭			
	R2	黑屏	红	灭		亮	
	R3	锁定	红	灭			亮

续表

系统名称	外壳标志	指示灯名称	颜色	正常指示状态	特殊设置		
					改变串口功能设置	黑屏	锁定
屏体控制器	G1	电源	绿	亮			
	G2	FPGA 运行	绿	亮			
	G3	模式	绿	亮			
	G4	主从	绿	灭			
	G5	发送	绿	灭			
	G6	接收	绿	闪			
	G7	串口通信	绿	灭			
	R1	DVI 通信	红	灭			
	R2	黑屏	红	灭			
	R3	锁定	红	灭			
备注	（1）特殊设置中只对帧控制器上的特殊指示灯有影响，其他指示灯仍保持原来的状态。 （2）当帧控制器"主从"指示灯亮时，屏体控制器"主从"指示灯灭；当帧控制器"主从"指示灯灭时，屏体控制器"主从"指示灯亮。						

3. 常见指示灯问题判断

常见指示灯问题判断如表 10-7 所示。

表 10-7 常见指示灯问题判断

现 象	问 题
R1（LED7）闪	DVI 输入不正常
帧控制器上 G7（串口通信）、R2（黑屏）、R3（锁定）三个指示灯轮流闪烁 3 次，并且屏幕显示黑屏	帧控制器电源供电不正常

10.1.4 线缆要求

1. 千兆长线

（1）线缆要求：超五类双绞线。

（2）制作方法：压线时线序要求为，一端 1、2、3、4、5、6、7、8 分别接橙、橙白、绿、绿白、蓝、蓝白、棕、棕白，另一端相同（一对一线序）。千兆长线如图 10-5 所示。

2. 光纤

使用 2 芯 SC 端子工程光缆，四头全做（备用）光纤，如图 10-6 所示。

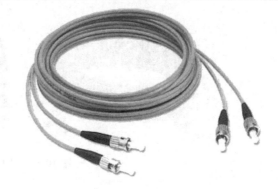

图 10-5　千兆长线　　　　　　　　图 10-6　光纤

3. 扁平缆

使用 16 芯扁平缆，每根扁平缆长度不超过 1.5m。扁平缆如图 10-7 所示。

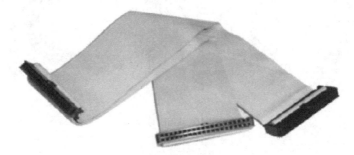

图 10-7　扁平缆

4. 串口线

串口线即 RS-232 线，一般选用一头针，一头孔，如图 10-8 所示。

图 10-8　串口线

5. DVI 缆

DVI 缆如图 10-9 所示。

图 10-9　DVI 缆

6. USB 连接线

USB 连接线如图 10-10 所示。

图 10-10　USB 连接线

10.1.5　应用实例

1. 扫描控制器

扫描控制器有多种形式，图 10-11 为常用的一种视频卡扫描控制器。

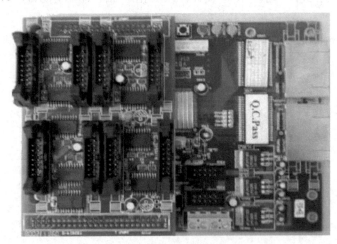

图 10-11　视频卡扫描控制器

2．扫描控制器控制接口说明

COM（通信端口）：用于下载，修改 BIN。
INPUT（数据输入）：扫描控制器数据输入。
H-LINK（水平输出）：扫描控制器水平数据输出，接水平方向上级联的下一扫描控制器的输入。
V-LINK（垂直输出）：扫描控制器垂直数据输出，接垂直方向上级联的下一扫描控制器的输入。
PORT1~PORT8：屏体控制输出口，接屏体单元板的级联输入。其中，PORT1 控制最上面一行单元板；PORT8 控制最底下一行单元板。

3．扫描控制器指示灯

扫描控制器指示灯说明如表 10-8 所示。

表 10-8 扫描控制器指示灯说明

名　称	颜　色	正　常	指示灯定义	错　误	问题判断
LED100	绿	亮	电源指示灯	灭	LED 灯损坏或无电源
LED200	绿	亮	状态指示灯	灭	FPGA 程序错误或 FPGA 程序未正常复位
					EEPROM 中的 BIN 文件出错
					扫描板百兆相关硬件损坏
				闪	级联输入数据出错
					扫描板百兆相关硬件损坏
LED201	红	灭	错误指示灯	亮	FPGA 程序错误或 FPGA 程序未正常复位
				闪，同时显示黑屏	DVI 接口未打开
					帧板无输出
					级联线断开

4．系统连接示意图

系统与屏体的连接示意图（以行控为例）如图 10-12 所示。

5．应用说明

1）支持单元板类型

系统支持基于中庆 ZQL97051、ZQL97052A、ZQL97053 芯片的各种扫描方式的虚拟像素、实像素单元板。

2）EEPROM 配置

通过调整扫描控制器上 EEPROM 文件内容，可以实现对不同类型单元板的支持，也可以实现对扫描控制器控制像素的调整。每个扫描控制器最多可以提供 8 个单元板控制输出接口，每个控制接口最多支持 1024 点。

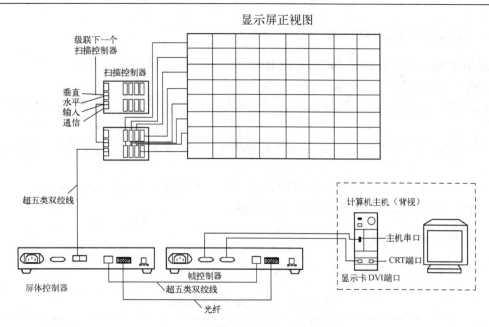

图 10-12 系统与屏体的连接示意图

3) 扫描控制器数量计算

扫描控制器数=[单元板行数/每块扫描控制器使用输出口数]取整。

4) 应用举例

案例一：某一项目预做一个 512×384（列×行）的虚拟显示屏，如果单元板特性为 64×32（列×行）虚拟点，使用 V5-A02 系统需要多少个扫描控制器？

解：系统采用行控。

显示屏单元板行数量为 384÷32=12（行）。

扫描控制器的数量为 [12÷8]取整=2（块）。

所以共需要两个扫描控制器。

两个扫描控制器可以选择第一个控制 8 行单元板，第二个控制 4 行单元板；也可以选择各控制 6 行单元板。

案例二：某一项目预做一个 512×384（列×行）的实像素显示屏，如果单元板特性为 32×16（列×行）实像素，使用 V5 系统需要多少个扫描控制器？

解：系统采用行控。

显示屏单元板行数量为 384÷16=24（行）。

扫描板的数量为 24÷8=3（块）。

所以可以使用 3 个扫描控制器，每个扫描控制器控制 8 行单元板。

6．技术参数

亮度深度可以达到 8000∶1；色彩调整能力 R、G、B 各 256 级独立调整；显示频率如果采用左右平均分配的方式，可以满足到 85Hz；扫描板的级联时钟为 20MHz；亮度调整能力可以达到提供 16 级无亮度损失的亮度调整功能；自检测功能在系统中的各控制器都可做到对输入接口信号的检测（指示灯报告）。

10.1.6 常见问题判断及解决方法

1．系统检查方法

当系统连接完毕、上电以后，如果 LED 显示屏显示不正确，按以下步骤检查系统。

（1）检查显示屏的供电系统是否正常。
（2）检查 LED 管理工具的设置是否正确。
（3）检查电源、帧控制器、屏体控制器、单元板、扫描控制器等是否正常加电，电源指示灯状态是否正确。如果电源指示灯不亮，则电源供电不正确。
（4）检查单元板的线路连接。
① 单元板的级联线是否按照单元板上的指示方向连接。
② 扫描控制器的级联方向与单元板的级联方向是否一致。
③ 16P 扁平缆与单元板双排针的 1 引脚是否对应。
注意：单元板的双排针 1 引脚标志一般为"1"" △ "或" □ "。
④ 16P 扁平缆是否从单元板的输入排针开始连接。
注意：单元板输入排针位于 ZQL9705X 芯片的右边，一般命名为"input"。
⑤ 检查扫描控制器状态指示灯是否正确。其中，红色指示灯灭，绿色指示灯亮。
⑥ 检查扫描控制器级联线连接是否正确。
⑦ 检查系统状态指示灯是否正常。
⑧ 检查系统连线是否正确。
⑨ 检查 DVI 缆、串口缆是否连接正确。
⑩ 检查显示卡的设置。
注意：计算机、系统、屏体电源打开关闭顺序不影响系统工作。
建议上电顺序：计算机→系统→屏体；断电顺序：屏体→系统→计算机。

2．常见问题

系统常见问题及解决方法如表 10-9 所示。

表 10-9　系统常见问题及解决方法

屏体现象描述	问题分析	解决方法
整屏不亮	屏体未上电	加电
	LED 管理工具设置在黑屏状态	设置管理工具
	LED 管理工具亮度设置在"0"状态	设置管理工具
	传输线未连接好	重新连接传输线
	显示器显示为黑色	更改桌面画面
屏闪	单元板到扫描控制器之间的连线太长	缩短缆线
	线缆长度超过允许长度或线缆质量问题	确认线缆质量

续表

屏体现象描述	问题分析	解决方法
不受管理工具控制	串口损坏	测试串口
	LED 管理工具中模式设置不正确	设置管理工具
	LED 管理工具未激活	设置管理工具
	管理工具版本不对	V5、5X 以上版本
花屏	扫描控制器 24C128 和单元板不对应	检查 24C128
	单元板有问题	用测试系统检测单元板
	显示卡设置不正确	重新设置显示卡
	各接口之间连线有错误	检查连接线
屏体不受控	LED 管理工具设置为锁定	设置管理工具
每块单元板几行长亮	单元板加电,扫描控制器未加电	扫描控制器加电
	单元板级联线有问题或连反	检查线缆
实像素屏颜色反色	BIN 文件填写不正确	检查并修改 BIN 文件
虚拟像素屏颜色反色	单元板设置不统一	重新设置 LED 管理工具 RGB 排列顺序
使用播放软件时显示器与显示屏不能同时显示	显示卡不能将两个通道同时设置为主要	查看显示卡说明书,更新程序,按照说明书进行设置

10.2 LED 联机视频系统

10.2.1 系统特点与构成

1. 特点

ZQLS-PC-02 联机视频系统是中庆公司开发的一款通用 LED 显示屏联机控制系统平台。ZQLS-PC-02 联机视频系统与计算机连接完成 LED 显示屏的控制,可支持各种基于 ZQ9702X、ZQ9705X、ZQ9712 芯片的双色、三色实像素、虚像素显示屏,具有良好的通用性,结构简单,工作可靠,显示性能优越,易于维护。

2. 系统的应用范围

系统的应用范围如表 10-10 所示。

表 10-10 系统的应用范围

传输介质	最大屏体分辨率	屏体应用	最大传输距离
超五类双绞线	1280×1024	对基于 ZQL9712 芯片的灯带支持行控、列控连接方式; 对基于 ZQL9702X 芯片的单元板支持行控、列控、行列控; 对基于 ZQL9705X 芯片的单元板支持行控、列控、箱体控制	单网线传输支持 100m

3. 显示性能

支持各种基于 ZQL9702X、ZQL9705X、ZQL9712 芯片的实像素、虚拟像素显示屏；支持的屏体分辨率为 1280×1024；支持 R、G、B 各 256 级灰度显示；系统换帧频率为 60Hz；单网线传输可达 100m；支持 USB 口与计算机通信，符合标准 USB 协议；支持在线读写 EEPROM。

管理软件可设置系统参数。在掉电时保持，再次上电时，各参数自动恢复到掉电前的状态。LED 灯可指示系统工作故障。用户可实时获取 DVI 口工作状况。

4. 构成

（1）视频显示控制器如图 10-13 所示。

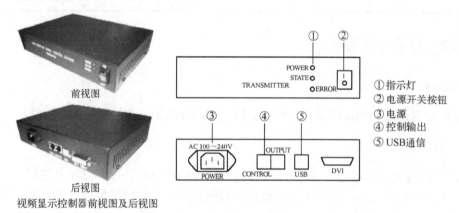

图 10-13　视频显示控制器

（2）应用环境构成：视频显示控制器+扫描控制器+显示单元，如图 10-14 所示。

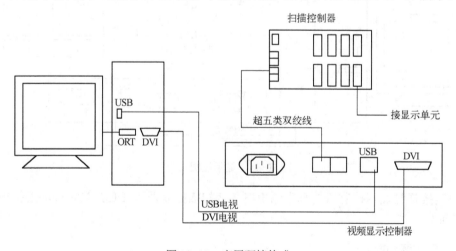

图 10-14　应用环境构成

（3）配置清单如表 10-11 所示。

表 10-11 配置清单

配 置	名 称	数 量	备 注
标准配置	联机显示控制器	1 块	视频显示控制器
	电源线	1 根	
	USB 电缆	1 根	
相关配件（需单独购买或客户自己购买）	扫描控制器/数据分配器	根据屏体确定数量	向中庆公司购买
	超五类双绞线	若干	自备
	USB	若干	自备
	开关电源		自备

10.2.2 显示控制系统

1．硬件构成

显示控制系统主要由计算机、扫描控制器（数据分配器）和联机控制器构成。

2．连接使用

用 DVI 缆将视频显示控制器与计算机显示卡 DVI 接口连接，用 USB 电缆将显示控制器与计算机 USB 接口连接，用超五类双绞线将其垂直输出口与扫描控制器（数据分配器）的输入口相连，如图 10-15 所示。

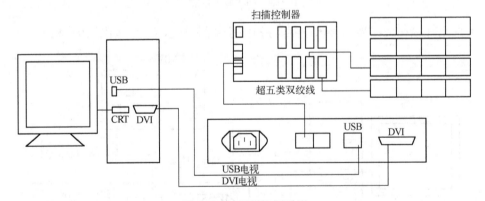

图 10-15 显示控制系统

必须连接视频显示控制器的垂直输出口。从扫描控制器到 LED 显示屏的连接方式要视具体方案而定。

3．常见问题判断

常见问题判断如表 10-12 所示。

第 10 章　LED 视频显示屏的控制

表 10-12　常见问题判断

指　示　灯	颜　色	状　态	判　　断
电源指示灯	绿	常亮	正常
状态指示灯	绿	常亮	正常
		灭	不正常
错误指示灯	红	灭	正常
		闪	DVI 缆没有插好

4．相关线缆要求

扁平缆使用 14 芯扁平缆。每根扁平缆长度不超过 1.5m。在应用于 ZQL9712 灯条时，14P 扁平缆需要将所有奇数针与它所连接的灯条的数字地连接。

引脚定义如表 10-13 所示。

表 10-13　引脚定义

1	3	5	7	9	11	13
GND	GND	GND	GND	GND	GND	GND
2	4	6	8	10	12	14
CLX	DATE	NC	NC	NC	LOAD	OE

其他相关电缆在前面已经介绍了，在此不再赘述。

10.2.3　应用实例

1．显示屏应用

（1）扫描控制器如图 10-16 所示。
（2）扫描控制器控制接口说明如下。
COM（通信端口）：暂未使用。
INPUT（数据输入）：扫描控制器数据输入。
H-LINK（水平输出）：扫描控制器水平数据输出，接水平方向上级联的下一扫描控制器的输入。
V-LINK（垂直输出）：扫描控制器垂直数据输出，接垂直方向上级联的下一扫描控制器的输入。
PORT1～PORT8：屏体控制输出口，接屏体单元板的级联输入。其中，PORT1 控制最上面一行单元板；PORT8 控制最底下一行单元板。
（3）扫描控制器指示灯说明如表 10-14 所示。

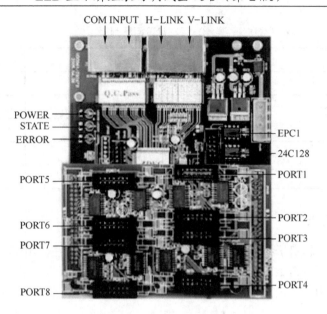

图 10-16 扫描控制器

表 10-14 扫描控制器指示灯说明

名 称	颜 色	正 常	指示灯定义	错 误	问 题 判 断
LED100	绿	亮	电源指示灯	灭	LED 灯损坏或无电源
LED200	绿	亮	状态指示灯	灭	FPGA 程序错误或 FPGA 程序未正常复位
					EEPROM 中的 BIN 文件出错
					扫描板百兆相关硬件损坏
				闪	级联输入数据出错
					扫描板百兆相关硬件损坏
LED201	红	灭	错误指示灯	亮	FPGA 程序错误或 FPGA 程序未正常复位
				闪,同时显示黑屏	DVI 接口未打开
					帧无输出

系统供电要求：要求扫描控制器供电电压为 5.4V。

（4）显示屏应用实例。显示屏连接示意图（以行控为例）如图 10-17 所示。

（5）扫描控制器数量计算。

扫描控制器数=[单元板行数/每块扫描控制器使用输出口数]取整。

2．ZQL9712 灯带应用

（1）数据分配器（ZQLS-FP-01/ZQLS-FP-02）如图 10-18 所示。

（2）数据分配器控制端口定义。

COM：用于数据分配器与计算机通信。

INPUT：数据分配器数据输入。

第10章 LED视频显示屏的控制

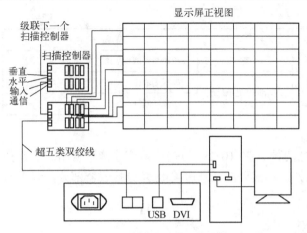

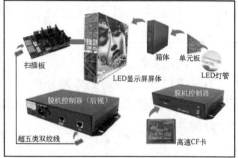

图 10-17 显示屏连接示意图

图 10-18 数据分配器

V-LINK：数据分配器水平数据输出，接水平方向上级联的下一块数据分配器的输入。

H-LINK：数据分配器垂直数据输出，接垂直方向上级联的下一块数据分配器的输入。

PORT1～PORT8：数据分配器输出口，接 LED 灯具的输入端。其中，PORT1 控制最上面一行或最左一列灯具；PORT8 控制最底下一行或最右一列灯具。

（3）相关线缆要求。

ZQLS-FP-01 与 ZQLS-HUB-01 配合使用解决灯具到控制器之间的长线问题，最大控制距离为 100m。

ZQLS-FP-02 直接与灯具连接，最大控制距离为 1.5m。定义如下：橙白—CK；绿白—DATA；蓝白—LATCH；棕白—OE；橙、绿、蓝、棕—GND。

（4）数据分配器指示灯说明如表 10-15 所示。

表 10-15 数据分配器指示灯说明

名称	颜色	正常	指示灯定义	错误	问题判断
LED100	绿	亮	电源指示灯	灭	LED 灯损坏或无电源
LED200	绿	亮	状态指示灯	灭	程序错误或程序未正常复位
LED200	绿	亮	状态指示灯	灭	EEPROM 中的 BIN 文件出错
				闪	级联输入数据出错
					数据分配器百兆相关硬件损坏

续表

名　称	颜　色	正　常	指示灯定义	错　误	问　题　判　断
LED201	红	灭	错误指示灯	亮	程序错误或程序未正常复位
				闪，同时显示黑屏	帧板无输出
					级联线断开

(5) 应用实例。

ZQL9712 灯带应用分为差分和非差分两种。图 10-19 为差分系统连接示意图。非差分应用除数据分配器的电路设计本身有区别外，不需要图 10-19 中的差分接收器部分，灯带与数据分配器输出口直接相连。

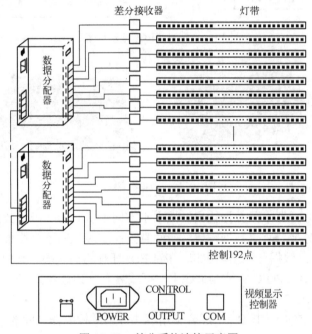

图 10-19　差分系统连接示意图

(6) 灯带排列方式。灯带的排列方式有很多，主要分为列控制型和行控制型。
列控 S 形：根据输入方式又分为上入式和下入式，如图 10-20 所示。

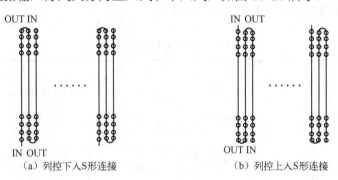

图 10-20　列控 S 形

列控 Z 形：根据输入方式又分为上入式和下入式，如图 10-21 所示。

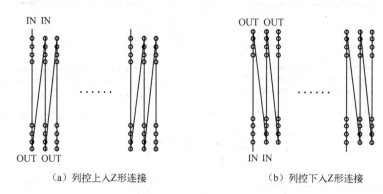

(a) 列控上入 Z 形连接　　　　　　(b) 列控下入 Z 形连接

图 10-21　列控 Z 形

列控普通形：根据输入方式又分为上入式和下入式，如图 10-22 所示。

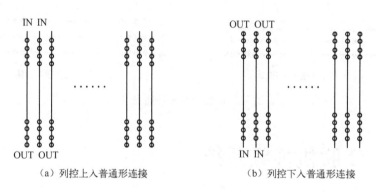

(a) 列控上入普通形连接　　　　　　(b) 列控下入普通形连接

图 10-22　列控普通形

行控 S 形：根据输入方式又分为左入式和右入式，如图 10-23 所示。

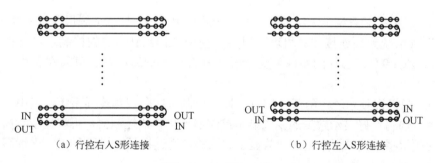

(a) 行控右入 S 形连接　　　　　　(b) 行控左入 S 形连接

图 10-23　行控 S 形

行控 Z 形：根据输入方式又分为左入式和右入式，如图 10-24 所示
行控普通形：根据输入方式又分为左入式和右入式，如图 10-25 所示

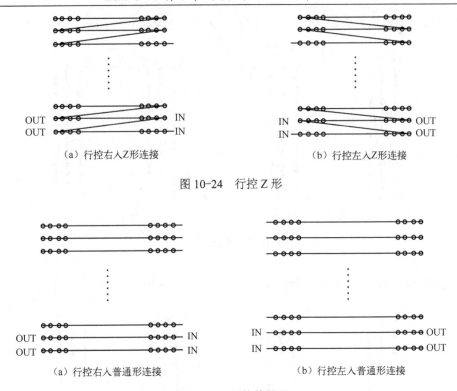

（a）行控右入Z形连接　　（b）行控左入Z形连接

图 10-24　行控 Z 形

（a）行控右入普通形连接　　（b）行控左入普通形连接

图 10-25　行控普通形

10.3　LED 脱机视频系统

10.3.1　系统特点与构成

1．特点

V5-T02 脱机视频系统是中庆公司开发的一款通用 LED 显示屏脱机控制系统平台。V5-T02 脱机视频系统无须连接计算机就可以独立完成 LED 显示屏的控制，可支持各种基于 ZQL9702X、ZQL9712 芯片的实像素显示屏，具有良好的通用性、可靠性和优越的显示性能，易于维护。

V5-T02 脱机视频系统由两部分构成：显示控制系统和视频编播系统。其中，显示控制系统将已经“烧写”好显示数据的视频显示控制器连接扫描控制器，再将显示数据传输到显示屏上；视频编播系统是用来制作播放显示数据的，通过视频编辑器和 CF 卡读写器将显示数据“烧写”到 CF 卡中。

2．技术参数

支持各种基于 ZQL9702X、ZQL9712 芯片的实像素、虚拟像素显示屏；支持的屏体分辨率为 256×256；支持 R、G、B 各 256 级灰度显示；系统换帧频率为 30Hz；单网线传输可达 100m；支持 CF 卡容量控制；无须连接计算机就可以独立完成 LED 显示屏的控制；可支持各种基于 ZQL9712 及各种恒流、非恒流芯片的实像素灯屏；多样化的连接方式可以满足不同应用场合，如行控、列控 S 形、Z 形连接方式，对于不规则灯屏可使用中庆公司特有的异形屏解决方案。

3．构成

脱机视频系统硬件主要有视频显示控制器、数据分配器、差分接收板，其外形分别如图 10-26～图 10-28 所示。

图 10-26　视频显示控制器外形图

图 10-27　数据分配器外形图

图 10-28　差分接收板外形图

10.3.2　软件的使用

1．CF Video 软件的安装

双击安装软件 CFVideo_chs_setup.exe，按照安装提示逐步将软件安装完成。

2．CF Video 软件的使用

CF Video 软件安装后会在桌面上生成一个 CF Video 快捷方式图标，双击它执行软件，如图 10-29 所示。

单击"选择 AVI 文件"按钮，选择用 Snagit 软件截取的 AVI 文件。单击"选择输出文件"按钮，选择转换后输出文件的路径和文件名。在"输出图像像素类型"选项中，选择"3色"。

如果是标准屏幕，"选择异形屏映射文件"选项不需要操作。这一选项是异形屏转换调用转换表格时使用的。

单击"开始转换"按钮，转换开始，直到出现"文件转换成功"提示，单击"确定"按钮，转换结束。

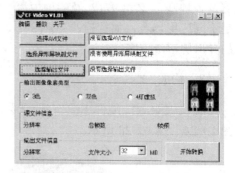

图 10-29　CF Video 软件窗口

3. CF Video 软件的其他功能

（1）可以用 CF Video 软件的播放功能来校验转换的 DAT 文件是否正确。

（2）可以用 CF Video 软件的编辑功能来将几个相同分辨率的 DAT 文件合并成一个文件，或者将多个文件编排成一个节目单，以配合按键控制器进行文件的选择控制。

10.3.3　系统连接

系统连接示意图如图 10-30 所示。

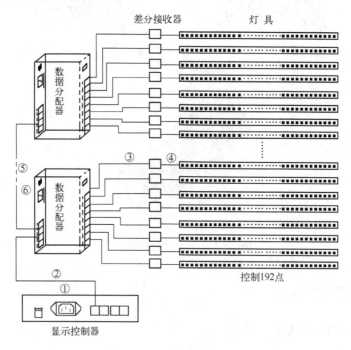

图 10-30　系统连接示意图

10.3.4　故障分析与检修

故障分析与数据分配器常见问题判断如表 10-16 和表 10-17 所示。

表 10-16 故障分析

指示灯	颜色	状态	判断
电源指示灯	绿	常亮	正常
状态指示灯	绿	常亮	正常
		闪烁	CF 卡的容量不对
			CF 卡被格式化的文件的方式不对
			CF 卡内的播放文件不是在格式化后立即写入的
			CF 卡内的播放文件的格式不是中庆软件生成的文件格式
		灭	没有读取 24C128
错误指示灯	红	灭	正常
		闪	CF 卡没有插好
		常亮	CF 卡、CF 卡接口板或视频发送板的硬件有问题

表 10-17 数据分配器常见问题判断

名称	颜色	正常	指示灯定义	错误	问题判断
LED100	绿	亮	电源指示灯	灭	LED 灯损坏或无电源
LED200	绿	亮	状态指示灯	灭	FPGA 程序错误或 FPGA 程序未正常复位
					FPGA 中的 BIN 文件出错
					数据分配器百兆相关硬件损坏
				闪	级联输入数据出错
					数据分配器百兆相关硬件损坏
LED201	红	灭	错误指示灯	亮	FPGA 程序错误或 FPGA 程序未正常复位
				闪、同时显示黑屏	DVI 接口未打开
					视频显示控制系统无输出
					级联线断开

10.4 LED 视频屏管理工具的安装与使用

10.4.1 管理工具简介及安装

LED 管理工具 V5.5C6 版本配合 LED 管理工具 V5.5 可支持 V5 系列系统，应用于多套 V5 控制系统控制大屏显示或分屏显示，支持计算机多个 USB 口输出。运行本软件，可以使 LED 显示屏同步显示计算机监视器屏幕上任意位置的显示内容，而且每种基色还可做 256 级梯度的亮度调整。不但可以重新设置显示屏的画面颜色，还使 LED 显示屏具有节能的绿色效果。软件还可以通过环境监测器对亮度和温度进行监测。此外，还可以对显示屏进行显示方面的设置。

双击 Led_Manager_5.5C6_071210_Setup_Chs.exe 文件，进入安装界面，如图 10-31 所示。

图 10-31 启动安装程序

单击"下一步"按钮后选择安装路径,如图 10-32 所示。

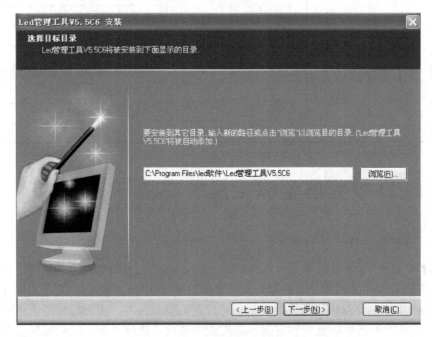

图 10-32 选择软件安装路径

选择软件安装路径后,单击"下一步"按钮进入选择程序文件夹选项,如图 10-33 所示。

选择安装文件夹后,单击"下一步"按钮会显示安装信息,然后直接单击"安装"按钮即可完成安装,如图 10-34 所示。

第 10 章　LED 视频显示屏的控制

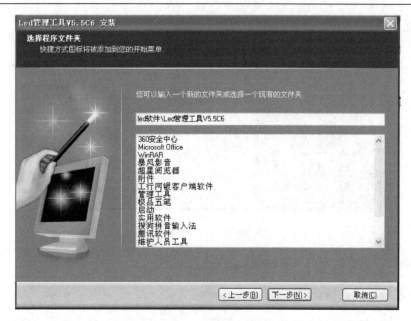

图 10-33　选择程序文件夹

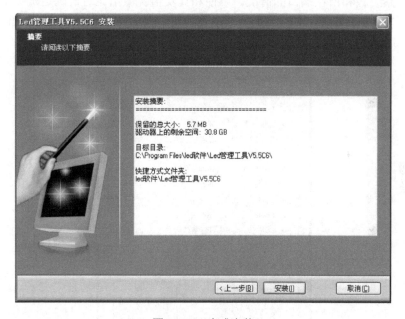

图 10-34　完成安装

注意：(1) 在安装文件时，建议把安装文件复制到本地执行；(2) 安装完毕后，将"开始"菜单栏中"程序"下的安装程序直接拖曳到"启动"下，以便每次启动机器时自动打开该软件。

10.4.2　LED 管理工具应用

安装 LED 管理工具后，启动软件，单击最小化软件图标，则直接进入如图 10-35 所示的软件主界面。

图 10-35 软件主界面

下面介绍软件正常运行的相关参数设置。

1. 屏体系统串口连接查看

软件在启动时自动寻找可用的端口，然后与这些端口建立连接。在此界面中可以查看当前软件连接的系统数和所在端口的情况，以便和真实情况做出比对，确定是否全部系统都已经正确连接。当 LED 管理工具主界面为活动窗口时，同时按下"Ctrl+Alt+Shift+F7"键，会弹出图 10-36 所示的"串口选择"对话框。

图 10-36 "串口选择"对话框

界面中的"连接"表示目前可用的系统；"不存在"表示软件无法打开此端口，一般表示系统没有连接到这个端口上；"未连接"表示系统已经被计算机识别，但是通信上有错误情况发生。注意：一般计算机上 COM1 或 COM2 都是默认打开的，所以这些端口也可能被识别为"未连接"。

2."界面"菜单设置

屏体进行设置之后，单击"确定"按钮，并单击右下角任务栏中的图标，弹出图 10-37 所示的 LED 管理工具主界面。

管理工具菜单栏中的"界面"菜单中下拉菜单说明如下。

（1）边框显示：选择是否将 LED 管理工具的边框在桌面上显示出来。选项前出现"界面"标记时，显示 LED 管理工具的边框；再次选择，去掉"界面"标记，则隐藏 LED 管理工具边框。

图 10-37 边框显示

（2）边框宽度：单击"边框宽度"命令，弹出图 10-38 所示的"边框宽度设置"对话框，可输入以像素为单位的边宽值。以边框内边界为显示区域，改变边框宽度不会影响显示内容。

图 10-38 "边框宽度设置"对话框

（3）边框颜色：单击"边框颜色"命令，弹出图 10-39 所示的"颜色"对话框。可以从 48 种基本颜色中选择某一种颜色作为边框线的颜色，也可单击"规定自定义颜色"按钮选择某一基本颜色，然后上下拖动对话框右侧的三角，改变该基本色的亮度达到满意的颜色，再用鼠标单击"添加到自定义颜色"按钮，该颜色即进入到自定义的颜色中，自定义的颜色也可以通过输入色调、饱和度、亮度和三基色的亮度值获得，可事先自定义 16 种颜色。

图 10-39 "颜色"对话框

（4）背景：选择主界面的背景图案。单击"背景"命令，弹出图 10-40 所示的对话框，从路径中选择背景图案。注意：图案的格式是 Bmp、Jpg 或 Gif，图案大小为 261×151。

图 10-40 背景设置

3. "显示"菜单设置

单击管理工具中的"显示"菜单，弹出下拉菜单，如图 10-41 所示。

图 10-41 显示下拉菜单

（1）黑屏：单击"黑屏"命令，选项前出现"黑屏"标记，同时 LED 显示屏全黑，监视器中主显示区所选定的画面不再向 LED 显示屏输出。再次单击本选项，"黑屏"标记消失，LED 显示屏又与监视器中主显示区所选定的图像同步显示。

（2）锁定：单击"锁定"命令，选项前出现"锁定"标记，此时监视器上被主显示区选定的画面将被固定在 LED 显示屏上。再次单击本选项，"锁定"标记消失，LED 显示屏继续与主显示区所选定的内容同步显示。

（3）虚拟效果：该项不可更改（显示为灰色），系统的 LED 显示屏为虚拟效果时，则表示 LED 显示屏以虚拟效果显示；反之，表示以实效果显示。如果系统的 LED 显示屏显示模式为"三色"模式，则"显示"菜单里没有此选项。

（4）亮度调整：单击"亮度调整"命令，弹出图 10-42 所示的"亮度调整"对话框，有"手动调整"、"定时调整"、"环境自适应"三项选择。系统默认为环境自适应。

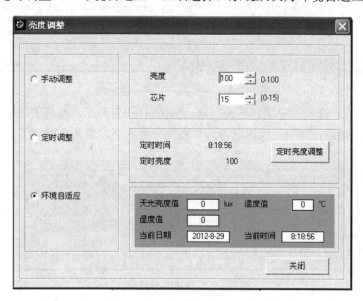

图 10-42 "亮度调整"对话框

① 手动调整："手动调整"项下面有"亮度"、"芯片"两项，如图 10-43 所示，可通过输入数值或单击右侧的箭头改变 100 级亮度值和 16 级芯片亮度值，来调节屏体亮度。

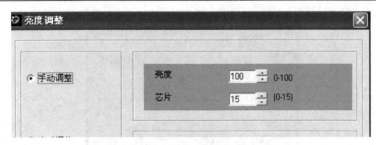

图 10-43 亮度调整

② 定时调整：选择"定时调整"项，弹出图 10-44 所示的"自动亮度设置"对话框。时间按 1 个小时分段，在每个时间段内可调整 0～100 级亮度。其中，红色标记表示当前状态的时间。设置完毕后，计算机软件将根据时间自动调节显示屏的亮度。在定时调整时，暂时只能调整 100 级亮度值，故如果在屏体设置中选择"基本模式"或"芯片亮度模式"，芯片亮度值固定为 0。如果使用"整合模式"，效果与手动模式相同。

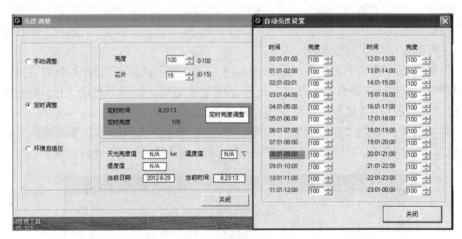

图 10-44 "自动亮度设置"对话框

③ 环境自适应：选择"环境自适应"项，如图 10-45 所示。然后关闭该窗口，最小化软件让程序在后台自动运行即可。此时软件即可根据外界的亮度值来自动调节系统的亮度。

图 10-45 自适应数值设定

4．"帮助"菜单设置

单击 LED 管理工具菜单中的"帮助"菜单，从弹出的下拉菜单中选择"关于"命令，可以看到 LED 管理工具的信息，如图 10-46 所示。

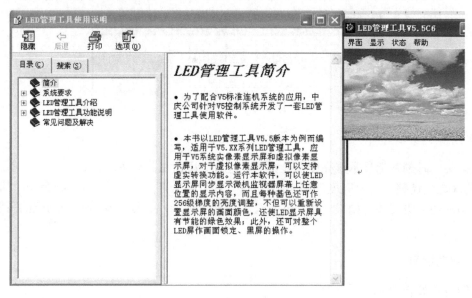

图 10-46　LED 管理工具的信息

5．环境监测

软件会通过环境监测器对外部环境进行监测，采集到温度和亮度的数据，保存在管理工具的安装目录下的 envir.ini 文件中。此文件作为第三方接口，开放给用户，供环境监测及功能开发。其默认路径为 C:\Program Files\led 软件\Led 管理工具 V5.5C6\ini。ini 文件内容如下：

```
1[Environment]：环境（文件头）；
2EnvTemperature=0：环境温度值；
3EnvBrightness=0：环境亮度值；
4EnvHumidity=30：环境湿度值（此项软件暂不监测）；
5EmvChipLight=6：灰度曲线。
```

6．软件启动说明

启动时软件会自动检测串口连接和 ini 文件，所有参数的取值以 ini 文件为准。软件启动后，会自动最小化到 Windows 的工具栏中。

10.4.3　管理工具常见故障

1．常见问题

如果计算机没有连接控制器，则弹出系统工作状态对话框进行提示；如果在设置中弹出"串口通信错误，请连接控制器并重新启动本软件"，如图 10-47 所示，表明串口超时，计算机与帧板之间连接错误，原因是串口通信不好或没有连接串口线，检查是否连接正确，并打开电源。

图 10-47　连接警告

如果某一时刻感觉显示屏亮度明显偏低，检查亮度值是否设置较低。

"芯片亮度调整"与"亮度调整"的区别："芯片亮度调整"为 0～15 级粗调；"亮度调整"为 0～100 级细调。如果应用"芯片亮度调整"功能，必须与支持此项功能的系统配套使用。

2．功能清单

功能清单如表 10-18 所示。

表 10-18　功能清单

管理工具版本		V5.5C6	
主　菜　单	二级菜单	功能说明	备　注
界面		调整区域边框	
	边框显示	设置边框的显示/隐藏	边框的属性设置不需要通信
	边框宽度	设置边框的宽度	
	边框颜色	设置边框的颜色	
	背景	设置主界面背景	
显示		调整屏幕显示常用参数	需要通信
	黑屏	屏幕变黑	
	锁定	锁定显示信息	
	亮度调整	• 手动调整： 0～100 亮度调整 0～15 芯片亮度调整 • 定时调整： 每小时 0～100 级亮度调整 • 环境自适应： 通过天光亮度控制器控制	
帮助			不需要通信
	帮助文档	读取 LED 管理工具帮助信息	
	关于	读取 LED 管理工具版本信息	

10.4.4　管理软件的卸载

（1）需要卸载管理软件时，按照图 10-48 所示的操作，单击"卸载 LED 管理工具 V5.5C6"命令。

第10章 LED视频显示屏的控制

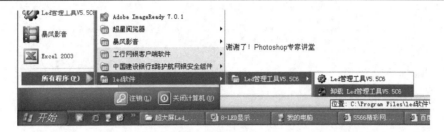

图10-48 选择卸载软件

（2）弹出图10-49所示对话框，单击"是"按钮即可卸载。

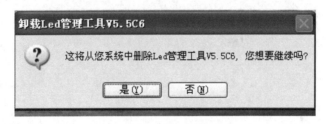

图10-49 确定卸载界面

（3）之后，屏幕出现如图10-50所示界面，根据选项提示单击相应的按钮即可，这里单击"全部都是"按钮，如图10-50所示，即可卸载软件。

图10-50 卸载软件